四川省"十四五"职业教育省级规划教材立项建设
中等职业教育建筑工程施工专业系列教材

建筑节能与环保

主　编■韩远兵　李陈利

副主编■赵乾坤　刘　超

主　审■黄　敏

参　编■黄明皓　罗　兴　黄武梅　辜　伦
　　　　郭小霞　苏　杰　王　娜　温兴宇
　　　　陈秋玲　周　元　钟廷建　李小琴
　　　　李　绯　唐忠茂　赵晓丽　陈　红
　　　　陈方勇　邓小伟　兰　欣

重庆大学出版社

内容提要

本书积极响应国家对建筑节能与环保的国民普及教育和培训政策,是四川省"十四五"职业教育省级规划教材立项建设教材之一。全书内容浅显易懂,分理论篇和实训篇两个部分,包括建筑节能材料、建筑节能技术、建筑节能实训三大知识技能模块,其中建筑节能材料和建筑节能技术两个模块由 14 个子项目构成,建筑节能实训模块由保温隔热基本实训子项目构成,并配备了相关案例及习题,充分把应知理论知识和应会技能实训系统地整合在一起,突出模块项目任务式的理实一体化和实训案例的情境化教学,充分体现"学中做,做中学""学以致用"的职业教学理念,体现出特色鲜明的时代性、系统性和实用性。

本书可作为在校高职、中职土木、建筑类专业领域的教学用书,也可作为成人教育相关专业的学员和工程技术人员的参考用书。

图书在版编目(CIP)数据

建筑节能与环保 / 韩远兵,李陈利主编. -- 重庆：
重庆大学出版社,2024.11. -- (中等职业教育建筑工程
施工专业系列教材). -- ISBN 978-7-5689-4777-0

Ⅰ. TU111.4;TU-023

中国国家版本馆 CIP 数据核字第 2024AN3661 号

建筑节能与环保

主　编　韩远兵　李陈利
副主编　赵乾坤　刘　超
主　审　黄　敏
策划编辑:刘颖果

责任编辑:姜　凤　　版式设计:刘颖果
责任校对:刘志刚　　责任印制:赵　晟

*

重庆大学出版社出版发行
出版人:陈晓阳
社址:重庆市沙坪坝区大学城西路 21 号
邮编:401331
电话:(023) 88617190　88617185(中小学)
传真:(023) 88617186　88617166
网址:http://www.cqup.com.cn
邮箱:fxk@cqup.com.cn(营销中心)
全国新华书店经销
重庆紫石东南印务有限公司印刷

*

开本:787mm×1092mm　1/16　印张:19　字数:475 千
2024 年 11 月第 1 版　　2024 年 11 月第 1 次印刷
ISBN 978-7-5689-4777-0　定价:49.00 元

前 言

节能与环保是我国的基本国策,也是贯彻可持续发展战略和实施科教兴国战略的一个重要方面。《中华人民共和国节约能源法》明确提出:将节能与环保知识纳入国民教育和培训体系,普及节能与环保科学知识,增强全民的节能与环保意识,提倡节约型的消费方式。因此,积极推广建筑节能与环保,有利于改善人民生活和工作环境,是保证国民经济持续稳定发展,减轻大气污染,减少温室气体排放,缓解地球变暖趋势的重要工作。本书是为了满足专业教学需要而编写的。

本书在编写过程中,遵循了以下原则:

1. 时代性

建筑节能技术不断发展更新,新技术、新工艺、新方法不断涌现,因此,在本书的编写过程中,尽量采用当前最新的数据资料、标准规范以及国内近年来最新的建筑节能技术案例。

2. 系统性

本书内容涵盖了当前建筑节能行业的主要节能技术领域,不仅包括建筑选址规划、建筑单体设计、建筑围护结构、通风、采暖、空调、采光、照明、可再生能源利用等节能相关内容,也将建筑节能检测、绿色建筑等内容纳入教材中。学生不仅可以将本书作为教材使用,也可以作为未来从事建筑节能相关工作的参考资料。

3. 实用性

本书编写针对中等职业学校学生的认知和文化知识素质的水平及特点,以应用型人才培养为目标,摒弃了传统教材中大量的数据计算内容,降低学习培训门槛,按照逐渐深入、循序渐的方式进展开。教材编排方面采用模块化、项目化,将整个内容分为建筑节能材料、建筑节能技术、建筑节能实训 3 个模块,每个模块分为若干个项目,每个项目后面设置有相关案例和习题,便于教师上课教学和学生自习使用。

本书由富顺职业技术学校韩远兵、李陈利主编,富顺职业技术学校赵乾坤、刘超副主编,四川建筑职业技术学院黄敏主审。本书在编写过程中,参考了国内著名学者主编的相关教材,也得到了德国建筑节能专家马蒂亚斯·凯泽(Matthias·Kaiser)的指导,以及行业企业专家代表的积极参与,同时也得到了学校领导和老师们的热情帮助和大力支持,在此深表谢意。

特别说明:本书中引用的有关作品及图片仅供教学分析所用,版权归原作者所有,由于获得渠道的原因,没有加以标注,恳请谅解,并对相关作者表示衷心的感谢。

本书在编写过程中参阅了国内许多同行的学术研究成果,参考和引用了所列参考文献中的某些内容,谨向这些文献的编著者、专家、学者致以诚挚感谢!本书在编写过程中,由于编写能力有限,书中难免存在疏漏和不足之处,恳请同行、读者给予批评和指正,以便修订时完善。

编　者
2024 年 8 月

目　录

模块二　建筑节能技术

建筑节能实训篇

模块三　建筑节能实训

建筑节能理论篇

模块一
建筑节能材料

项目一 探索建筑节能的重要性、意义与材料的作用

随着我国社会经济的发展,人民生活水平的不断提高,全国建筑能耗呈稳步上升的趋势,加大了我国能源的压力,制约着我国国民经济的持续发展,降低建筑能耗已是刻不容缓。另外,建筑节能是缓解我国能源紧缺矛盾、改善人民生活以及工作条件、减轻环境污染、促进经济可持续发展的一项战略方针。

各国在推广建筑节能法规、建筑设计和施工、新型建筑保温绝热材料的开发和应用、建筑节能产品的认证和管理等方面都在不断地进行研究与探索并做了许多工作。目前,我国单位建筑面积采暖能耗约占全国总能耗的30%,相当于气候条件相近发达国家的2~3倍。建筑节能问题形势严峻,迫在眉睫。

【案例导入】

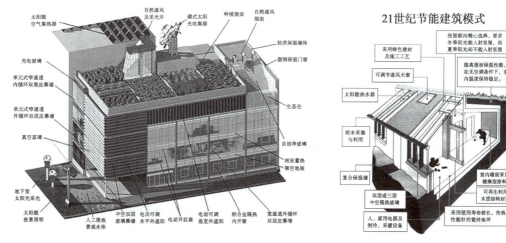

中意清华节能楼建筑面积为3 000 m²,地下1层,地上4层。集中世界上80%的节能技术,包括对建筑物理环境控制与设施研究(如声、光、热、空气质量等)、建筑材料与构造(如窗、遮阳、屋顶、建筑节点、钢结构等)、建筑环境控制系统的研究(高效能源系统、新的采暖通风和空调方式及设备开发等)、建筑智能化系统研究等。与普通建筑相比,节能楼全年电耗只

是北京市同类建筑的 30%,降低 7 成,夏季空调耗能减少 9 成,冬季可以基本实现零能耗采暖。

【知识目标】

1. 了解建筑节能的重要性;
2. 理解建筑节能的意义;
3. 理解建筑节能材料的作用。

【技能目标】

1. 认识常见的节能材料;
2. 能够选择和应用适合的节能材料;
3. 能够评估建筑节能效果。

【职业素养目标】

1. 具备环保和节能意识;
2. 领会我国节能的基本国策。

任务一 认识建筑节能的重要性及其意义

一、建筑节能的重要性

随着各国工业化进程的发展,地球上可供人类利用的化石燃料已日渐枯竭,世界能源危机的出路只有两条,即在开发新能源的同时注意节约能源,而建筑能耗在人类整个能源消耗中所占的比例较高(尤其是欧美发达国家,一般在 30% ~50%),故建筑节能意义重大。

建筑节能的重要性可归纳为以下 3 点:

①提高能源利用率,减少建筑使用能耗,解决经济发展、大规模城乡建设与能源短缺的矛盾。

②降低粉尘、烟尘和二氧化碳等温室气体的排放,减少大气污染和对生态环境的危害。

③提高住宅的保温隔热性能,改善居住舒适度。

采暖地区的建筑节能主要包括建筑物围护结构节能和采暖供热系统节能两个方面:

①建筑物围护结构节能。改善围护结构的保温性能,使得供给建筑物的热能在建筑物内部得到有效利用,而不会通过其围护结构很快散失,从而达到减少能源消耗的目的。要实现围护结构节能,就应提高建筑物外墙、屋面、地面与门窗等围护结构各部分的保温隔热性能,以减少传热损失,从而提高门窗的气密性,以减少空气渗透消耗的热量。

②采暖供热系统节能。采暖供热系统包括热源与管网两个部分。要提高锅炉的运行效率和管网的输送效率,以减少热能在转换或输送过程中的流失,就必须改善锅炉等热源设备

的性能和管网的保温性能,提高设计和安装水平,改进运行管理技术。

节能材料具有重要的建筑节能意义,建筑节能必须以合理使用、发展节能材料为前提,保证足够的保温节能材料为基础。使用节能保温材料,一方面是为了满足建筑空间或热工设备的热环境要求;另一方面是为了节约能源。就一般的居民采暖空调而言,通过使用绝热围护材料,可在现有基础上节能50%～80%。有些国家将节能材料看作继煤炭、石油、天然气、核能之后的第五大“能源”。此外,使用节能材料还可以减小外墙厚度,减轻屋面甚至整个建筑物的重量。

二、建筑节能的意义

建筑节能作为贯彻国家可持续发展战略的重大举措引起社会的广泛关注。在国际上,建筑用能与工业、农业、交通运输能耗并列,属于民生能耗,一般占全国总能耗的30%～40%。由于建筑用能关系到国计民生,量大面广,节约建筑用能是牵涉国家全局、影响深远的大事情。推进建筑节能工作,不仅有助于节能、节地、节水、节材,还具有深远的环境保护意义。

(一)建筑节能是改善环境的重要途径

1. 建筑节能可改善大气环境

目前,我国很多地区建筑采暖的能源以煤炭为主,约占总能源的75%。在一个采暖期,我国采暖燃煤排放二氧化碳约1.9亿t,排放二氧化硫近300万t,排放烟尘约300万t。采暖期城市大气污染指标普遍超过标准,造成严重的大气环境污染。

大气层中的CO_2、CH_4和氮氧化物等气体,可以让太阳光的可见光透过,但对地球向宇宙释放的红外线起阻碍作用,并吸收转化为热量,使地表与低层大气温度升高,这种现象被称为“温室效应”。温室效应将导致全球气候出现异常,包括降雨、风、云层、洋流的变化,以及南北极冰帽的缩小,这些变化都是关键的气候因素,它们严重威胁人类的生存环境。

二氧化硫、烟尘和氮氧化物等是呼吸道疾病、肺癌等许多疾病的根源,是造成或形成环境酸化、酸雨,也是破坏森林、影响植物生长、损坏建筑物的罪魁祸首。由此可知,降低建筑能耗,提高建筑节能效果,是改善大气环境的重要途径。

2. 建筑节能可改善室内热环境

室内热环境是对室内温度、空气湿度、气流速度和环境热辐射的总称,它是影响人体冷热感的环境因素。适宜的室内热环境,可使人感到舒适。节能建筑则可改善室内环境,做到冬暖夏凉。对符合节能要求的采暖居住建筑,屋顶的保温能力为一般非节能建筑的1.5～2.6倍,外墙的保温能力为非节能建筑的2.0～3.0倍,窗户的保温能力为非节能建筑的1.3～1.6倍。

节能建筑的采暖能耗仅为非节能建筑的1/2,且冬季室内温度可保持在18 ℃左右,并使围护结构内表面保持较高的温度,从而避免其结露、长霉,显著改善冬季室内热环境。由于节能建筑围护结构的热绝缘系数较大,所以在夏季隔热方面也非常有利。

(二)节约能源是我国的基本国策

我国的能源形势非常严峻,据预测,我国年需各种能源共54.1亿t标准煤,但生产能源仅有13.7亿t标准煤,远低于世界平均水平(所谓标准煤,是指1 kg煤炭的发热量为8.14 kW·h

的煤量。市场供应的普通煤,1 kg 发热量为 5.8 ~ 6.4 kW·h,经换算,1 kg 普通煤为 0.712 ~ 0.786 kg 标准煤,或 1 kg 标准煤为 1.27 ~ 1.40 kg 普通煤)。

我国能源生产的增长速度,长期滞后于国内生产总值的增长速度,能源短缺是制约国民经济发展的根本性因素。因此,节约能源是发展国民经济的客观需要。

我国原有建筑及每年新建筑量巨大,加之居住人口众多,建筑能耗占全国总能耗的 1/4 以上,特别是高能耗建筑的大量建造,建筑能耗的增长远高于能源生产的增长速度,尤其是电力、燃气、热力等优质能源的需求急剧增加。因此,抓紧建筑节能工作已成为国民经济可持续发展的重大课题。

建筑节能是提高经济效益的重要措施,建筑节能需要投入一定的资金,且投入少、产出多。实践证明,只需选择适合当地条件的节能技术,并投入建筑造价 4% ~ 7%,即可达到 30% 的节能效果。建筑节能的回收期一般为 3 ~ 6 年,与建筑物使用周期 60 ~ 100 年相比其经济效益是非常突出的。可见,节能建筑在一次投资后,可在短期内回收,并能实现长期效益。

(三) 建筑节能对环境的保护作用

在当今社会,建筑业是能源消耗和碳排放的重要领域之一。据统计,建筑行业占全球总能源消耗的约 40%,同时占温室气体排放总量的约 1/3。因此,建筑节能技术的应用对于减少能源消耗、降低碳排放、改善环境质量具有重要的意义。

第一,建筑节能技术可以提升资源利用效率。建筑节能技术包括建筑节能设计、节能材料、节能设备等多个方面,通过优化建筑结构、改善建筑保温性能、提高设备效能等手段,可以降低建筑的能耗,减少资源的浪费。例如,采用高效保温材料、智能节能系统等技术可以有效降低建筑的能耗,提高能源利用效率,实现节能减排的目标。采用节能材料、智能节能系统、绿色建筑设计等手段,可以减少建筑对能源、水资源和原材料的消耗,实现资源的有效利用,降低资源浪费,促进循环经济的发展。

第二,建筑节能技术可以减少碳排放。建筑行业是碳排放的重要来源之一,而建筑节能技术的应用可以降低建筑的碳排放量。通过采用低碳材料、优化建筑设计、利用可再生能源等手段,减少建筑的能耗和碳足迹,降低对气候变化的影响,为应对全球气候变暖作出贡献。

第三,建筑节能技术可以改善室内环境质量。建筑节能技术的应用可以改善建筑的室内环境质量,提升居住者的生活质量。优质的节能保温材料可以提高建筑的隔热性能,减少室内温度的波动;智能节能系统可以实现室内环境的智能控制,提高室内空气质量,减少室内污染,促进居住者的健康和舒适感。

第四,建筑节能技术可以保护生态环境。建筑节能技术的应用有助于保护生态环境,减少对自然资源的破坏。通过绿色建筑设计、生态建材、节能设备等手段,可以减少建筑对自然环境的影响,降低生态系统的破坏程度,保护生物多样性,促进生态平衡的维持。

此外,建筑节能技术的应用还可以推动可持续发展。通过提高建筑的能效水平、降低碳排放、改善室内环境质量等措施,推动绿色低碳发展模式的实施,实现建筑行业的可持续发展,促进经济、社会和环境的协调发展。

另外,建筑节能技术的应用有助于倡导绿色生活方式。通过建筑节能技术的推广和普及,可以引导人们节约能源、保护环境,培养低碳生活方式,推动社会向更加环保、可持续的方向发展。

第五,建筑节能技术的应用可以促进产业升级。发展节能材料、智能节能系统、绿色建筑技术等产业可以提高产业的技术含量,推动产业创新,促进产业结构的优化,为经济可持续发展提供技术支持和产业支撑。

建筑节能技术对环保的意义是多方面的,包括提升资源利用效率、减少碳排放、改善室内环境质量、保护生态环境、推动可持续发展、倡导绿色生活方式和促进产业升级等方面。建筑节能技术的应用将为环境保护和可持续发展作出重要贡献,为建设美丽家园、实现绿色发展提供有力支持。

山西太原6城区
2337栋楼节能
改造

任务二 了解建筑节能材料的作用

节能建筑是指采用新型墙体材料、其他节能材料和建筑节能技术,达到国家民用建筑节能设计标准的建筑。为了节约能源,减少环境污染,必须推广应用节能建筑。测试证明,建筑用能的 50% 通过围护结构消耗,其中门窗占 70%,墙体占 30%,因此建筑节能主要是对围护结构(如墙体、门窗、屋顶、地面等)的隔热保温。

节能工程设计、施工和使用说明,为了保持室内有适于人们工作、学习与生活的气温环境,房屋围护结构所用的建筑材料必须具有一定的保温隔热性能,即应当选用建筑节能材料。围护结构所用材料具有良好的保温隔热性能,才能使室内冬暖夏凉、节约供暖和降温的能源。因此,节能材料是建造节能建筑工程的重要物质基础,具有重要的建筑节能意义。建筑节能必须以合理使用、发展节能建材为前提,必须有足够的保温绝热材料为基础。

建筑保温及各类热工设备的保温隔热是节约能源、提高建筑物居住和使用功能的一个重要方面,而建筑保温隔热材料是建筑节能的物质基础,为了实现建筑节能的目标,就必须扩大和改进建筑保温隔热材料的应用。在建筑上合理采用保温隔热材料,可以减少基本建筑材料的用量,减轻围护结构自重,提高建筑施工的工业化程度(隔热构件及制品适宜工厂预制),可大幅度节能降耗。

沙场练兵

一、填空题

1. 目前,我国单位建筑面积采暖能耗约占全国总能耗的____,相当于气候条件相近发达国家的____倍。

2. 就一般的居民采暖的空调而言,通过使用绝热围护材料,可在现有的基础上节能_____。

3. 测试证明,建筑用能的_____通过围护结构消耗,其中门窗占____,墙体占____,因此建筑节能主要就是对围护结构(如_____、_____、_____、_____等)的隔热保温。

二、简答题

1. 建筑节能的重要性有哪些？建筑节能的意义是什么？
2. 建筑节能材料有哪些作用？

项目二　节能材料的热导率

在任何建筑材料中,当存在一定温差时就会产生热传递,热能将由温度高的部分向温度低的部分转移。在建筑工程中,把用于控制室内热量外流的材料称为保温材料,把防止室外热量进入室内的材料称为隔热材料。

将保温材料和隔热材料称为绝热材料。绝热材料是指用于建筑围护或者热工设备、阻滞热流传递的材料或者材料复合体,既包括保温材料,也包括保冷材料。绝热材料既满足了建筑空间或热工设备的热环境要求,也节约了能源。因此,保温绝热材料属于节能材料。

材料的热导率是指在稳定传热条件下,1 m 厚的材料,两侧表面的温差为 1 ℃(或用 K),在 1 s 内,通过 1 m² 面积传递的热量,用 λ 表示,单位为 W/(m·K)。材料的热导率是衡量材料保温隔热性或绝热性的重要指标。

绝热节能材料产业高质量发展

【案例导入】

超低能耗建筑——美国奥兰多麦当劳旗舰店

在覆盖着太阳能电池板的天幕下,奥兰多麦当劳旗舰店餐厅是对佛罗里达州气候的可持续和健康的回应。通过优化建筑和厨房系统,降低了能源消耗。现场发电策略:18 727 ft²① 的光伏板、4 809 ft² 的玻璃集成光伏板和 25 个离网停车场灯,其产生的能量比餐厅的耗能还要多。

---

① 1 ft² = 0.092 903 04 m²。

依托湿润的亚热带气候,餐厅在65%的时间内都是自然通风的。由室外湿度和温度传感器控制的百叶窗在需要空调时自动关闭。其他可持续发展的策略包括减少城市热岛效应的铺装材料,重新引导雨水的表面,增加生物多样性的1 766 ft^{2}的绿色生活墙,新的LED照明和低流量管道装置。

【知识目标】

1. 了解不同材料的热导率特性;
2. 了解绝热材料的分类;
3. 了解节能材料在热传导方面的应用。

【技能目标】

1. 能选择合适的节能材料来减少热传导损失;
2. 能在建筑中应用节能材料。

【职业素养目标】

1. 具有环保意识和责任感;
2. 能在工程建设和生产中充分考虑节能材料的应用。

任务一　了解绝热材料的分类

一、按材料材质不同分类

按材料材质不同分类,绝热材料可分为无机绝热材料、有机绝热材料和金属绝热材料3类。

1. 无机绝热材料

无机绝热材料(图2-1)主要由矿物质为原料制成,一般呈纤维状、散粒状或多孔构造,常制成板状、块状、片状、卷材、套管等各种形式的制品。无机绝热材料的表观密度较大,但具有不易腐朽、不会燃烧、耐高温性能良好等特点。热力设备及采暖管道用的保温材料多为无机绝热材料。常见的无机绝热材料有石棉、硅藻土、珍珠岩、玻璃纤维、泡沫玻璃混凝土、硅酸钙等。

2. 有机绝热材料

有机绝热材料多属于隔热材料(图2-2),这类材料具有热导率极小、耐低温性好、易燃等特点。在建筑工程中,常用的有机绝热材料包括聚苯乙烯泡沫塑料、聚氯乙烯泡沫塑料、聚氨酯泡沫塑料和软木等。

图 2-1 无机绝热材料

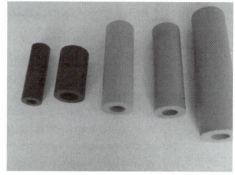

图 2-2 有机绝热材料

有机绝热材料按形态不同,可分为多孔状绝热材料、纤维状绝热材料和粉末状绝热材料3 种。

（1）多孔状绝热材料

多孔状绝热材料又称为泡沫绝热材料,它具有质量轻、绝热性好等特点。这类材料主要有泡沫塑料、泡沫橡胶、硅酸钙、轻质耐火材料等。

（2）纤维状绝热材料

按材质不同,可分为有机纤维、无机纤维、金属纤维和复合纤维等。在建筑工程中,常用的纤维状绝热材料主要是无机纤维,目前用得最多的是石棉、岩棉、玻璃棉、硅酸铝陶瓷纤维、晶质氧化铝纤维等。

（3）粉末状绝热材料

粉末状绝热材料具有粉末质量优良、尺寸稳定、稳定性差等特点。在建筑工程中,常用的粉末状绝热材料主要有膨胀蛭石、硅藻土、膨胀珍珠岩及其制品。这些材料的原料来源丰富、易于取得、价格便宜,是建筑工程和热工设备上应用比较广泛的高效绝热材料。

3. 金属绝热材料

金属绝热材料也称为层状绝热材料。这类绝热材料不如以上两种产品多,应用范围不广,在建筑工程中,常用的有铝箔、锡箔等材料。

二、按绝热原理不同分类

按绝热原理不同分类,绝热材料可分为多孔绝热材料和反射绝热材料。

1.多孔绝热材料

多孔绝热材料是依靠热导率小的气体充满在孔隙中进行绝热的。一般以空气为热阻介质,主要是纤维状聚积组织和多孔结构材料。首先泡沫塑料的绝热性较好,其次为矿物纤维(如石棉)、膨胀珍珠岩和多孔混凝土、泡沫玻璃等。

2.反射绝热材料

在建筑工程中,可利用的反射绝热材料有很多,如铝箔能靠热反射减少辐射传热,几层铝箔或与纸组成夹有薄空气层的复合结构,还可增大热阻值。绝热材料常以松散材、卷材、板材和预制块等形式用于建筑物屋面、外墙和地面等的保温与隔热。可直接砌筑(如加气混凝土)或放在屋顶及围护结构中作芯材,也可铺垫成地面保温层。纤维或粒状绝热材料既能填充在墙内,也能喷涂在墙面,兼有绝热、吸声、装饰和耐火等效果。

绝热材料产品种类繁多,包括泡沫塑料、矿物棉制品、泡沫玻璃、膨胀珍珠岩绝热制品、胶粉 EPS 颗粒、保温浆料、矿物喷涂棉、发泡水泥保温制品等,如图 2-3 所示。

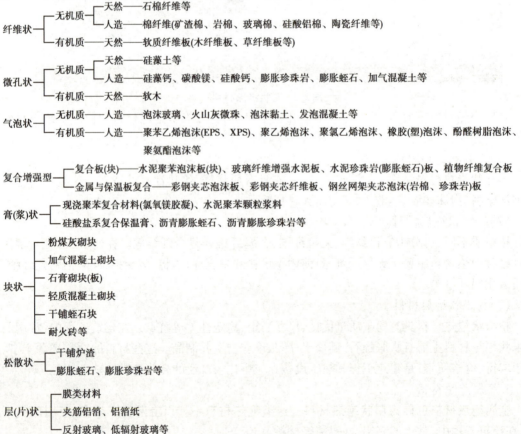

图 2-3　主要保温绝热材料分类

绝热材料在建筑中常见的应用类型及设计选用应符合《建筑绝热材料　性能选定指南》（GB/T 17369—2014）的规定。另外,在选用时除应考虑材料的热导率外,还应考虑材料的吸水率、燃烧性能、强度等指标。

任务二　分析影响热导率的因素

影响热导率的因素主要有以下9个方面:

1. 物质构成材料

试验证明,不同的物质构成,它们的热导率是不同的。一般有机高分子材料的热导率都小于无机材料;非金属材料的热导率小于金属材料;气态物质的热导率小于液态物质;液态物质的热导率小于固态物质。

2. 微观结构

微观结构涉及化学、生物学、物理学等诸多领域,是指物质、生物、细胞在显微镜下的结构,以及分子、原子甚至亚原子的结构。在相同化学组成的绝热材料中,微观结构不同,其热导率是不同的;结晶结构的热导率最大,微晶结构次之,玻璃体结构最小。

3. 孔隙构造

由于固体物质的导热能力比空气大得多,因此,一般情况下,孔隙率越大,密度越低,热导率越小。当孔隙率相同时,由于孔隙中空气对流的作用,孔隙相互连通比封闭而不连通的热导率要高;孔隙尺寸越大,热导率越大。例如,密度较小的纤维状材料,其热导率随密度减小而减小,当密度低于某一极限时,孔隙增大且相互连通的孔隙增多使对流作用加强,反而会导致热导率增大。因此,松散状的纤维材料存在着一个热导率最小的最佳密度。

4. 表观密度

表观密度是指材料在自然状态下,单位体积的干质量。表观密度是材料气孔率的直接反映,由于气相的热导率通常均小于固相的热导率,因此保温材料都具有很大的气孔率,即具有很小的表观密度。在一般情况下,增大材料的气孔率或减小表观密度,都会导致材料热导率下降。

5. 粒度

松散材料的粒度就是颗粒的大小。通常球体颗粒的粒度用直径表示,立方体颗粒的粒度用边长表示。对不规则的矿物颗粒,可将与矿物颗粒有相同行为的某一球体直径作为该颗粒的等效直径。在常温条件下,松散材料的热导率随着材料粒度的减小而降低,粒度较大时,颗粒之间的空隙尺寸增大,空气的热导率也必然增大。粒度较小者,其热导率也较小。

6. 环境温度

环境温度对各类绝热材料的热导率都有直接影响。由于温度升高时材料固体分子热运动增强,同时材料孔隙中空气的导热性和孔壁间的辐射作用也有所增强,因此,一般来说,材料的热导率随着材料温度的升高而增大,绝热材料在低温下的使用效果更佳。

7. 材料湿度

当材料受潮后,其孔隙中就存在水蒸气和水。由于水的热导率较大,约为0.581 5 W/(m·K),

比静态空气的热导率大20多倍,因此,当材料的含水率增大时,其热导率必然也增大。孔隙中的水分受冻成为冰,冰的热导率为2.326 W/(m·K),相当于水的4倍,则材料的热导率会更大。因此,作为保温绝热材料时,材料自身中的含水率要尽量低,如果不能避免时,要对材料进行憎水处理或用防水材料包覆。

8.热流方向

热导率与热流方向的关系,仅存在于各向异性的材料中,即在各个方向上构造不同的材料中。传热方向和纤维方向垂直时的绝热性能,比传热方向和纤维方向平行时要好些;同样,具有大量封闭气孔的材料的绝热性能,也比具有大量有开口气孔的材料要好些。

9.填充气体的影响

在绝热材料中,大部分热量是由孔隙中的气体传导的,因此,绝热材料的热导率大小,在很大程度上取决于填充气体的种类。低温工程中,如果填充氦气或氢气,由于氦气和氢气的热导率都比较大,因此可作为一级近似(一级近似就是把函数值从自变量的某个临近点处的函数值及导函数的值近似表示),认为绝热材料的热导率与这些气体的热导率相当。绝热材料的优劣主要由材料热传导性能(即热导率)的高低决定。材料的热导率越小,其绝热性能越好。一般情况下,绝热材料的共同特点是轻质、疏松,呈多孔状、松散颗粒状或纤维状,以其内部不流动的空气来阻隔热的传导。

在建筑工程中,将热导率小于0.25 W/(m·K)的建筑材料称为保温材料,建筑材料的热导率越小,其导热性能就越差,热阻也就越大,则越有利于建筑物的保温和隔热。建筑工程上使用的绝热节能材料,一般要求热导率值(λ)应小于0.25 W/(m·K),热阻值(R)应大于4.35(m^2·K)/W、表观密度不大于600 kg/m^3,抗压强度大于0.3 MPa。

在建筑工程中,绝热节能材料主要用于墙体和屋顶的保温绝热,以及热工设备、热力管道的保温,有时也用于冬季施工的保温,在冷藏室和冷藏设备上也可用作隔热。在选用绝热节能材料时,应综合考虑结构物的用途,使用环境温度、湿度及部位,围护结构的构造,施工难易程度,材料的来源,经济核算等因素。

沙场练兵

一、填空题

1.绝热材料的分类方法有很多,主要有按_____、_____、_____和_____不同分类,最常见的有按_____不同分类和按_____不同分类。

2.有机绝热材料按形态不同,可分为_____、_____、_____、_____ 4 种。

3.按绝热原理不同分类,绝热材料可分为_____和_____。

二、名词解释

1.表观密度

2.环境温度

三、简答题

1.绝热材料产品的种类有很多,常见的种类有哪些?

2.在选用建筑绝热材料时,除了考虑材料的热导率,还应考虑材料的哪些性能?

3.影响材料热导率的因素有哪些?

4.什么是保温材料?建筑工程中绝热节能材料有哪些要求?绝热材料的优劣主要由什么决定?

5.影响热导率的因素有哪些?

项目三　无机保温绝热材料

　　无机保温绝热材料具有节能利废、保温隔热、防火防冻、耐老化的优异性能以及低廉的价格等特点,有着广泛的市场需求,如中空玻化微珠、膨胀珍珠岩、闭孔珍珠岩、岩棉等。无机保温材料容重稍大、保温热效率稍差,但防火阻燃、变形系数小、抗老化、性能稳定,与墙基层和抹面层结合较好,安全稳固性好,保温层强度及耐久性比有机保温材料高,使用寿命长、施工难度小、工程成本较低、生态环保性好、可循环再利用。

　　无机保温绝热材料在建筑中常见的应用类型及设计选用应符合《建筑绝热材料　性能选定指南》(GB/T 17369—2014)的规定,选用时除应考虑材料的热导率外,还应考虑材料的吸水率、燃烧性能、强度等指标。

【案例导入】

绿色低碳超低能耗建筑——上海中心大厦

上海中心大厦从概念设计到施工都以绿色建筑为核心,践行节能、环保、低碳的绿色理念。塔楼最重要的永续设计元素是独特的双层幕墙,包裹塔楼的玻璃幕墙充分利用自然采光,减少照明用电;透明的外墙为建筑降低热传导,减少空调供暖耗电。这些绿色措施大幅度降低了项目的各项能源消耗,预计每年能减少 34 000 t 的碳足迹。

【知识目标】

1. 理解无机保温绝热材料的成分、结构和性能;
2. 了解无机保温绝热材料的应用。

【技能目标】

掌握无机保温绝热材料的制备工艺、测试方法和性能评价技术。

【职业素养目标】

具备独立思考能力、创新能力和团队合作精神。

任务一　认识无机纤维状绝热材料

一、玻璃棉及其制品

(一)玻璃棉的特点及分类

玻璃棉(图 3-1)是以石英砂、石灰石、白云石等天然矿石为主要原料,配合纯碱、硼砂等化工原料熔成玻璃。在融化状态下,借助外力吹制式甩成絮状细纤维,纤维和纤维之间为立体交叉,互相缠绕在一起,呈现出许多细小的间隙,这种间隙可看作孔隙。

图 3-1　玻璃棉

将玻璃熔化后流出的同时,用压缩空气喷吹形成玻璃纤维,也称为玻璃棉。喷制而成的纤维直径在 6 μm 以下,长度在 150 mm 以下的人造无机纤维,组织蓬松,类似棉絮。若为高速离心制成的玻璃棉即为离心玻璃棉,离心玻璃棉是质量优良的玻璃棉。

1. 玻璃棉材料的特点

玻璃棉可视为多孔材料,具有质感柔软、色泽美观、富有弹性,堆积密度小(100 ~ 150 kg/m³)、热导率低[0.035 ~ 0.058 W/(m·K)],绝热、吸声性能良好,防潮不燃、施工方便、无渣球、使用中无刺痛感、工程造价较低等特点。玻璃棉不仅是一种物美价廉的保温、隔热、阻燃的优良节能材料,而且是一种良好的吸声装饰材料。

材料试验表明,玻璃棉的最高使用温度:采用普通有碱玻璃时为 350 ℃,采用无碱玻璃时为 600 ℃。材料试验还证明,堆积密度低的玻璃纤维制品其热导率反而略高,热导率随纤维直径增大而增加。

玻璃棉用作保温材料,常常制成絮状、毡状或条带状的制品,其主要有玻璃棉毡、玻璃棉板、玻璃棉管套及一些异形制品等。玻璃棉制品可用石棉线、玻璃线或软铁丝进行缝缀,也可用黏结材料将玻璃纤维粘接,制成实际工程中所需的形状。玻璃棉制品的质量技术指标应执行《建筑绝热用玻璃棉制品》(GB/T 17795—2019)中的规定。

玻璃棉制品主要用于 45 ℃ 以下的重要工业设备和管道的表面隔热,也可用于运输工具、工业与民用建筑中作为围护结构的隔热或吸声材料,尤其适用于宾馆、饭店、体育馆、电视台及冷藏、冷冻仓库等公用设施的保温、隔热、吸声、防火。

2. 离心玻璃棉的特点

将处于熔融状态的玻璃用离心喷吹法工艺进行纤维化喷涂热固性树脂制成的丝状材料,再经过热固化深加工处理,可制成具有多种用途的系列产品。它具有阻燃、无毒、耐腐蚀、容重小、导热系数低、化学稳定性强、吸湿率低、憎水性好等诸多优点,是公认的性能最优越的保温、隔热、吸音材料,具有十分广泛的用途。用该材料制成的板、毡、管已大量用于建筑、化工、电子、电力、冶金、能源、交通等领域的保温隔热、吸声降噪,效果十分显著。

3. 玻璃棉制品的分类

玻璃棉制品按照其形态不同,可分为玻璃棉毡、玻璃棉板和玻璃棉管。玻璃棉制品按照其外覆层不同,可分为无外覆层制品、具有反射面的外覆层制品和具有非反射面的外覆层制品。

(1)玻璃棉毡

玻璃棉毡是将玻璃棉施加热固性黏合剂制成的柔性毡状制品,是一种经济、轻型、易于安装的隔热吸声材料,具有优良的保温绝热、吸声降噪功能和良好的回弹性能,具有设计期望的尺寸稳定性、防火性、耐久性和刚度。玻璃棉毡既可用作防水和增强材料,也可用作固定层或隔离层以及电绝缘和隔声产品。

玻璃棉毡分为带贴面的、不带贴面的和带增强铝箔贴面的。带贴面的玻璃棉毡适用于工业、商业和民用建筑的外墙和屋顶的保温隔热,特别适用于压型钢板复合轻板屋顶和外墙的保温隔热;不带贴面的玻璃棉毡,主要适用于轻质隔墙和屋顶顶棚的保温隔热和吸声;带增强铝箔贴面的软质和半硬质玻璃棉毡,适用于商业和民用建筑中冷、热风管系统的包扎,具有防潮、防冷凝、防霉、耐用、美观等作用。

（2）玻璃棉板

玻璃棉板是超细棉毡用酚醛树脂等胶黏剂黏合，并加温加压固化成型的板状材料，表面可粘贴PVC膜材料，也可粘贴铝箔材料。玻璃棉板是一种高效能、高密度的隔热、隔声材料，不仅抗拉压强度良好，而且具有良好的弹性，其吸声系数大，阻燃性能好，化学稳定性好。

玻璃棉板可分为半硬质和硬质两种。半硬质玻璃棉板主要用于设备、各类容器和空调系统的保温隔热；硬质玻璃棉板适用于冷凝、制冷、供热设备及其管道的保温隔热。另外，还可作为屋顶保温、保冷、吸声材料、建筑物保温，娱乐场所影剧院、电视台、广播电台、实验室等吸声处理。

玻璃棉板经过处理后可以制成吸声墙板或吸声吊顶板。一般常将 $80\sim120\ kg/m^3$ 的玻璃棉板周边经胶水固化处理后外包防火透声织物形成既美观又方便安装的吸声墙板，常见尺寸有 $1.2\ m\times1.2\ m$、$1.2\ m\times0.6\ m$、$0.6\ m\times0.6\ m$，厚 $2.5\ cm$ 或 $5\ cm$。也有在 $110\ kg/m^3$ 的玻璃棉表面直接喷刷透声装饰材料形成的吸声吊顶板。

无论是玻璃棉吸声墙板还是吸声吊顶板，都需要使用高密度的玻璃棉，并通过一定的强化处理，以防止板材变形或过于松软。这一类建筑材料既有良好的装饰性又保留了离心玻璃棉良好的吸声特性，降噪系数一般可以达到 0.85 以上。

（3）玻璃棉管

玻璃棉管是超细玻璃棉加树脂胶黏剂加温固化而成管状的保温材料，表面可粘贴铝箔。玻璃棉管具有质轻、隔热、防潮、隔声、防辐射、经济、易于安装等特点，主要适用于通风、供热动力、工业供热、民用供热及各种加热冷却管道、风道、空调系统等管道的保温、保冷、隔声、隔热等。

在体育馆、车间等大空间内，为了吸声降噪，常常使用以离心玻璃棉为主要吸声材料的吸声体。吸声体可以根据要求制成板状、柱状、锥体或其他异形体。吸声体内部填充离心玻璃棉，表面使用透声面层包裹。由于吸声体有多个表面吸声，吸声效率很高。

在道路隔声屏障中，为了防止噪声反射，需要在面向车辆一侧采取吸声措施，往往也使用离心玻璃棉作为填充材料、面层为穿孔金属板的屏障板。为了防止玻璃棉在室外吸水受潮，有时会使用PVC或塑料薄膜包裹。

玻璃棉天花板即带有PVC塑料薄膜贴面的硬质玻璃棉天花板，具有可免水洗、耐磨损、质轻、美观、吸声效果好等优点，主要适用于商业和民用建筑的天花板装饰。

玻璃棉管道包扎材料是一种半硬质玻璃棉板，外表面有一增强铝箔贴面，产品富有一定的弹性，便于包扎各种管道和容器，具有优良的耐磨性和保温隔热性。

玻璃棉管道包扎材料主要用于管径≥250 mm的管道和容器，也可用于管道接头、各种阀门、平行管道、蒸汽加热管道的保温隔热。

（二）玻璃棉制品的要求

根据国家标准《建筑绝热用玻璃棉制品》（GB/T 17795—2019）中的规定，玻璃棉制品的质量、技术指标、外观等应符合以下要求。

1.玻璃棉制品的一般要求

对于玻璃棉制品的一般要求，主要包括原棉、外覆层和胶黏剂等方面。对于原棉应符合《绝热用玻璃棉及其制品》（GB/T 13350—2017）中2号棉的相应规定。对于外覆层和胶黏剂应符合防霉的要求。

2. 玻璃棉制品的外观要求

玻璃棉制品的外观质量要求表面平整,不得有妨碍使用的伤痕、污迹、破损,外覆层与基材的粘贴应平整、牢固。

3. 尺寸以及密度允许偏差

①玻璃棉制品的尺寸及密度允许偏差,应符合《绝热用玻璃棉及其制品》(GB/T 13350—2017)中的规定。

②建筑绝热用玻璃棉制品的技术指标,应符合《建筑绝热用玻璃棉制品》(GB/T 17795—2019)中的规定。

4. 玻璃棉制品的燃烧性能

①无外覆层玻璃棉制品的燃烧性能,应不低于《建筑材料及制品燃烧性能分级》(GB 8624—2012)中的 A2 级。

②有外覆层玻璃棉制品的燃烧性能,应根据其使用位置,由供需双方协商确定。

5. 对于金属材料的腐蚀性

用于覆盖奥氏体不锈钢时,其浸出液离子的含量应符合《覆盖奥氏体不锈钢用绝热材料规范》(GB/T 17393—2008)的要求。

用于覆盖铝、钢材时,应采用90% 置信度的秩和检验法,对照样的秩和应不小于21。

6. 玻璃棉制品甲醛释放量

玻璃棉制品甲醛释放量应达到《室内装饰装修材料 人造板及其制品中甲醛释放限量》(GB 18580—2017)中的 E1 级,甲醛释放量应不大于 1.5 mg/L。

7. 玻璃棉制品的施工性能

①对于装卸、运输和安装施工,玻璃棉制品应具有足够的强度,按规定条件试验时,1 min 内不发生断裂。

②当玻璃棉制品的长度小于 10 m 或制品带有外覆层时,对玻璃棉制品的施工性能不作要求。

二、矿棉及其制品

由硅酸盐熔融物制得的棉花状短纤维(图 3-2),包括矿渣棉、岩棉、玻璃棉和陶瓷纤维等。在我国,一般指矿渣棉和岩石棉两种。以冶金矿渣或粉煤灰为主要原料者称为矿渣棉。矿渣棉是采用高炉硬矿渣、铜矿渣和其他矿渣作原料,添加一些含氧化硅、氧化钙的原料经熔融吹制而成。以玄武岩等岩石为主要原料者称为"岩棉"。岩石棉则是采用天然岩石(如玄武岩、辉绿岩等)为原料,经熔融吹制而成的。

图 3-2　矿棉及其制品

（一）矿棉的加工工艺

矿棉是将原料破碎成一定粒度后加助剂等进行配料,再入炉熔化、成棉和装包。成棉工艺有喷吹法、离心法和离心喷吹法 3 种。

1. 喷吹法

喷吹法是将物料放在电弧炉中熔融成熔体,在熔体流出的瞬间,以高压空气或过热蒸汽进行喷吹,将熔融物的流股分裂、吹拉成纤维的方法。这是生产矿棉纤维的主要方法。根据流股与气流的相对位置,喷吹法分为立吹法和平吹法。立吹法所得的纤维质量优于平吹法。

2. 离心法

离心法是借机械离心力,将熔融物流甩制成纤维状。离心法生产常使用多辊离心机。工程实践证明,用离心法生产的矿棉质量优于喷吹法。

3. 离心喷吹法

配合料在熔窑内熔化成玻璃液,在熔窑成型部装有单孔铂漏板,熔化好的玻璃液从漏板孔流出形成玻璃液流股,流股垂直落入纤维化设备的主体部分——离心器内;离心器高速旋转,借助离心力迫使玻璃液通过离心器周壁上的小孔甩出而形成一次纤维;尚处于高温软化状态的一次纤维立即受到离心器同心布置的环形燃烧喷嘴喷出的气流作用,一次纤维进一步分裂和牵伸成平均直径为 5 ~ 7 μm 的二次纤维,即玻璃棉。

离心喷吹法是目前世界上生产矿棉最先进的方法,它综合了离心法和喷吹法的优点。

（二）矿棉制品的类型

矿棉与黏合剂再经成型、干燥、固化等工序可制成各种矿棉制品。矿棉及其制品具有质量小、耐久、不燃烧、不腐蚀、不虫蛀等优点,是一种优良的隔热、保温、吸声材料和节能材料。矿渣棉的最高使用温度为 600 ℃,矿渣棉的体积密度与纤维直径有关,例如,一级品的矿渣棉在 19.6 kPa 的压力下,体积密度为 100 kg/m³,其热导率小于 0.044 W/(m·K)。

在矿棉中加入其他具有各种特殊物理特性的胶黏剂,可制成多种制品,如矿棉保温板、矿棉防水毡、矿棉保温管、矿棉保温带、矿棉吸声带以及矿棉装饰吸声板等。矿棉制品可用于石油、电力、冶金、纺织、化工等领域的保温材料,也可用于建筑围护结构的隔声、建筑物吊顶及内外墙的保温与吸声。

1. 矿棉板

矿棉板(图 3-3)是以矿物纤维为原料制成的板材,其最大特点是具有很好的吸声效果。矿棉板表面有滚花和浮雕等效果,图案有满天星、十字花、中心花、核桃纹等。矿棉板具有隔声、隔热、防火等特点,高档的产品还不含有石棉成分,因此对人体无害,并有防下陷功能。

矿棉板是以酚醛树脂为胶黏剂黏结成型的板材。矿棉板的体积密度一般小于 150 kg/m³,热导率为 0.046 W/(m·K),由于它具有良好的耐火性,且吸湿性小,所以可代替高级软木板用于冷库及建筑物隔热,目前已广泛应用于工业保温和建筑物的保温隔热。

2. 矿棉毡

矿棉毡(图 3-4)是在熔融体形成纤维时,将熔融沥青喷射到纤维表面,再经加压制成的。矿棉毡体积密度一般为 135 ~ 160 kg/m³,其热导率为 0.048 ~ 0.052 W/(m·K),最高使用温度为 250 ℃,主要用于墙体和屋面的保温。

图 3-3 矿棉板   图 3-4 矿棉毡

三、绝热用硅酸铝棉及其制品

绝热用硅酸铝棉也称为硅酸铝纤维（图 3-5），是 20 世纪 60 年代初期发展起来的一种纤维状的轻质耐火材料，按其结构形态来说，它属于非晶质（玻璃态）纤维。它是以硬质黏土熟料或工业氧化铝粉与硅石粉合成料为原料，采用电弧炉或电阻炉熔融，经压缩空气喷吹（或甩丝法）成纤而制成的。其化学组成主要包括三氧化二铝（Al_2O_3，30% ~ 55%）和二氧化硅（SiO_2）。经再加工成毯、毡、板、纸、绳等制品及各种预制块及组件等。

图 3-5 绝热用硅酸铝棉

绝热用硅酸铝棉具有低热导率、优良的热稳定性及化学稳定性，不含黏结剂和任何腐蚀性物质。它耐高温（熔温在 2 000 ℃左右），热容较小，保温性能好。目前主要有普通硅酸铝纤维、高纯硅酸铝纤维、高铝硅酸铝纤维和含锆硅酸铝纤维，也包括其他一些制品，均属于中低档产品。

硅酸铝纤维及其制品可直接应用于以油、气、电为能源的各种工业窑炉的炉衬及热力管道的隔热保温材料；可作为设备的夹层填充纤维浇注料、涂抹料等真空成型制品原料。目前，硅酸铝纤维主要用于建筑、化工、热电、船舶等领域，也可用作保温、隔热、防火、防潮、防腐、吸声等特殊功能的材料。

硅酸铝纤维材料已在冶金、建材、机械、石油、化工、电子、船舶、交通运输、轻工等部门得到广泛应用,并用于宇航及原子能等尖端科学技术。我国硅酸铝棉工业始于 20 世纪 70 年代初,经过 20 多年的发展,国内硅酸铝棉及其制品的生产和应用已成为完整的系列,生产技术已接近国际水平。

四、多晶氧化铝纤维及其制品

多晶氧化铝纤维实际上是一种晶质陶瓷纤维,纤维中 Al_2O_3 含量为 80% ~ 99%,Si 只占 1% ~ 20%,是一种多晶相共存的产品(图 3-6)。多晶氧化铝纤维是采用胶体工艺法,将铝盐制成溶液,通过加热使其收缩,制成丝胶体,然后在特定条件下成纤和热处理而获得的。多晶氧化铝纤维可分为莫来石纤维、高氧化铝纤维、纯氧化铝纤维等。

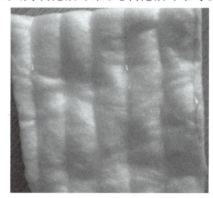

图 3-6 多晶氧化铝纤维

多晶氧化铝纤维是一种独特的以莫来石晶相形式存在的多晶质耐火纤维,是整个 $Al_2O_3 \cdot SiO_2$ 系陶瓷纤维中的一种。多晶氧化铝纤维外观呈白色,光滑、柔软,富有弹性,犹如脱脂棉一样,具有优良的耐高温性能、极好的耐热震性、优良的化学稳定性、高温下始终保持着多晶体微晶粒结构。

多晶氧化铝纤维使用温度一般为 1 500 ~ 1 600 ℃,可以高出玻璃态纤维 200 ~ 400 ℃,被广泛应用于冶金、机械、电子、陶瓷、化工、航天等高温工业窑炉及其他热工设备的内衬绝热,可以达到节能增产、延长炉体寿命、改善工作环境的目的。

多晶氧化铝纤维是一种超轻质高温耐火纤维,属于高档产品,常常做成纤维块、纤维毡和纤维板而应用于工业炉窑和建筑工程中。

五、石棉及其制品

石棉又称"石绵",是指具有高抗张强度、高挠性、耐化学和热侵蚀、电绝缘和具有可纺性的硅酸盐类矿物产品(图 3-7)。它是天然的纤维状硅酸盐类矿物质的总称。

石棉的应用已有数千年的历史。我国早在春秋战国时期《列子》书中就有记载:"火浣之布,浣之必投于火,布则火色垢则布色。出火而振之,皓然疑乎雪。"说明那时我国劳动人民就用石棉织布用于防火。经过几千年人类科学技术的发展,石棉作为工业原料或材料,其应用就更加广泛和重要。

图 3-7　石棉及其制品

　　从环保角度来看,石棉对人体健康是非常有害的,石棉纤维吸入呼吸道后可能引起呼吸道疾病甚至致癌,目前在欧洲已被禁止使用。虽然我国目前尚没有法规禁止使用石棉,但从保护使用者的健康出发,建议选用不含石棉的产品。

（一）石棉的分类及特性

1.石棉的分类

　　石棉根据其矿物组成的不同,可分为蛇纹石石棉、角闪石石棉等。其中,最常见的是含有富硅酸镁的蛇纹石石棉和含有富硅酸盐的角闪石石棉两大类。

　　蛇纹石石棉也称为纤维蛇纹石石棉或温石棉,其纤维柔软、有丝绸光泽,不但随手可将其撕开,而且很容易抽出细丝;其韧性比棉花稍差,建筑节能工程中常用的是蛇纹石石棉(图3-8)。

　　角闪石石棉(图3-9)分为青石棉、阴起石石棉、直闪石石棉、铁石棉、透闪石石棉等,性质也各不相同。

图 3-8　蛇纹石石棉

图 3-9　角闪石石棉

2.石棉的特性

　　石棉由纤维束组成,而纤维束又由很长很细的能相互分离的纤维组成。石棉具有耐火、耐热、耐酸、耐碱、绝缘、绝热、防腐、隔声、防火和保温等特性,由于各种石棉的化学成分不同,它们的特性也有显著的差别。例如,蛇纹石类石棉的耐碱和耐高温性能均比较好,但其耐酸性能较差;角闪石类石棉的耐碱和耐高温性能都不如蛇纹石类石棉,但其耐酸性能较好。

3.石棉的用途

　　目前石棉制品或含有石棉的制品有近3 000种,被20多个工业部门应用,其中较为重要的是汽车、拖拉机、化工、建筑、电器设备等制造部门。主要利用较高品级的石棉纤维织成纱、线、绳、布、盘、根等,作为传动、保温、隔热、绝缘等部件的材料或衬料。在建筑工业上广泛应用中低品级的石棉纤维,主要用来制成石棉板、石棉纸防火板、保温管和窑垫以及保温、防热、绝缘、隔声等材料。

石棉纤维可与水泥混合制成石棉水泥瓦、石棉水泥板、石棉水泥管等石棉水泥制品,广泛用于各种建筑工程。石棉和沥青掺和可以制成石棉沥青制品,如石棉沥青板、布(油毡)、纸、砖以及液态的石棉漆、嵌填水泥路面及膨胀裂缝用的油灰等,作为高级建筑物的防水、保温、绝缘、耐酸碱的材料和交通运输工程必不可少的材料。

石棉及其制品的应用比较广泛,其主要分类及用途概括起来可分为以下7个方面。

(1)石棉水泥制品

石棉水泥制品如石棉水泥管、石棉水泥瓦、石棉水泥板等。这类制品的石棉用量占石棉总消耗量的75%以上。生产石棉水泥制品一般选用硬结构的针状棉,级别要求不高,4~5级棉即可满足要求。它们的共同特点如下:

①比密度和表观密度都较小。该材料的比密度平均为2.75,容重为1 600~2 200 kg/m³,是一种较好的轻质材料。

②导热性低。热导率为0.198~0.244 W/(m·K),用于敷设石棉水泥管的深度可以比敷设铸铁管浅很多,能够大量节省基建投资。

③导电率低。石棉水泥管埋在地下不会腐蚀,其寿命比铸铁管长,机械强度高,能承受较大压力,是一种较好的电绝缘材料。

④容易切削加工。用钉子也能很好地将石棉水泥制品凿通,这点与木材性质相似。化学性质稳定。石棉水泥管虽不耐酸,但在矿物水中比混凝土管耐久。

石棉水泥管可用于煤气管、下水管、烟道、油管、通风管、井管及地下电缆保护管等场合,具有节省钢材、延长使用寿命、节约电力等优点。

石棉水泥瓦适用于防火条件要求比较高的厂房、仓库等建筑物,具有成本低、屋面较轻、施工方便、快捷等优点。随着涂料工业的发展,各种彩色石棉瓦、彩色石棉板等将为建筑行业提供更优质的材料。

石棉水泥板可用于建筑物的隔热、隔声墙板等。

(2)石棉纺织制品

石棉纺织制品是指用石棉纤维(或混合其他纤维)经混合、梳理、加捻、合线、编结制成的材料,主要用作隔热、保温、填塞、绝缘或隔膜材料。此外,石棉纱带和布还可作为复制其他石棉制品的材料。石棉纺织制品按其制作方法和成品不同,主要分为石棉纱、石棉线、石棉绳、石棉带等。

石棉纱是用温石棉纤维或与其他纤维混纺成的单股纱。石棉线是两根或两根以上的石棉纱捻合而成的。石棉绳是用石棉线扭合或编结制成的,用于各种热设备和热传导系统作保温隔热或复制其他石棉制品的材料。石棉带是用石棉线经纬交织而成的,用作各种热设备和热传导系统的保温隔热和复制其他石棉制品的材料。烧失量不大于32%,根据需要也可生产烧失量不大于19%、24%、28%的品种。

(3)石棉保温隔热制品

在一般蒸汽锅炉的外壁和蒸汽导管中的热能,因辐射和传导作用,在输送过程中热能损失很大,蒸汽热效率降低很多。因此,在锅炉外壁和导管上常用石棉制作保温层,这种保温层能提高锅炉的热效率,降低热能损耗。对于石油精炼等易燃、易爆部门采用石棉隔热,可以提高冷藏效果。将石棉用于车、船等交通工具的锅炉室隔热,将不会提高车厢或船舱的温度。

为了充分利用短纤维石棉和低质量石棉,以降低产品的成本,把石棉和其他材料配合成以下保温材料用于有关设备中,如碳酸镁石棉粉、硅藻土石棉泥、碳酸钙石棉粉、陶土石棉粉等,都是比较廉价的石棉保温材料。近年来,我国又研发出一种比较高级的石棉保温材料——泡沫石棉,该产品热导率低、保温性能好、节能效果显著,而且装卸方便,正在全国迅速推广。

(4)石棉制动和传动制品

石棉制动和传动制品是任何传动机械和现代交通工具所不可缺少的,这是因为石棉有较高的机械强度和耐热性,具有良好的摩擦性能。

①制动产品:有制动带、制动片(或叫刹车带、刹车片)。国产刹车带有 3 种类型:一是石棉编制刹车带,分树脂和油浸两种,多用于矿山机械和拖拉机制动;二是橡胶石棉布刹车带,多用于城市汽车制动;三是石棉纤维橡胶刹车带,多用于轻型机械制动。

国产刹车片是以石棉为增强材料,酚醛树脂为黏合剂,填料为摩擦性能调节剂,经膜塑而制成的三元复合材料,主要用于载重汽车的制动刹车。另外,还有人工合成的火车闸瓦、钻机闸瓦等,也属于制动产品。

②传动制品:主要品种为各种规格的离合器片、阻尼片等,主要用于各种机动车辆和工程机械的动力传动。石棉离合器的主要成分与刹车片相近。石棉制动材料对石棉的要求不高,只要石棉纤维充分松解,5 级和 6 级石棉即能满足制品性能要求。

(5)石棉电工材料

石棉电工材料是指利用石棉纤维与酚醛树脂塑合而制成的各种电工绝缘材料。在电工上做高压器材的底板、高压开关把手、电话耳机柄以及配电盘、配电板、仪表板等。

在造纸机上,用精选的石棉制成厚度为 0.2 mm 以下的绝缘石棉纸,是用在电机线圈上的一种绝缘材料。

温石棉用于制造电工绝缘材料时,必须充分注意纤维中所含铁的存在形式,这种铁若是以磁铁矿细粒分散在纤维中,则其制品的绝缘性显著降低,甚至不能做电工制品。因此,必须经过特殊处理除去此类杂质,才能用于制造电绝缘制品。涞源石棉矿属碳酸盐岩型石棉矿床,含铁量低,绝缘性能极佳,最适宜制造石棉电工材料。角闪石石棉中的磁铁矿细粒则要经过酸处理后才可使用。

(6)石棉沥青制品

石棉纤维掺和在天然沥青或人造沥青中便可制成石棉沥青制品。石棉纤维在沥青中可以提高沥青的软化温度,降低其在低温下的脆性。

石棉沥青制品有很多种,如薄型的石棉沥青板、石棉沥青布(石棉油毡)、石棉沥青纸、石棉沥青砖及液态的石棉漆,软性嵌填水泥路面和膨胀用的油灰等,作为高级建筑物的防水、保温、防潮、嵌填、绝缘、耐碱等材料。它是现代交通和建筑业不可缺少的材料,如在筑路用的沥青中掺入2%的短纤维石棉即可提高路面质量,使之冬天不龟裂,夏天不变软。

石棉沥青制品对石棉的要求不高,甚至不需任何加工便可直接加入沥青中使用,所以成本低廉,很有发展前途。

（7）石棉的新用途和彩色石棉水泥制品

随着现代技术的发展，石棉在国防工业中的应用越来越广泛，并出现了许多新用途。例如，石棉与陶瓷纤维制成的复合绝缘材料可用于火箭的燃烧室；石棉与石墨的复合材料用作导弹喷管的喉部和导弹发动机机体的封闭绝缘材料；石棉与金属复合材料用于高温防护，它可以避免火箭发动机火舌和高速飞行时由于高温引起的破坏作用；石棉与玻璃纤维、尼龙纤维交织制成的复合材料也用于火箭和导弹工业。

武汉工业大学非金属矿系制品教研室成功研制了具有弹性的泡沫石棉、石棉硅钙板，都是很有发展前途的新型建筑节能材料。

彩色石棉瓦和各种石棉复合材料的彩色石棉板在 20 世纪 70 年代就已投入生产，近年来，在我国北京、广州、昆明、福建等地也已推出不同品种的彩色石棉瓦、彩色石棉板等。彩色石棉瓦、彩色石棉板不仅在外观上打破了传统产品单一的格局，更重要的是将石棉纤维和粉尘完全固化，对避免环境污染等起到了良好作用。

（二）石棉粉和石棉灰

1. 石棉粉

石棉粉是以石棉矿石经机械加工、粉碎处理、除去杂质后所得的一种短纤维粉状的石棉，也是含有石棉纤维的粉状非金属材料，在防水材料、沥青材料、隔热保温材料等领域有着比较广泛的应用。

石棉粉主要适用于各种热设备及管道等，可作为保温、隔热材料，也可作为制动制品填料之用。在沥青砂浆中常用作胶结材料，可以提高沥青砂浆的胶结力与延展性。石棉粉广泛用于沥青防水材料和道路黏结材料中。

2. 石棉灰

在石棉生产过程中，筛选出石棉绒后的剩余产物就是石棉灰或石棉泥。石棉灰包括碳酸钙石棉灰、碳酸镁石棉灰和硅藻土石棉灰 3 种。这 3 种石棉灰是以石棉纤维分别与碳酸钙、碳酸镁和硅藻土按比例用机械混合加工而成的，适用于各种热设备及管道等，可作为保温、隔热之用。

（三）泡沫石棉及产品

泡沫石棉是新型轻质高效的保温节能材料，它以天然矿物石棉纤维为原料，通过制浆、发泡、干燥成型工艺制成，具有表观密度小、热导率低、保温性能好、防水性能好、抗腐蚀性强、吸声防震、不刺激皮肤、无粉尘污染的特点，可任意裁剪、弯曲，施工简便迅速。该产品广泛用于石油、化工、电力、冶金、建筑等部门，是各种热力管道、设备、窑炉、冷冻设备等工业保温、隔热的理想材料。

泡沫石棉与其他保温材料比较，在同等保温、隔热的效果下，其用料质量只相当于膨胀珍珠岩的 1/7、膨胀蛭石的 1/10，比超细玻璃棉还轻 20%，比以上几种保温、吸声、绝热材料的施工效率高 7~8 倍。

泡沫石棉具有诸多优点，因此其用途特别广泛，适用于各种建筑物的保温、绝热、吸声、隔声；各种工业窑炉、锅炉、热力管道、输油管道等的保温、隔热；蒸汽机和冷冻设备的保温、隔热；化工、化肥、制药等企业的各种防酸、防碱、防腐蚀；管道及罐、塔的保温、隔热；纺织、印染、造纸、卷烟、食品等工业的保温、隔热;轮船热力管道、冷介质管道设备、机舱围壁、甲板船壁部分船体的保温、隔热;交通、运输、铁路客车、冷藏车、保温车外层夹壁的保温、隔热;热电厂的热力设备及高、中、低温管道的保温、隔热等。特别是用作大锅炉、罐塔、膜式水冷壁外护板等的保温、隔热材料,会取得更加理想的效果。

泡沫石棉包括普通泡沫石棉、防水泡沫石棉、弹性泡沫石棉、弹性防水泡沫石棉、超轻泡沫石棉等,常用的是前四种。

1. 普通泡沫石棉

普通泡沫石棉不仅耐水性能差,遇水后便成泥状或豆腐渣状,而且耐火性能也差,可燃或有烟气异味,化学稳定性也差。

2. 防水泡沫石棉

防水泡沫石棉是泡沫石棉的第二代产品,也称为表面防水泡沫石棉,是将泡沫石棉加入适量的憎水剂等添加剂,经过二次深加工制成的。防水泡沫石棉除了具有泡沫石棉的所有特点,还具有遇水后水即形成水滴状流走的特别防水性能,以及在水中自由浸泡一个月不下沉的性能。

3. 弹性泡沫石棉

弹性泡沫石棉的技术指标除弹性恢复率为100%外,其他与泡沫石棉相同,价格与防水泡沫石棉相同,主要适用于管道、平台、大型罐、塔、窑炉等部位。

4. 弹性防水泡沫石棉

弹性防水泡沫石棉比弹性泡沫石棉的扭度大、柔软,适用于露天、湿度大的部位,其技术指标除弹性恢复率大于90%外,其他与弹性泡沫石棉相同。

5. 超轻质泡沫石棉

超轻质泡沫石棉是将高温石棉纤维经化学细纤化,使之成为浆状结构。现经过高温成型,在使用温度范围内可长期使用,不易老化、不变质、无毒无味、保温性能长期不减,并具有质轻、热导率小、隔冷、隔热、防震、吸声等特点。

超轻质泡沫石棉广泛用于国防冶金、化工、石油、船舶、纺织、医药、交通、热电、建筑等行业,与其他保温材料相比,具有质轻、施工方便、可任意裁剪、依型包裹、不污染环境、利于环境保护、不刺激皮肤、施工无损耗等特点。

任务二　认识无机散粒状绝热材料

一、膨胀蛭石及其制品

(一)蛭石材料的性能

蛭石是一种复杂的铁、镁含硅铝酸盐次生变质矿物,呈薄片状结构,外形似云母,由两层层状的硅氧骨架通过氢氧镁石层或氢氧铝石层结合而形成的双层硅氧四面体,在"双层"之间有水分子层(图3-10)。蛭石的矿物组成及化学成分极其复杂,而且很不固定。在高温条件下对其加热时,"双层"之间的水分子变为蒸汽产生压力,从而使"双层"分离和膨胀,因其受热失水膨胀时呈挠曲状,形态酷似水蛭,故称为蛭石。

图 3-10　蛭石

蛭石的化学成分及含量变化很大,难以用单一化学式来表示。由于蛭石可能由几种矿物生成,且其化学成分的变化与母体云母种类和变质作用的深浅程度有关,因此,不同矿床的蛭石其化学成分变化很大,也就是同一矿床的蛭石,其化学成分也不完全一样。

(二)膨胀蛭石

根据蛭石材料试验证明,蛭石在 150 ℃ 以下时,水蒸气由层间自由排出,但由于蒸汽产生的压力不足,蛭石很难出现膨胀。当温度高于 150 ℃ 以上,特别是在 850 ~ 1 000 ℃ 时,由于硅酸盐层间的间距减小,水蒸气不能再自由排出,使层间的水蒸气压力增高,仅 0.5 ~ 1.0 min 就可使蛭石剧烈膨胀,其颗粒单片体积能膨胀 20 倍左右,有的最高可达 30 倍,许多颗粒的总体积膨胀 5 ~ 7 倍。蛭石的膨胀倍数及性能,除与蛭石矿的水化程度、附着水含量有关外,还与原料的选矿、干燥、破碎方式、煅烧制度以及冷却措施等密切相关。

蛭石经高温成为膨胀蛭石后,其内部形成许多薄片组成的层状碎片,由于在碎片内部具有无数细小的薄层空隙,其中充满空气,因此其表观密度很小、热导率较低、耐火防腐,是一种很好的无机保温、隔热、吸声材料。

膨胀蛭石的密度一般为 80 ~ 200 kg/m³,其密度大小主要取决于蛭石的杂质含量、膨胀倍数和颗粒组成等因素。膨胀蛭石的热导率为 0.046 ~ 0.069 W/(m·K),在无机轻集料中仅次于膨胀珍珠岩及超细玻璃纤维。但是,由于膨胀蛭石及其制品具有很多综合特点,加之原料非常丰富,加工工艺简单,价格比较低廉,所以仍广泛用于建筑保温材料及其他领域。

根据《膨胀蛭石》(JC/T 441—2009)中的规定,膨胀蛭石按粒径不同,可分为 1 ~ 5 号 5 个品种;按其堆积密度不同,可分为优等品、一等品和合格品 3 个等级。

(三)膨胀蛭石制品

膨胀蛭石制品(图 3-11)的种类繁多,在建筑工程中常见的有水泥膨胀蛭石制品、水玻璃膨胀蛭石制品、石棉硅藻土水玻璃膨胀蛭石制品、耐火黏土水玻璃膨胀蛭石制品、石棉膨胀蛭石制品、沥青膨胀蛭石制品等,其中以水泥膨胀蛭石制品和水玻璃膨胀蛭石制品应用最为广泛。各类膨胀蛭石制品的质量好坏和性能优劣主要取决于工艺操作、用料配合比、胶结材料的选择、膨胀蛭石颗粒的组成等因素。

图 3-11　膨胀蛭石

1. 水泥膨胀蛭石制品

水泥膨胀蛭石制品简称水泥蛭石制品,是以膨胀蛭石为主体材料,以不同品种和强度等级的水泥为胶结材料,加入适量的水,充分搅拌均匀,压制成型,在一定条件下养护而成。根据《膨胀蛭石制品》(JC/T 442—2009)的规定,水泥膨胀蛭石制品按其外形不同,可分为板、砖、管壳、异形砖等,可用于工业与民用建筑中的围护结构及热工设备和各种工业管道的保温、绝热、吸声材料。

目前,在建筑上蛭石的应用比较广泛,蛭石制品根据其形状不同,可分为蛭石板、蛭石砖、蛭石管壳等。

蛭石板是一种新型的无机材料,以膨胀蛭石为主要原料,与一定比例的无机黏合剂混合,经过一系列工序加工而成的具有耐高温、防火、绿色环保、绝热、隔声、不含有害物质的板材,具有保温、隔热、防火等特点。此产品可用于防火门芯、壁炉内衬、墙体材料等领域;在高温加热至 1 200 ℃后也不会产生危害人体健康的气体,燃烧性能达到八级。

蛭石砖是以膨胀蛭石为原料,加入高强黏结剂经加压、干燥或烘烤制成的块状无机材料。蛭石砖属于薄壁空心结构制品,强度较低,熔点也低,其耐火度和高温性能均低于其他轻质耐火材料,不宜用于承重部位,也不宜用于中高温隔热材料,其使用温度在 800 ~ 900 ℃。蛭石砖被广泛用于屋面处理和隔声处理等方面。

2. 水玻璃膨胀蛭石制品

水玻璃膨胀蛭石制品是以膨胀蛭石为主体材料,以水玻璃($Na_2O \cdot nSiO_2$,又称硅酸钠)为胶结材料,以氟硅酸钠(Na_2SiF_6)为促凝剂,按一定比例配合,经搅拌、浇筑、成型、焙烧而制成的一种制品。在通常情况下,水玻璃与膨胀蛭石的配比为 2∶1,氟硅酸钠为水玻璃用量的13%。水玻璃相对密度以 1.27 为宜,制品的抗压强度为 0.9 MPa;当水玻璃相对密度小于1.27 时,制品的抗压强度会大幅度下降。膨胀蛭石的粒度及粒级分配对制品的技术性能尤其是吸声性能有较大影响。

养护温度对制品的性能影响较大,在较高温度下,水玻璃和促凝剂能够较快地进行反应,水分排出快,硬化过程缩短,制品强度高;反之,水玻璃和促凝剂的反应缓慢,硬化时间延长。当环境湿度大时,因为养护制品中的水分很难排出,所以在条件许可的情况下,最好对水玻璃制品进行热处理,以使结构密实,提高强度。热处理温度一般为 450 ℃。

水玻璃膨胀蛭石可以根据需要,制成各种不同规格和形状的制品,这些制品既可以用作工业与民用建筑中围护结构的保温、绝热和吸声材料,也可以用作热工冷藏设备和各种工业管道、高温窑炉的保温、绝热、吸声材料。

(四)松铺膨胀蛭石层

由于膨胀蛭石表观密度很小,热导率较低,是一种很好的保温、隔热、吸声材料,所以可松散铺设在夹壁、楼板、屋面、地坪等处,作为围护结构保温、隔热、吸声之用。在进行铺设时,必须注意尽可能使膨胀蛭石的层理平面与热流垂直。

当松散膨胀蛭石用于平屋面上作为保温隔热层时,可在钢筋混凝土屋面板上,在平行屋脊的方向,每隔 800~1 000 mm 预埋木龙骨一条,或者砌半砖厚的矮隔断一条,或者抹水泥砂浆矮隔断一条来解决找平层、保温隔热层及屋面板的整体性问题,以及松散膨胀蛭石易产生滑动的问题。另外,还需要将找平层的厚度增加 2~2.5 mm,以增强保温隔热构造层的强度。如果找平层用沥青砂浆制作,则会取得更好的效果。

膨胀蛭石松填在夹壁、楼板、屋面、地坪等处时,由于该材料的吸水率较高,严重影响其保温、隔热性能,因此必须考虑加设防潮层,以免影响其保温、隔热以及吸声性能。松填在夹壁内及其垂直处时,除受到特别严重的振动外,一般不易产生大的沉陷,沉陷度在 2.5%~3.0% 范围内。在较高的夹壁中松填时,应轻轻捣实膨胀蛭石,以减少沉陷量。材料试验表明,膨胀蛭石捣实后,对热导率及吸声系数影响不大,设计时可稍微提高热导率或降低吸声系数即可。

(五)膨胀蛭石灰浆

膨胀蛭石灰浆(简称蛭石灰浆)是以膨胀蛭石为主体,以水泥、石灰、石膏等为胶结材料,加水按一定比例配合调制而成的一种浆体材料。膨胀蛭石灰浆具有一定的保温、隔热、吸声性能,是一种性能良好的保温隔热材料。

膨胀蛭石灰浆主要用于厨房、浴室、地下室及湿度较大的车间、房间等内墙面和顶棚粉刷,能够防止阴冷潮湿、凝结水等不良现象的发生。

二、膨胀珍珠岩及其制品

(一)珍珠岩

珍珠岩是一种火山喷发的酸性熔岩,经急剧冷却而成的玻璃质岩石(图 3-12),因其具有珍珠裂隙结构而得名,有黄白、灰白、淡绿、褐色、灰色、黑色等多种颜色。珍珠岩矿包括珍珠岩、松脂岩和黑曜岩,它们都属于酸性火山玻璃质岩石,简称酸性玻璃质熔岩。三者的区别在于:珍珠岩具有因冷凝作用形成的圆弧形裂纹,称珍珠岩结构,含水率一般为 2%~6%;松脂岩具有独特的松脂光泽,含水率一般为 6%~10%;黑曜岩具有玻璃光泽与贝壳状断口,含水率一般小于 2%。

由于以上 3 种岩石均含有结合水,所以它们都能生产膨胀珍珠岩。当这些含水的玻璃熔岩受高温作用时,玻璃质即由固态软化为黏稠状态,内部水则由液态变为高压水蒸气向外扩散,使黏稠的玻璃质不断膨胀。膨胀的玻璃质如被迅速冷却达到软化温度以下时,则珍珠岩就成为一种多孔结构的产品,这种产品就是膨胀珍珠岩,习惯上将这 3 种岩石所生产的产品统称为膨胀珍珠岩。珍珠岩矿石的质量好坏直接影响膨胀珍珠岩产品的质量、产量和成本。

图 3-12　珍珠岩

珍珠岩原砂经细粉碎和超细粉碎,可用于橡塑制品、颜料、涂料、油墨、合成玻璃、隔热胶木以及一些机械构件和设备中作填充料。

(二) 膨胀珍珠岩

膨胀珍珠岩又称珠光砂、珍珠岩散料或珍珠岩粉,是由酸性火山玻璃质熔岩——珍珠岩,经破碎、筛分、预热,在 1 260 ℃以上高温中悬浮瞬间焙烧、体积骤然膨胀加工而成的一种内部呈蜂窝状多孔结构、白色或浅色的超轻质、保温绝热材料。

膨胀珍珠岩是一种无机砂状材料,其颗粒结构呈蜂窝泡沫状,表观密度特别小,风吹可飘扬,主要具有保温、绝热、吸声、无毒、不燃、无臭等特性。

膨胀珍珠岩是一种轻质、高效能的保温材料,具有表观密度小、热导率小、低温隔热性能好、在常压或真空度下保冷性能好、吸声性能好、吸湿性很小、化学稳定性好、无味、无毒、不燃烧、抗菌、耐腐蚀、施工方便等一系列优点,在建筑工程中的应用非常广泛,达到环保效果。

(三) 膨胀珍珠岩制品

膨胀珍珠岩制品是以膨胀珍珠岩为骨料,配合适量的胶结材料(如水泥、水玻璃、磷酸盐等),经搅拌、成型、干燥、焙烧或养护而制成的具有一定形状的成品,如砖、板、管瓦等。膨胀珍珠岩制品可以用作工业与民用建筑工程的保温、隔热、吸声材料,以及各种管道、热工设备的保温、绝热材料。

目前国内生产的膨胀珍珠岩制品主要包括水泥膨胀珍珠岩制品、水玻璃膨胀珍珠岩制品、磷酸盐膨胀珍珠岩制品、沥青膨胀珍珠岩制品和石膏膨胀珍珠岩制品等。

1. 水泥膨胀珍珠岩制品

水泥膨胀珍珠岩制品是以水泥为胶结材料,以珍珠岩粉为骨料,按一定比例配合、搅拌、筛分、成型、养护而成。这种制品具有表观密度小、热导率低、承压能力较强、施工较方便、经济耐用等特点,广泛用于较低温度热管道、热设备及其他工业管道设备和工业建筑上的保温绝热材料,以及工业与民用建筑围护结构的保温、隔热和吸声材料。

2. 水玻璃膨胀珍珠岩制品

水玻璃膨胀珍珠岩制品是以水玻璃为胶结材料,以膨胀珍珠岩为骨料,按一定比例配合并加赤泥搅拌、筛分、加压成型、干燥、焙烧而成。

水玻璃膨胀珍珠岩制品具有表观密度小(200～300 kg/m³)、热导率小[常温热导率为

0.058~0.065 W/(m·K)〕,以及无毒、无味、不燃烧、抗菌、耐腐蚀等特点,多用于建筑围护结构作为保温、隔热和吸声材料。

3. 磷酸盐膨胀珍珠岩制品

磷酸盐膨胀珍珠岩制品又称为高温超轻质珍珠岩制品,是以膨胀珍珠岩为骨料,以磷酸铝和少量的硫酸铝、纸浆废液作为胶结材料,经配料、搅拌、成型、焙烧而成。

磷酸盐膨胀珍珠岩制品耐火度较高、表观密度较小、强度和绝热性能都比较好,但其价格比较高;适用于温度要求较高的保温、隔热场合,主要用于工业窑炉或其他高温设备,作为保温绝热层及耐火炉料的耐火层。

4. 沥青膨胀珍珠岩制品

沥青膨胀珍珠岩制品,有的也称为乳化沥青珍珠岩制品,是一种在常温下经搅拌加压成型的新型保温材料。这种制品是以表观密度小于 120 kg/m^3 的膨胀珍珠岩为骨料,以热沥青式乳化沥青为胶结材料,按一定比例混合经装模成型、压制加工而成。

沥青膨胀珍珠岩制品具有质轻、保温、隔热、吸声、不老化、憎水、耐腐蚀等特性,便于冷作业,施工中可锯、可切、施工方便,广泛用于冷库工程、冷冻设备、管道及屋面等处。

5. 石膏膨胀珍珠岩制品

石膏膨胀珍珠岩制品是以天然石膏或化学石膏为主要原料,根据需要掺加适量的水泥或粉煤灰,再加入适量的膨胀珍珠岩,经料浆拌和、浇筑成型、抽芯、干燥等工序而成。

石膏膨胀珍珠岩制品多数为轻质板材,也可以制成管材及异形制品。近年来,我国成功研制了一种无机防水石膏天花板,这种天花板由石膏、水泥、玻璃纤维、膨胀珍珠岩、添加剂和水组成。

(四)膨胀珍珠岩装饰吸声板

膨胀珍珠岩制品是多孔吸声材料,可加工成各种规格的装饰吸声板,一般有不穿孔、半穿孔、穿孔吸声板及凹凸吸声板和复合吸声板等多种构造形式。

膨胀珍珠岩装饰吸声板具有质轻、装饰性好、防火、防潮、施工性好等显著优点,广泛应用于影剧院、播音室、会议厅等公共建筑的音质处理和工业厂房的噪声控制,同时也可用于民用和其他公共建筑的顶棚和内墙装饰,生态、环保。

(五)憎水膨胀珍珠岩制品

憎水膨胀珍珠岩制品具有优良的防水性能,且表观密度小、热导率低,特别适用于对防水性能有较高要求的保冷绝热工程设施、吸油设施及地下管道保温、屋面保温工程等。既可用于潮湿的环境中,又可用于高温保温和低温保冷,特别适用于冷热交替的设备和管道中,同时可减少在施工中的损坏。

(六)膨胀珍珠岩粉刷灰浆

膨胀珍珠岩粉刷灰浆是以膨胀珍珠岩(简称膨胀珍珠岩粉)为骨料,以水泥为胶结材料,按照一定比例混合、搅拌配制而成。膨胀珍珠岩粉刷灰浆具有一定的保温和吸声作用,广泛用于保温、吸声内墙、顶棚粉刷等领域。

(七)膨胀珍珠岩泡沫制品

膨胀珍珠岩泡沫制品是以低碱水泥为胶结材料,以膨胀珍珠岩为轻骨料,加入适量的增强纤维和多种外加剂(如减水剂、絮凝剂、引气剂),经搅拌、发泡、成型、养护而成。

增强纤维水泥膨胀珍珠岩泡沫浆液自然流入成型模内成型,或者直接喷涂、涂抹在墙面和顶棚上。该产品不需要建造特殊的烘干房,成本较低,优于水玻璃膨胀珍珠岩制品。

膨胀珍珠岩泡沫制品具有质轻、保温、吸声等特性,其强度大于一般膨胀珍珠岩水泥制品;在耐火、抗老化方面也明显优于一般建筑塑料制品。

(八)现浇水泥珍珠岩保温隔热层

现浇水泥珍珠岩保温隔热层是以膨胀珍珠岩为骨料,以水泥为胶结材料,按一定比例混合、搅拌配制而成,可用于平顶屋面上、夹壁之间及其他地方。

现浇水泥珍珠岩保温隔热层具有表观密度小、热导率小、强度比较高、造价比较低等特点。当用于平顶屋面上时,不仅可以减轻屋面荷重、节约水泥用量、降低工程造价,而且还可以减少施工工序、缩短施工工期。

(九)珍珠岩相变储能材料

珍珠岩相变储能材料是以膨胀珍珠岩为载体材料,将多元相变材料复合到膨胀珍珠岩孔腔中制成的具有储能和保温隔热性能的热功能复合材料。珍珠岩相变储能材料主要用于墙体、保温砂浆和装饰材料中,可达到更加显著的节能效果。

(十)珍珠岩在陶瓷领域的应用

珍珠岩以其较为稳定的化学成分和独特的物理化学性质,可用作陶瓷坯料来代替坯料中的部分甚至全部的高岭土和长石。由于珍珠岩的烧失量小,矿物结构中含有大量的玻璃体,在生产陶瓷的釉料时合理引入珍珠岩微粉,可以改善釉料的性能。

珍珠岩陶瓷坯料用珍珠岩微粉30%、黏土55%、石灰石15%配制的釉面砖坯料,在980~1 000 ℃条件下一次烧成,可以制得性能优良的陶瓷材料。由于珍珠岩含有65%~75%的无定形 SiO_2,被引入坯料后,细磨时约2%的 SiO_2 转变为胶凝状态,增大了坯泥的黏结能力,有利于提高坯体成型的成品率。珍珠岩代替部分高岭土和长石,既可降低成瓷温度,又会促使瓷胎致密和坯釉结合牢固,从而提高制品的机械强度、半透明度、化学稳定性和热稳定性,改善陶瓷产品的质量。

珍珠岩陶瓷釉料将适量珍珠岩微粉引入陶瓷釉料中,可以制得风格独特的乳白釉。这种釉适合低温快烧,既降低了釉的烧成温度,缩短了烧成周期,又降低了釉的膨胀系数,减少了针孔和釉裂等问题。

在一定的工艺条件下,用珍珠岩微粉可以烧制成优质的珍珠岩陶粒和陶砂。这种材料可以用作建筑保温隔热轻集料和生产轻质节能建筑砌块,用于承重或非承重的建筑围护结构。

三、硅藻土及其制品

硅藻土是由水生硅藻类物质的残骸堆积而成的,是一种生物成因的硅质沉积岩石,其主要成分是 SiO_2,还含有少量的 Al_2O_3、Fe_2O_3、CaO、MgO 及有机杂质等。硅藻土的颜色为白色、灰白色、灰色和浅灰褐色等。硅藻土主要分布在中国、美国、丹麦、法国、俄罗斯、罗马尼亚等国,其中,中国硅藻土储量为3.2 亿 t,远景储量达20 多亿 t。

1. 硅藻土的技术性能

材料试验证明,硅藻土具有孔隙率高、表观密度小、比表面积大、吸附性能强、悬浮性能好、物化性能稳定、隔声隔热、耐磨性好、耐酸性强、无毒无味、价低环保等技术性能,其原料及其制品在工业上被广泛用于污水处理剂、功能性填料、催化剂载体、有毒物质吸附剂、建筑节能材料等。

2. 硅藻土的主要用途

硅藻土不仅具有不燃、除湿、除臭和通透性好的特点,而且还能净化空气、隔声、防水和隔热,因此,近年来以硅藻土为原料的新型室内外涂料、装修材料,在国内外越来越受到消费者的青睐。在中国,硅藻土是一种潜在的发展室内外涂料的天然材料,是优良的环保型室内外装修材料。不仅如此,硅藻土的应用也十分广泛,主要有以下用途:

①作为玻璃钢、橡胶、塑料的填料,能明显增强制品的刚性和硬度,提高制品的耐热、耐磨、抗老化等性能,大幅度降低成本。

②作为造纸填料,能改进纸张的不透明度和亮度,提高平滑度和印刷质量,减少纸张因湿度而引起的伸缩。

③作为涂料的消光剂,能够降低涂膜的表面光泽,增加涂膜的耐磨性和抗划痕性。

④作为农药粉剂、颗粒剂的理想载体,可使制剂稳定,药效延长,毒性缓解,剂量易于掌握。

⑤作为高效复合肥的理想载体,其本身就具有一定的肥效,而且对可溶性的氮、磷、钾吸附能力强,在土壤中具有一定的缓释作用,利于作物生长。

⑥作为生产茶色玻璃、微孔玻璃、微孔玻璃微珠、玻璃纤维等的原料,因其熔点(1 600 ℃)比石英熔点(1 700 ℃)低,故可节约能源,降低成本。

⑦作为水泥的填料,用以配制高硅质和波特兰水泥,能够提高混凝土的流动性和可塑性,提高产品的耐磨性和耐腐蚀性。

⑧作为高沥青含量的路面和防水卷材的填料,能有效地解决泛油和挤浆现象,提高防滑性、耐磨性、抗压强度、耐侵蚀能力以及大幅度地提高使用寿命。

⑨作为保温材料,具有气孔率高、表观密度小、保温、隔热、不燃、隔声、耐腐蚀等优良性能,应用广泛。

⑩作为钻井冲洗隔离液的载体,当用量为30%时,其效果较好。

任务三 认识无机多孔类绝热材料

一、泡沫混凝土

泡沫混凝土是采用机械方法将含泡沫剂的水溶液制成泡沫,再将泡沫加入由硅质材料、钙质材料、水及各种外加剂等组成的料浆中,经混合搅拌、浇筑成型、养护而成的一种多孔材料(图3-13)。也可用粉煤灰、石灰、石膏和泡沫剂制成粉煤灰泡沫混凝土;用轻集料代替细砂生产轻质保温制品。

图 3-13　泡沫混凝土

泡沫混凝土中含有大量微小的封闭气孔,因此具有轻质、保温隔热、隔声耐火、施工可泵性好等优点,广泛应用于屋面和墙体的保温与隔热、软土地基处理、挡土墙、夹心构件复合墙板等领域。

泡沫混凝土具有下列良好的物理力学性能:

①表观密度小。泡沫混凝土的表观密度很小,其密度等级一般为 $300 \sim 1\ 800\ kg/m^3$,常用的泡沫混凝土的密度等级为 $300 \sim 1\ 200\ kg/m^3$,近年来,表观密度为 $160\ kg/m^3$ 的超轻泡沫混凝土也在建筑工程中得以应用。

由于泡沫混凝土的表观密度很小,在建筑物的内外墙体、屋面、楼面、立柱等中采用该种材料,可使建筑物自重降低 25% 左右,有些可达结构物总重的 30% ~ 40%。对于结构构件,如采用泡沫混凝土代替普通混凝土,可提高构件的承载能力。因此,在建筑工程中使用泡沫混凝土将具有显著的经济效益。

②保温隔热性能好。泡沫混凝土中含有大量封闭的细小孔隙,因此具有良好的热工性能(保温隔热性能),这是普通混凝土所不具备的。通常密度等级在 $300 \sim 1\ 200\ kg/m^3$ 范围的泡沫混凝土,热导率一般为 $0.08 \sim 0.3\ W/(m \cdot K)$,其热阻为普通混凝土的 10 ~ 20 倍。泡沫混凝土作为建筑物墙体及屋面材料,具有良好的节能效果。

③隔声耐火性能好。泡沫混凝土属于多孔材料,因此它也是一种良好的隔声材料,在建筑物的楼层、高速公路的隔声板和地下建筑物的顶层等可采用泡沫混凝土作为隔声层。泡沫混凝土也是一种无机材料,不会燃烧,具有良好的耐火性,在建筑工程中使用可提高建筑物的防火性能。

④整体性能好。泡沫混凝土可以在现场浇筑施工,与混凝土主体工程结合紧密,具有良好的整体性能。

⑤低弹减震性好。泡沫混凝土中含有大量封闭的细小孔隙,因此可以使其具有较低的弹性模量,从而使其对冲击载荷具有良好的吸收和分散作用。

⑥防水性能较好。现浇泡沫混凝土比较密实,具有吸水率低等特性,再加上有相对独立的封闭气泡及良好的整体性,使其具有一定的防水性能。

⑦耐久性能好。材料试验证明,泡沫混凝土虽然表观密度很小,但由于其孔隙是独立封闭的,外界的侵蚀介质很难进入,因此泡沫混凝土具有较好的耐久性,一般与主体工程寿命相同。

⑧生产加工方便。泡沫混凝土不但能在厂内生产成各种各样的制品,还能现场施工,直接现浇成屋面、地面和墙体,所以施工非常方便。

⑨环保性能好。泡沫混凝土所需原料为水泥和发泡剂,所用的发泡剂大多数都接近中性,不含苯、甲醛等有害物质,避免了环境污染和消防隐患。

⑩施工比较方便。在建筑工程中,泡沫混凝土只需使用水泥发泡机便可实现自动化作业,一般可实现泵送垂直高度200 m的远距离输送,其生产效率一般为150～300 m^3/d。

⑪其他性能。泡沫混凝土在施工过程中具有可泵性好、抗压强度较高(0.5～22.2 MPa)、冲击能量吸收性能好、可大量利用工业废渣、价格低廉等优点。

二、加气混凝土

加气混凝土又称发气混凝土(图3-14),是由水泥、石灰、粉煤灰和发气剂(铝粉)经配制,产生大量孔径为0.5～1.5 mm的均匀封闭小气孔,并经过蒸压养护硬化而成的多孔型轻质混凝土,是一种保温绝热性能良好的轻质材料,属于泡沫混凝土的范畴。加气混凝土表观密度小,热导率比黏土砖小得多,因此,它既能满足墙体的热工性能,又能同时满足墙材革新和节能50%要求的墙体材料。

图3-14　加气混凝土

加气混凝土与泡沫混凝土的外观和性能相似,主要区别是气孔在制品内形成的方式不同。加气混凝土是在料浆里掺入发气剂,利用化学反应产生气体使料浆膨胀,硬化后形成多孔结构;而泡沫混凝土是将机械作用下产生的泡沫掺入料浆中混合均匀,经硬化形成多孔结构。

加气混凝土具有材料来源广、质轻、易加工、强度高、施工方便、造价低、保温、隔热和耐火性好等优点。

加气混凝土堆积密度小,保温隔热性能好,耐久性比较强。特别是混凝土内部含有大量的封闭型圆形微小气孔,使混凝土的抗冻性特别好。我国加气混凝土制品的应用已有70余年的历史,加气混凝土制品在各类工业与民用建筑中得到了广泛应用,并取得了成功。

三、微孔硅酸钙及其制品

硅酸钙保温材料是以氧化硅(石英砂粉、硅藻土等)、氧化钙(也有用消石灰、电石渣等)和增强纤维(如石棉、玻璃纤维等)为主要原料,经搅拌、加热、凝胶、成型、蒸压、硬化、干燥等工序加工制成的一种新型保温材料(图3-15)。

图 3-15 硅酸钙

微孔硅酸钙绝热制品是将二氧化硅粉状材料、氧化钙、纤维增强材料、少量助剂以及大量的水,经合理的配料、加热搅拌、胶化、成型、蒸养晶化、干燥等工序加工制成的一种耐热轻质多孔的块状保温隔热材料,是目前硬质块状保温材料中性能最好的一种建筑节能材料。

微孔硅酸钙是一种新型保温材料,用 65% 的硅藻土、35% 的石灰,再加入两者总质量 5% 的石棉、水玻璃和水,经拌和、成型、蒸压和烘干等工艺制成,可用于建筑围护结构及管道的保温,其效果要比水泥膨胀珍珠岩和水泥膨胀蛭石好。

微孔硅酸钙制品由硬钙石型水化物、增强纤维等原料混合,经模压高温蒸氧工艺制成瓦块或板;具有耐热度高、绝热性能好、强度高、耐久性好、无腐蚀、无污染等优点。特别是近几年城市集中供热采用的地下直埋管道工艺,选用硅酸铝、硅酸钙、聚氨酯等复合保温材料,增加了保温材料的性能,提高了管道的使用寿命,减少了地上附着物,保护了环境,美化了城市。

四、泡沫玻璃

泡沫玻璃是采用碎玻璃加入 1% ~2% 的发泡剂(石灰石、碳化钙或焦炭),经粉磨、装模,在 800 ℃温度下烧制而成,退火、切割后所得的轻质石状材料(图 3-16)。其内含有大量封闭不连通的气泡,孔隙率达 80% ~90%。

图 3-16 泡沫玻璃

泡沫玻璃具有表观密度小、热导率低、强度高、不吸水、不燃烧、不腐蚀、耐久性好等特点,可广泛用于烟道、烟囱的内衬和冷库的绝热材料,特别是在低温、地下、露天、易燃及化学侵蚀等环境下使用时,安全可靠,经久耐用。

1. 泡沫玻璃的分类

泡沫玻璃的分类方法有很多,按其用途不同分类,可分为隔热泡沫玻璃、吸声泡沫玻璃;按所用原料不同分类,可分为普通泡沫玻璃、石英泡沫玻璃、熔岩泡沫玻璃;按颜色不同分类,可分为白色、棕色、黄色、纯黑色等;按外形不同分类,可分为平板(代号 P)和管壳(代号 G);按密度不同分类,可分为 ≤150 kg/m³(代号 150)和 151 ~ 180 kg/m³(代号 180)。

2. 泡沫玻璃的特性

①因为泡沫玻璃的基质为玻璃,所以这种材料不吸水。内部的气泡也是封闭的,故不存在毛细现象,也不会渗透。由于这两点,使得泡沫玻璃在大多数物理、化学性能上优于其他任何无机、有机的绝缘材料,泡沫玻璃是目前最理想的保冷绝热材料之一。

②机械强度较高,强度变化与表观密度成正比。具有优良的抗压性能,较其他材料更能经受住外部环境的侵蚀和负荷。泡沫玻璃具有优良的抗压性能和阻湿性能,因此成为地下管道和槽罐地基较理想的绝热材料。

③泡沫玻璃具有良好的绝热透湿性,因此热导率长期稳定,不会因环境影响而发生变化,绝热性能良好。

④泡沫玻璃是基质湿玻璃,不会自燃也不会被烧毁,是优良的防火材料。泡沫玻璃的工作温度范围为 -200 ~ 430 ℃,膨胀系数较小,而且具有可逆性,因此材料性能长期不变,不易脆化,稳定性很好。

⑤泡沫玻璃隔声性能较好,对声波有较强的吸收作用,在 60 ~ 400 Hz 内平均穿透损失可达 28.3 dB,是一种良好的隔声材料。

⑥泡沫玻璃具有良好的染色性能,可以作为保温装饰材料。

3. 泡沫玻璃的应用

泡沫玻璃是一种性能优越的绝热(保冷)、吸声、防潮、防火的轻质高强建筑材料和装饰材料,虽然其他新型隔热材料层出不穷,但是泡沫玻璃以其永久性、安全性、高可靠性,在低热绝缘、防潮工程、吸声等领域占据着越来越重要的地位,主要用作各种建筑墙面和工业设备的吸声、保温隔热和装饰材料。

泡沫玻璃板因其具有质轻、热导率小、吸水率小、不燃烧、不霉变、强度高、耐腐蚀、无毒、物理化学性能稳定等优点,被广泛用于石油、化工、地下工程、国防军工等领域,能达到隔热、保温、保冷、吸声等效果;另外,还广泛用于民用建筑外墙和屋顶的隔热保温。随着人类对环境保护的要求越来越高,泡沫玻璃将成为城市民用建筑的高级墙体绝热材料和屋面绝热材料。泡沫玻璃以其无机硅酸盐材质和独立的封闭微小气孔汇集了不透气、不燃烧、防啮防蛀、耐酸耐碱(氢氟酸除外)、无毒、无放射性、化学性能稳定、易加工且不变形等特点,使用寿命等同于建筑物使用寿命,是一种既安全可靠又经久耐用的建筑节能环保材料。

泡沫玻璃砖是一种以玻璃为主要原料,加入适量发泡剂,通过高温隧道窑炉加热焙烧和退火冷却加工处理后制得,具有均匀独立密闭气隙结构的新型无机绝热材料。由于它完全保留了无机玻璃的化学稳定性,因此具有容重低、热导率小、不透湿、不吸水、不燃烧、不霉变、不受鼠啮、机械强度高却又易加工等特点,能耐除氟化氢以外所有的化学侵蚀。泡沫玻璃砖不仅无毒、化学性能稳定,还具有在超低温到高温的广泛温度范围内不会变质的良好隔热性能,而且本身又起防潮、防火、防腐的作用。它在低温、深冷、地下、露天、易燃、易潮以及化学侵蚀等环境下使用时,不但安全可靠,而且经久耐用。

泡沫玻璃是一种以废平板玻璃和瓶罐玻璃为原料,经高温发泡成型的多孔无机非金属材料,具有防火、防水,无毒、耐腐蚀、防蛀,不老化,无放射性、绝缘,防磁波、防静电,机械强度高,与各类泥浆黏结性好的特性;是一种性能稳定的建筑外墙和屋面隔热、隔声、防水材料。它的生产是废弃固体材料再利用,是保护环境并获得丰厚经济利益的范例。

工程实践证明,泡沫玻璃还可以用于烟道、窑炉和冷库的保温工程,各种气、液、油输送管道的隔热、防水、防火工程,地铁、图书馆、写字楼、歌剧院、影院等需要隔声、隔热设备的场所,基础设施建设的隔离、隔声工程,河渠、护栏、堤坝的防漏、防蛀工程等领域,甚至还具有用于家庭清洁、保健的功能。用泡沫玻璃保护暖气输送管道与传统保护材料相比,可减少热损耗约25%。

近年来,研制成功的熔岩泡沫玻璃为泡沫玻璃的广泛应用提供了良好的性能保证。熔岩泡沫玻璃以珍珠岩、黑曜岩等天然熔岩或工业废渣作基础原料,也可加入一定量的玻璃粉,以降低发泡温度,用芒硝等作为发泡剂而制成的泡沫玻璃。一般可作建筑及工业设备的保温材料、墙体材料等。由于熔岩泡沫玻璃可以在低温寒冷、地下、露天的环境中使用,同时也可在易燃、易潮及有化学腐蚀的劣化环境中使用,使用时能保证安全可靠、经久耐用,故称为"永不用更换的隔热材料"。

沙场练兵

一、填空题

1. 玻璃棉是以_____、_____、_____等天然矿石为主要原料,配合____纯碱、硼砂等化工原料熔成玻璃。

2. 由硅酸盐熔融物制得的棉花状短纤维,包括矿渣棉、岩棉、玻璃棉和陶瓷纤维等,在我国一般只指_____和_____两种。

3. 矿棉是将原料破碎成一定粒度后加助剂等进行配料,再入炉熔化_____成棉、_____装包。成棉工艺有_____、_____及_____3种。

4. 绝热用硅酸铝棉也称_____,是20世纪60年代初期发展起来的一种纤维状的轻质耐火材料,按其结构形态来说它属于_____纤维。

5. 多晶氧化铝纤维可分为_____纤维、_____纤维、_____纤维等。

6. 石棉根据其矿物组成不同,又可分为_____石棉、_____石棉等。

7. 泡沫石棉包括_____石棉、_____石棉、_____石棉、_____石棉、_____石棉等,常用的是前四种。

8. 泡沫玻璃按其用途不同分类,可分为_____泡沫玻璃、_____泡沫玻璃;按所用原料不同分类,可分为_____泡沫玻璃、_____泡沫玻璃、_____泡沫玻璃;按颜色不同分类,可分为白色、棕色、黄色、纯黑色等;按外形不同分类,可分为_____(代号____)和_____(代号____)。

9. 泡沫混凝土内含有大量封闭不连通的气泡,孔隙率达_____。它的_____密度小,在建筑物的内外墙体、层面、楼面、立柱等中采用该种材料,一般可使建筑物自重降低_____%左右,有些可达结构物总重的_____%。

10. 熔岩泡沫玻璃可以在低温、寒冷、地下、露天的环境中使用,同时也可在易燃、易潮及有化学腐蚀的恶劣环境中使用,使用时能保证安全可靠、经久耐用,故称为"_____"。

11. 膨胀蛭石制品的种类有很多,在建筑工程中常见的有_____制品、_____制品、_____制品、_____制品、_____制品、_____制品等,其_____制品应用最为广泛。

12. 硅藻土不仅具有_____、_____、_____和_____好的特点,而且还能够_____、_____和_____。

二、选择题

1. 玻璃棉制品中甲醛释放量应达到《室内装饰装修材料 人造板及其制品中甲醛释放限量》(GB 18580—2017)中的 E1 级,甲醛释放量应不大于(   )。

A. 2.0 g/L　　　　　B. 1.8 mg/L　　　　　C. 1.5 mg/L　　　　　D. 1.2 mg/L

2. 矿棉毡的最高使用温度为(   ),主要适用于墙体和屋面的保温。

A. 150 ℃　　　　　B. 250 ℃　　　　　C. 350 ℃　　　　　D. 600 ℃

3. 绝热用硅酸铝棉具有低热导率、优良的热稳定性及化学稳定性,不含黏结剂和任何腐蚀性物质。它耐高温,熔温在(   )左右,热容较小,保温性能好。

A. 1 000 ℃　　　　　B. 2 000 ℃　　　　　C. 500 ℃　　　　　D. 3 000 ℃

4. 多晶氧化铝纤维是一种超轻质高温耐火纤维,属于(   )档产品,常常做成纤维块、纤维毡和纤维板而应用于工业炉窑和建筑工程中。

A. 高　　　　　B. 中　　　　　C. 低　　　　　D. 普通

5. 从环保角度考虑,(   )对人体健康是非常有害的,从保护使用者的健康出发,建议选用不含该物质的产品。

A. 铝棉　　　　　B. 矿棉毡　　　　　C. 玻璃棉　　　　　D. 石棉

6. (   )对石棉的要求不高,甚至不需任何加工而直接加入沥青中使用,所以成本低廉,很有发展前途。

A. 石棉沥青制品　　　　B. 泡沫石棉　　　　C. 石棉粉　　　　D. 石棉灰

7. 弹性泡沫石棉的技术指标除弹性恢复率为(   )外。

A. 70%　　　　　B. 80%　　　　　C. 90%　　　　　D. 100%

8. 泡沫石棉与其他保温材料比较,在同等保温、隔热的效果下,其用料质量只相当于膨胀珍珠岩的1/7、膨胀蛭石的1/10,比超细玻璃棉还轻20%,比以上几种保温、吸声、绝热材料的施工效率高(   )倍。

A. 3～4　　　　　B. 5～6　　　　　C. 7～8　　　　　D. 4～5

9. 目前石棉制品或含有石棉的制品有近(   )种,被20多个工业部门应用,其中较为重要的是汽车、拖拉机、化工、建筑、电器设备等制造部门。

A. 1 000　　　　　B. 2 000　　　　　C. 500　　　　　D. 3 000

10. 玻璃棉制品应具有足够的强度,按规定条件试验时(   )不发生断裂。

A. 1 min　　　　　B. 2 min　　　　　C. 3 min　　　　　D. 0.5 min

三、简答题

1. 无机纤维状绝热材料的主要制品有哪些？

2. 玻璃棉板在保温隔热方面有哪些特性？

3. 泡沫石棉与其他保温材料相比，有哪些优点？

4. 简述泡沫混凝土的特点。

5. 简述泡沫玻璃的特点。

6. 简述泡沫玻璃砖的特点。

7. 简述膨胀蛭石的优点。

8. 简述松铺膨胀蛭石层保温隔热材料的做法。

9. 膨胀珍珠岩在建筑工程上应用得非常广泛的原因是什么？

项目四　有机保温绝热材料

【案例导入】

绿色低碳建筑——上海江森自控亚太总部大楼

江森自控亚太总部大楼是智慧绿色节能型建筑,这座 3.5 万 m^2 的建筑位于上海市长宁区虹桥临空经济园区,坐落在苏州河畔。

这是中国首座获得三项顶级可持续认证的建筑,包括美国绿色建筑协会 LEED(能源与环境设计先锋奖)新建建筑铂金级认证、中国绿色建筑设计标识三星级认证和 IFC-世界银行 EDGE(卓越高能效设计)认证。这座建筑积极响应中国的节能环保政策和理念,与当地绿色建筑标准相比,本建筑预计节能可达 44%、节水可达 42% 和节约材料中的物化能源达 21%。

【知识目标】

1. 理解有机保温绝热材料的基本原理,包括热传导、热辐射和对流的作用;

2. 熟悉不同类型的有机保温绝热材料,如聚苯板、聚氨酯泡沫、岩棉等,以及它们的特性和适用范围;

3. 理解有机保温绝热材料的安全性和环保性要求,了解相关的法规和标准;

4. 了解有机保温绝热材料的施工和安装方法,以及常见问题的处理方式。

【技能目标】

1. 能根据需要选择合适的有机保温绝热材料,并计算所需的材料数量;
2. 具备正确使用工具和设备进行有机保温绝热材料的施工和安装技能;
3. 能进行有机保温绝热材料的检测和测试,评估其性能和质量。

【职业素养目标】

1. 具备安全意识和责任心,保证施工过程中的安全操作,并遵守相关的安全规定;
2. 具备团队合作和沟通能力,与他人协作完成有机保温绝热工程;
3. 具备解决问题和应对挑战的能力,能在施工过程中处理各种常见问题和突发情况;
4. 持续学习和更新知识,跟进有机保温绝热材料领域的最新技术和发展。

任务一　认识泡沫塑料绝热材料

　　泡沫塑料(图4-1)是以各种树脂为基料,加入适量的发泡剂、稳定剂、催化剂经加热发泡等工艺加工而成,是一种多孔状的轻质、保温、隔热、吸声、防震的多功能材料,适用于建筑工程的保温、吸声与绝热等。

图4-1　泡沫塑料

　　泡沫塑料发泡的方法有机械发泡、物理发泡和化学发泡3种,其中机械发泡是通过强烈的机械搅拌产生气泡;物理发泡是通过压缩使其易挥发物质挥发或液化气体气化而发泡;化学发泡是通过化学反应产生气体而发泡。

一、泡沫塑料的分类与特性

　　泡沫塑料的种类繁多,常以所用树脂而命名。在建筑节能工程中,常用的有聚苯乙烯泡沫塑料、聚乙烯泡沫塑料、聚氯乙烯泡沫塑料等。泡沫塑料的分类方法见表4-1。

表 4-1　泡沫塑料的分类方法

按所用树脂不同分类	按泡沫塑料性质分类	按孔型结构分类
聚氯乙烯泡沫塑料、聚苯乙烯泡沫塑料、聚乙烯泡沫塑料、脲醛泡沫塑料、聚氨酯泡沫塑料、环氧树脂泡沫塑料、酚醛泡沫塑料、有机硅泡沫塑料等	硬质泡沫塑料、软质泡沫塑料、可发性泡沫塑料、自熄性泡沫塑料、乳液泡沫塑料等	开孔型、闭孔型

1. 聚苯乙烯泡沫塑料

聚苯乙烯泡沫塑料(Expanded Polystyrene,EPS)是以聚苯乙烯树脂为主要原料,经发泡剂发泡而制成的有机绝热材料。聚苯乙烯泡沫塑料内部含有大量的细封闭气孔,孔隙率高者可达 98%;质量很轻,其表观密度仅为 $10\sim20$ kg/m³;绝热性好,其热导率为 $0.038\sim0.047$ W/(m·K)。此外,聚苯乙烯泡沫塑料具有绝缘、吸水性小、耐低温性好、耐溶冻性强等特点。

聚苯乙烯泡沫塑料按其性质不同,可分为普通型和滞燃型;按其形状不同,可分为板材、圆管、箱类和包装衬垫;按其用途不同,可分为建筑保温板、防冻保温管、保鲜保温箱和各种防振包装材料。聚苯乙烯泡沫塑料广泛应用于建筑业的保温、隔热、隔声、墙体隔断中。

聚苯乙烯泡沫塑料的品种、特点及用途见表 4-2;聚苯乙烯泡沫塑料的化学性能见表 4-3。

表 4-2　聚苯乙烯泡沫塑料的品种、特点及用途

品名	说明	特点	制品种类	适用范围
普通型可发性聚苯乙烯泡沫塑料	以低沸点液体的可发性聚苯乙烯树脂为基料,经加工进行预发泡后,再放在模具中加热成型而成,是一种具有微细闭孔结构的硬质泡沫材料	质轻、保温隔热,吸声防振性能好,吸水性小,耐低温性好,耐酸碱性好,有一定的弹性,制品可用木工锯或电阻丝切割	板材、管材普通型可发性聚苯乙烯珠粒	建筑上广泛用于吸声、保温隔热、防振材料以及制冷设备、冷藏设备和各种管道的绝热材料,供使用单位现场自行用蒸汽或热水、热空气等简单处理,经几秒至几分钟后制成各种不同密度、形状的泡沫塑料
自熄型可发性聚苯乙烯泡沫塑料	材料及工艺同上,但在加入发泡剂时,同时加入火焰熄火剂、自熄增效剂、抗氧化剂和紫外线吸收剂等,使可发性聚苯乙烯泡沫塑料具有自熄性和较强的耐气候性	除具有上述普通型板材的特点外,泡沫体具有在火焰上燃烧,移开火源后 $1\sim2$ s 即自行熄灭的性能	板材、管材自熄型可发性聚苯乙烯珠粒	普通型可发性聚苯乙烯泡沫塑料,适用于防火要求较高的场合

续表

品名	说明	特点	制品种类	适用范围
乳液聚苯乙烯泡沫塑料	乳液聚苯乙烯泡沫塑料也称硬质 PB 型聚苯乙烯泡沫塑料,是以乳液聚合粉状聚苯乙烯树脂为原料,用固体的有机和无机化学发泡剂,模压成坯再发泡而成	除具有上述两种泡沫塑料的特点外,还具有硬度较大、耐热度高、机械强度大、泡沫体尺寸稳定性好等特点	板材	可发性聚苯乙烯泡沫塑料,特别适用于要求硬度大、耐热度高、机械强度大的保温隔热、吸声、防震等工程

注:为了切割面平整光洁,宜用高速无齿锯条切割。用电阻丝切割时,宜采用低电压(5～12 V),一般温度控制在200～250 ℃。

表 4-3　聚苯乙烯泡沫塑料的化学性能

耐无机化学介质性能			耐有机化学介质性能		
介质名称	介质含量/%	耐蚀性能	介质名称	耐蚀性能	
					60 ℃
盐水	任意	耐	酸乙酯乙醚	不耐	
盐酸	36	耐		不耐	
硫酸	48	耐	丙酮	不耐	
	95	表面部分发黄	四氯化碳	不耐	
硝酸	-68	耐	松节油	不耐	
磷酸	90	耐	苯	耐	
氨水	浓	耐	甲醇	耐	耐
氢氧化钠	40	耐	乙醇	耐	不耐
氢氧化钾	50	耐	矿物油	耐	不耐
			蓖麻油	耐	不耐
			乙酸	耐	不耐

2. 聚氯乙烯泡沫塑料

聚氯乙烯泡沫塑料是以聚氯乙烯树脂为主体,加入发泡剂及其他添加剂制成,是一种使用较早的泡沫塑料。分硬质和软质两类,一般以软质居多。它具有良好的机械性能和冲击吸收性能,是一种闭孔型柔软的泡体;其密度为 $0.05～0.10 \ g/cm^3$;化学性能稳定,耐腐蚀性强;不吸水,不易燃烧,价格便宜。但它的耐候性较差,且有一定的毒性等。

聚氯乙烯泡沫塑料是一种较普通的缓冲材料,可制成盒、箱等包装容器,也可制成衬垫、衬板等,用以包装一般物品。

建筑工程上所用的聚氯乙烯泡沫塑料板,是以可挥发性聚氯乙烯颗粒为原料,经加热预发泡后在模具中加热成型的板材,有普通型和阻燃型两种。聚氯乙烯泡沫塑料板具有质轻、隔热、吸水性小、耐低温等优点,主要用于建筑屋面保温和冷库保温等。

聚氯乙烯泡沫塑料的品种、特点及用途见表4-4。

表4-4 聚氯乙烯泡沫塑料的品种、特点及用途

品名	性能特点	适用范围
硬质聚氯乙烯泡沫塑料	一般为闭孔结构,色泽呈白色,其密度小、热导率低、不吸水、不燃烧,具有良好的保温隔热、吸声、防震及耐酸碱、耐油等特性,而且可根据需要用钢锯或电阻丝切割或用胶黏剂粘接成各种形状	常加工成板材,在建筑上用作吸声、保温、隔热、防振材料
软质聚氯乙烯泡沫塑料	有开孔、闭孔两种结构,色泽除白色外,还有深色及其他颜色。其性能特点与硬质聚氯乙烯泡沫塑料相近	开孔结构在建筑上用作吸声、保温隔热材料,闭孔结构可作防振材料,另外软质泡沫塑料多用于生活设施、医疗卫生、汽车坐垫等方面

注:为了切割面平整光洁,宜用高速无齿锯条切割。用电阻丝切割时,宜采用低电压(5～12 V),一般温度控制在200～250 ℃。

3. 聚氨酯泡沫塑料

聚氨酯泡沫塑料也称为聚氨基甲酸酯泡沫塑料,是以聚醚树脂或聚酯树脂为主要原料制成的,与甲苯二异氰酸酯、水、催化剂、泡沫稳定剂等,按规定的比例混合、搅拌进行发泡而成的。聚氨酯泡沫塑料所用的原料有低聚物多元醇、多异氰酸酯和扩链剂三大类,有时还掺入少量的配合剂。

聚氨酯泡沫塑料的分类、特点及适用范围见表4-5。

表4-5 聚氨酯泡沫塑料的分类、特点及适用范围

分类方法		性能特点	制品种类	适用范围
按主要原料不同分类	聚醚型	聚氨酯硬质泡沫塑料具有密度小、强度大、耐温性好、吸水性小、热导率低等特点,还有自熄性以及良好的吸声、防振性能;聚氨酯软质泡沫塑料俗称海绵,具有密度小、柔软、弹性大、压缩变形小、无味、不霉、不蛀、吸声性能好、保暖、防震、使用温度范围广等特点,而且强度高、耐磨性好,耐油、耐皂水洗涤,并可做成各种颜色	泡沫体片材型材型现场发泡	硬质材料在建筑上用作吸声、保温、防振等材料;软质材料广泛用于包装、吸声、隔热过滤、吸尘、防潮、防冲击等,还可用于床垫、坐垫及其他日用家具中
	聚酯型			
按产品软硬不同分类	软质			
	硬质			

注:由于聚醚树脂原料充足、价格低廉、生产工艺简单,所制得的泡沫体柔软性好、弹性好,所以生产厂家多生产聚醚型聚氨酯泡沫塑料。

4. 聚乙烯泡沫塑料

聚乙烯泡沫塑料是以聚乙烯树脂为主要原料,加入适量的发泡剂、交联剂、阻燃剂和其他

添加剂制成,是一种非常重要的节能材料。聚乙烯泡沫塑料具有质轻、柔软、吸水性小、吸声、保温、隔热、耐油、耐寒、耐酸、耐碱、有一定弹性、易于弯曲等特点,常用于保温、隔热、吸声、防震等工程。聚乙烯泡沫塑料又可分为交联聚乙烯泡沫塑料和非交联聚乙烯泡沫塑料两种。

(1)交联聚乙烯泡沫塑料的性能

交联聚乙烯泡沫塑料的性能主要包括压缩性能、水蒸气透过率、热性能、吸水性、耐化学药品性和耐老化性能等。

①压缩性能。交联聚乙烯泡沫塑料的压缩强度高于软质聚酯类聚氨酯泡沫塑料,而低于聚苯乙烯泡沫塑料,属半硬性泡沫塑料。

交联聚乙烯泡沫塑料具有出色的耐反复压缩性能,经过105次压缩(每次压缩变形量为50%)后,永久变形量为15%左右,压缩强度(变形25%)的变化也相当小。这说明交联聚乙烯泡沫塑料是理想的包装材料。

交联聚乙烯泡沫塑料的主要缺点:压缩力撤除后不能立即复原,放置一星期后才能恢复原始状态。

②水蒸气透过率。交联聚乙烯泡沫塑料的水蒸气透过率远远低于聚苯乙烯和硬质聚氨酯泡沫塑料。

③热性能。交联聚乙烯泡沫塑料的热导率与聚苯乙烯泡沫塑料和硬质聚氨酯泡沫塑料大致相同,高于非交联型聚乙烯泡沫塑料。它的最高使用温度为80 ℃,超过此温度则逐渐收缩,短时使用温度为100 ℃。最低使用温度为-84 ℃,但此时泡沫塑料很容易变脆。

④吸水性。交联聚乙烯泡沫塑料的吸水性低于聚苯乙烯泡沫塑料。

⑤耐化学药品性。交联聚乙烯泡沫塑料的耐化学性能优良,长期浸泡于四氯化碳、芳香烃、汽油或其他类似物质中,稍微产生溶胀。长期浸于酸、碱溶液中,无任何影响,强度也不发生变化。

⑥耐老化性能。交联聚乙烯泡沫塑料的耐老化性能优良,与其他泡沫塑料耐老化性能的比较见表4-6。

表4-6　交联聚乙烯泡沫塑料的耐老化性能

项目名称	塑料种类			
	交联聚乙烯泡沫塑料	聚苯乙烯泡沫塑料	聚氨酯泡沫塑料	软质聚氯乙烯泡沫塑料
颜色	无变化	无变化	变灰黑色	变灰褐色
形状	无变化	风化、飞散	风化、飞散	严重变形
表面	无变化	严重侵蚀	表面硬化	表面硬化
收缩	几乎不收缩	破坏严重	严重收缩	严重收缩

注:所有试样均在户外暴露20个月。

(2)非交联聚乙烯泡沫塑料性能

非交联聚乙烯泡沫塑料的吸震性能、耐化学性能和介电性能优良,吸水率和蒸汽透过率极低,无毒、无臭,二次加工性能良好。

5.脲醛泡沫塑料

脲醛泡沫塑料又称为氨基泡沫塑料,是以脲醛树脂为主要原料,经发泡制得的一种硬质泡沫塑料。脲醛泡沫塑料具有外观洁白、质轻如棉、热导率小、高温难燃、保温性能好、防虫、隔热、价格便宜等优点。但与其他泡沫塑料相比,其质地疏松、性比较脆、机械强度低、吸水吸湿性强,特别是其耐水性、稳定性、耐老化性等均比较差,被水浸泡后会立即失去强度。因此,使用时必须以塑料薄板或玻璃纤维布包封,一般多用于夹壁填充材料。

6.酚醛树脂泡沫塑料

(1)酚醛树脂泡沫塑料的发展

酚醛树脂泡沫塑料简称PF,俗称"粉泡"。这种泡沫塑料是以苯酚、甲醛为主要原料,掺配适量的无机填充料、发泡剂等,经搅拌、混合、高温发泡制成。

酚醛树脂是世界上最早工业化的塑料产品,而酚醛泡沫塑料则是近几十年来才开发的品种。酚醛泡沫塑料被称为"保温之王",早期应用于导弹及火箭头的保温,它在美国、英国、日本等一些发达国家已成为塑料中发展最快的品种之一,应用范围不断扩大。酚醛树脂泡沫塑料以其耐燃性好、发烟量低、高温性能稳定、绝热隔热、隔声、抗水性好、易成型加工及较好的耐久性而名列所有泡沫塑料的前列,被称为第三代新兴保温材料。国外已将酚醛树脂泡沫塑料的复合材料广泛用于飞机、船舶、车辆、隧道、油井、矿山等防火要求严格的墙体、板材、部件等领域。目前,这些材料正在逐渐转向民用建筑领域,利于节能环保。

近年来,我国在酚醛树脂合成工艺和发泡技术上均有很大提高,逐步克服了传统发泡必须在一定温度条件下才能进行的困难,研究出在室温下就可发泡的关键技术,也逐步改进了酚醛树脂泡沫塑料脆性、强度低、吸水率高、略有腐蚀性等物理性能上的不足,在保持其原有优点的基础上,对其进行改性,生产出不同物理性能指标的系列产品。尤其是在成型手段上,可用浇注机并配备机械连续式或间歇式成型,制成带有饰面的复合材料,不但能确保泡沫塑料的质量,而且可以提高生产速度,降低生产成本,使酚醛树脂泡沫塑料的应用领域得到进一步拓宽。

(2)酚醛树脂泡沫塑料的特点

用于生产酚醛树脂泡沫塑料的树脂有两种,即热塑性树脂及热固性树脂。由于热固性树脂的工艺性能良好,可连续生产酚醛树脂泡沫塑料,制品的技术性能也比较好,所以制作酚醛树脂泡沫塑料的材料大多采用热固性树脂。酚醛树脂泡沫塑料具有以下特点。

①绝热性能。酚醛泡沫结构为独立的微小闭孔发泡体,由于孔中的气体相互隔离,从而减少了气体中的对流传热,有助于提高酚醛树脂泡沫塑料的隔热能力,其热导率仅为 $0.033 \sim 0.045\ W/(m \cdot K)$,在所有无机及有机保温材料中是最低的。在建筑节能工程中,适用于作宾馆、公寓、医院、学校、图书馆等高级建筑物室内天花板衬里、房顶隔热板,节能效果极其明显。用在冷藏、冷库的保冷以及石油化工、热力工程等管道、热网和设备的保温方面,也具有明显的综合优势。

②耐化学侵蚀性。化学侵蚀是指由于产生化学变化而导致的侵蚀,侵蚀物和被侵蚀物发生了化学反应。材料试验对比表明,酚醛树脂泡沫塑料的耐化学溶剂侵蚀的性能优于其他泡沫塑料。除能被强碱腐蚀外,几乎能耐所有的无机酸、有机酸及盐类的侵蚀。在空调保温和建筑施工中,可以与任何水溶型、溶剂型胶类并用。

③吸声性能。所谓吸声材料是指那些具有相当大的吸声性能、专门用作吸声处理的材料，一般把吸声系数大于0.3的材料称为吸声材料。酚醛树脂泡沫塑料的表观密度很小，其吸声系数在中、高频区仅次于玻璃棉，与岩棉基本相同，而优于其他泡沫塑料。材料试验证明，酚醛树脂泡沫具有优良的吸声性能，开孔型的泡沫结构更有利于吸声。由于酚醛树脂泡沫塑料具有质轻、防潮、不弯曲变形等特点，所以广泛用作隔墙、外墙复合板、吊顶天花板、客车夹层等，是一种很有发展前途的建筑和交通运输吸声材料。

④吸湿性能。材料的吸湿性是指材料在空气中能吸收水分的性质，这种性质和材料的化学组成与结构有关。酚醛树脂泡沫塑料的闭孔率一般大于97%，所以这种泡沫塑料基本不吸水。在管道保温中不用担心因吸水而腐蚀管道，避免了以玻璃棉、岩棉为代表的无机保温材料存在的吸水率大、容易出现结露、施工时皮肤刺痒等问题。近年来，在中央空调管道保冷中得到推广应用。

⑤抗老化性。已固化成型的酚醛树脂泡沫塑料制品，因为长期暴露在阳光和空气中不会发生明显老化现象，其使用寿命明显长于其他泡沫塑料，所以可以用作抗老化要求较高的室外保温材料。

⑥阻燃性能。酚醛树脂含有大量的苯酚环，它是良好的自由基吸收剂，在高温分解时断裂的—CH_2—形成的自由基能被这些活性官能团迅速吸收。检测结果表明，酚醛树脂泡沫塑料无须加入任何阻燃剂，其氧指数可高达40%，属于B1级难燃材料。

⑦抗火焰穿透性。酚醛树脂泡沫塑料分子结构中碳原子比例较高，泡沫塑料遇火时表面能形成结构碳的石墨层，可以有效保护泡沫塑料的内部结构，在材料一侧着火燃烧时另一侧的温度不会升得太高，也不会出现扩散，当停止施焰后火自动熄灭。当酚醛树脂泡沫塑料接触火焰时，由于石墨层的存在，表面无滴落物、无卷曲、无熔化现象，燃烧时烟密度一般小于3%，有的甚至无烟。经测定，酚醛树脂泡沫塑料在1 000 ℃火焰温度下，抗火焰能力可达120 min。

由于酚醛树脂泡沫塑料具有以上优越特性，因此广泛适用于防水、保温和隔声要求较高的工业与民用建筑，如屋面、地下室墙体的内保温、地下室的顶棚、礼堂及扩音室的隔声材料；石油化工过热管道、反应设备、输油管道与储存罐的保温隔热；飞机、舰船、机车等车辆的防火保温等。总之，酚醛树脂泡沫塑料在国民经济的各个方面都得到了广泛应用。

酚醛树脂泡沫塑料可根据不同的应用部位，采用不同的加工成型方法，制成酚醛树脂泡沫塑料轻便板、酚醛树脂泡沫塑料覆铝板、酚醛树脂泡沫塑料-金属覆面复合板、酚醛树脂泡沫塑料消声板以及各种管材和板材等。

二、绝热用聚苯乙烯泡沫塑料板

绝热用聚苯乙烯泡沫塑料简称EPS，由98%的孔隙和2%的聚苯乙烯组成，其性能指标应符合《绝热用模塑聚苯乙烯泡沫塑料》（GB/T 10801.1—2021）的规定。其技术性能主要包括保温性能、力学性能、吸水性能、尺寸稳定性、化学稳定性、防火性能、抗老化性等。

1. 保温性能

聚苯板的热导率与密度的关系：当密度过大或过小时，其热导率都会增加，但当密度为30～40 kg/m³ 时，其热导率最小。随着环境温度的下降，热导率也随之下降，如图4-2所示为平均每 10 ℃ 温差下热导率与密度的关系(样品厚度为 20 mm)。

除此之外,聚苯乙烯泡沫塑料的热导率还受 EPS 的分子量、颗粒大小、发泡成型后的黏结程度、发泡后本身的孔径等因素的影响。

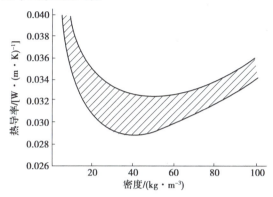

图 4-2　热导率与密度的关系

2. 力学性能

《绝热用模塑聚苯乙烯泡沫塑料》(GB/T 10801.1—2021)中规定,聚苯乙烯泡沫塑料用测量压缩变形为 10% 时的压缩应力值来表示压强。当不同密度的聚苯乙烯泡沫塑料承受相同的压应力时,其变形量也会有所不同,相比之下,密度高的泡沫塑料变形量小。

3. 吸水性能

聚苯乙烯泡沫塑料的吸水性能用吸水率和水蒸气穿透性来表示。

①吸水率:聚苯乙烯泡沫塑料的吸水率很低,水只能从熔融的蜂窝颗粒微小通道透入泡沫塑料,吸水率的大小主要取决于原材料在加工时的性能和加工条件。随着材料密度的提高,水的吸收率和水蒸气的透过率也随之下降,水蒸气的扩散阻力系数上升。

②水蒸气穿透性:空气中存在水蒸气,如水分(湿气),当有一个适当的湿度梯度,水蒸气便能慢慢地扩散进入泡沫塑料内,同时出现冷凝。但是,不同材料有着不同程度的水蒸气穿透性阻力,阻力可由阻挡层厚度 S 乘以穿透性阻力系数求得。穿透性阻力系数 μ 是一个变数,说明某一种材料与相同厚度的空气层作比较时的阻力倍数。聚苯乙烯泡沫塑料的阻力系数取决于其密度,密度越高,材料的穿透性阻力系数 μ 越大。

4. 尺寸稳定性

聚苯乙烯泡沫塑料板的尺寸变化,一般可分为热效应和后收缩两种。热效应引起的膨胀系数为 0.05 ~ 0.07 mm/℃,即 17 ℃ 左右的温度变化会引起 0.1% 的尺寸变化;后收缩是发泡剂扩散而导致的尺寸变化,后收缩量为 0.3% ~ 0.5%,但其过程比较长,外保温要求在 42 天以上。

5. 化学稳定性

聚苯乙烯泡沫塑料是一种有机化合物,如果其制品暴露在高能量辐射下会起变化,不仅表面发黄变脆,而且不耐有机溶剂。

6. 防火性能

聚苯乙烯泡沫塑料的防火性能,可用阻燃性能和氧指数表示。

(1)阻燃性能:聚苯乙烯泡沫塑料是一种有机化合物,含有一定量的石油气,所以其一般制品易燃,加入阻燃剂可以大大改变燃烧性能,如将其离火后即熄。

(2)氧指数:氧指数是指在规定的条件下,材料在氧(O_2)、氮(N_2)混合气流中进行有焰燃烧所需的最低氧浓度。以氧所占的体积百分数的数值来表示,氧指数高表示材料不易燃烧,氧指数低表示材料容易燃烧,一般认为氧指数小于22%的属于易燃材料,氧指数为22%~27%的属于可燃材料,氧指数大于27%的属于难燃材料。聚苯乙烯泡沫塑料的氧指数要求在30%以上。

7. 抗老化性

聚苯乙烯泡沫塑料制品可在很低的温度下长期使用,在150 ℃情况下不会发生结构变化,温度高于70 ℃会发生变形。

三、绝热用挤塑聚苯乙烯泡沫塑料板

(一)挤塑聚苯乙烯泡沫塑料的发展与应用

挤塑聚苯乙烯泡沫塑料(简称 XPS),是以聚苯乙烯或其他共聚物为主要成分,加入适量的添加剂,通过加热挤塑而制得的具有闭孔结构的硬质泡沫塑料。它具有优异和持久的绝热性能、独特的抗蒸汽渗透性、极高的压缩强度、易于加工安装等特点,在世界上得到了广泛应用。

在挤塑聚苯乙烯泡沫塑料产品问世的几十年间,它已经在各种建筑结构中得到广泛应用,并积累了成熟的经验。在居住建筑中作为绝热材料,特别是作为屋面绝热材料,应用十分广泛,同时在商业和工业中也不乏成功的范例。如日本的大阪机场,美国的麦当劳公司总部大厦、佛罗里达州的海洋世界、弗吉尼亚州的诺福克市中心隧道、马萨诸塞州的马瑞特大型冷库,中国北京的中国银行大厦、北京东方广场等,都采用了挤塑聚苯乙烯泡沫塑料做保温材料。

(二)挤塑聚苯乙烯泡沫塑料的主要特性

挤塑聚苯乙烯泡沫塑料的生产过程,是将熔化后的聚苯乙烯树脂、添加剂和发泡剂在特定的挤出机中匀速地挤出,经过辊压延展并在真空成型区(有的工艺不需要真空成型)中冷却。它与绝热用聚苯乙烯泡沫塑料(EPS)不同,由于 XPS 是连续挤出成型,所以成型后的产品结构具有一体性,而不是由聚苯乙烯颗粒膨胀后加压成型,这种泡沫塑料具有完整的闭孔式结构,粒子间没有空隙存在,因此具有优异的性能。

1. 持久的保温隔热性能

材料试验证明,挤塑聚苯乙烯泡沫塑料在平均温度为10 ℃时,热导率<0.026 W/(m·K);当板材厚度为25 mm、平均温度为10 ℃时,其热阻>0.69(m^2·K)/W,而且这个数值能够在相当长的时间内保持,不会随着时间而发生明显变化。有关资料表明,挤塑聚苯乙烯泡沫塑料的绝热性能,一般在5年内可保持90%~95%。挤塑聚苯乙烯泡沫塑料的绝热性能见表4-7。

表4-7 挤塑聚苯乙烯泡沫塑料的绝热性能

XPS 板厚度/mm	传热系数/[W·(m^2·K)$^{-1}$]	热阻/[(m^2·K)·W^{-1}]
25	1.16	0.86

续表

XPS 板厚度/mm	传热系数/[W·(m²·K)⁻¹]	热阻/[(m²·K)·W⁻¹]
50	0.58	1.72
75	0.38	2.63

2. 优异的抗湿性和抗蒸汽渗透性

挤塑聚苯乙烯泡沫塑料具有闭孔结构,吸水率极低,即使在低温冷冻的状态下,也具有较高的抗湿气渗透性能,因此它能适应恶劣的潮湿环境而不影响其绝热性能。在地下室保温、路基处理等潮湿或渗水的情况下,采用挤塑聚苯乙烯泡沫塑料制品是一种很好的选择。挤塑聚苯乙烯泡沫塑料等的吸水率和水蒸气渗透率见表4-8。

表 4-8　挤塑聚苯乙烯泡沫塑料等的吸水率和水蒸气渗透率

性能名称	塑料种类		
	挤塑聚苯乙烯泡沫塑料 (XPS)	普通聚苯乙烯泡沫塑料 (EPS)	喷涂式聚氨酯泡沫塑料 (SPU)
吸水率/%	≤0.30	2.0~4.0	5.0
水蒸气渗透率 /[ng·(Pa·s·m²)⁻¹]	63	115~287	144~176

3. 具有较高的抗压强度

挤塑聚苯乙烯泡沫塑料的抗压强度,随着材料表观密度的升高而增加,一般在 $150~700$ kPa 范围内,这样在使用时有充足的选择余地。例如,用于屋面、内外墙保温、地基处理时,可选用抗压强度在 250 kPa 左右的材料;用于路面、承重屋顶、停车场、机场跑道时,可选用抗压强度较高的材料。

4. 具有方便快捷的加工性能

从工厂生产出来的挤塑聚苯乙烯泡沫塑料板,最常见的宽度为 $600~1\,200$ mm,厚度为 $10~150$ mm。由于挤塑聚苯乙烯泡沫塑料板是挤塑连续生产的,所以其长度可根据需要进行调整,基本上可满足建筑工程的需要。如果有特殊需要,如墙体保温的窗角、墙角等,只需在施工现场切割加工即可。

(三)挤塑聚苯乙烯泡沫塑料的应用范围

1. 用作复合墙体中的保温隔热材料

节能型的复合墙体结构就像夹芯饼干,在中间的夹芯层较好的材料就是挤塑聚苯乙烯泡沫塑料。这种泡沫塑料的主要作用是阻止墙体与外界的热交流,从而起到绝热保温的作用,达到建筑节能的目的。

2. 用作建筑物地下墙体的基础材料

在严寒和寒冷地区,地基和基础经常出现冰霜渗入的情况,从而导致地面出现冻胀,基层结构因冻胀而受损。由于挤塑聚苯乙烯泡沫塑料的吸水率极低,所以用于地下建筑有很好的防水、防潮和防渗性。如果将挤塑聚苯乙烯泡沫塑料置于基层之下,可以使冰霜渗透和易受冰霜影响的基础出现结冰的情况降至最低,从而有效地控制地面冻胀。

3.用作屋面内保温和外保温材料

当采用挤塑聚苯乙烯泡沫塑料作为内保温时,通常可与其他材料(如石膏)复合使用;当采用挤塑聚苯乙烯泡沫塑料作为外保温时,使用专用胶粘到固定件,将挤塑聚苯乙烯泡沫塑料覆盖在墙体的外层,然后进行外装饰。

4.用作屋顶绝热保温材料

采用挤塑聚苯乙烯泡沫塑料作为屋顶绝热保温材料时,一般宜采用倒置式屋面的做法。倒置式屋面是将保温层设置在防水层之上的屋面,它与传统做法的屋面相比具有以下特性:可以大幅度降低防水层与屋面结构的热应力,避免防水层产生由于温度变化引起的早期破坏,从而提高使用年限;可以充分发挥保温隔热层的节能作用,改善房屋的使用功能等。

5.用作公路、机场跑道、停车场等的材料

公路、机场跑道、停车场等既要防止路面返浆,又有较高抗压要求的场所,采用挤塑聚苯乙烯泡沫塑料及制品是一种比较理想的选择。

6.用作冷库等低温储藏设备的材料

由于挤塑聚苯乙烯泡沫塑料在结冰、解冻周期的环境下能够保持重要的结构特性,所以适合在冻融的条件下使用,可以作为冷库等低温储藏设备的隔热保温材料。

(四)挤塑聚苯乙烯泡沫塑料的应用前景

在城市化发展进程中,对于发达国家的建筑节能而言,绝热材料的市场十分巨大。据不完全统计,挤塑聚苯乙烯泡沫塑料及制品的人均销量,美国为 $0.76\ m^3$、挪威为 $0.70\ m^3$、芬兰为 $0.61\ m^3$、丹麦为 $0.49\ m^3$、德国为 $0.41\ m^3$。对于欧洲整个市场来说,绝热材料的年销量为 $9\ 000$ 万 m^3,价值400亿元人民币。而在上述绝热材料市场中,泡沫塑料大约占 $1/3$。也就是说,聚苯乙烯泡沫塑料和聚氨酯泡沫塑料等材料,在欧洲市场上年销量超过 $3\ 000$ 万 m^3。

我国的绝热材料市场起步较晚,特别是有机类的绝热材料市场开发更是滞后。长期以来,大量的有机绝热材料主要用于包装方面。近年来,随着经济的发展,国外先进技术的引进,有机类材料在建筑节能工程上的应用取得很大发展。目前,仅限于用于建造厂房的彩钢夹心板的聚苯乙烯和聚氨酯用量,每年就超过150万 m^3,其中大量使用的是挤塑聚苯乙烯泡沫塑料。随着国民经济的快速发展,这个市场势必还要扩大,挤塑聚苯乙烯泡沫塑料具有广阔的发展前景。

四、胶粉聚苯颗粒保温浆料

胶粉聚苯颗粒保温浆料是指由胶粉料和聚苯颗粒组成的一种保温材料,其中聚苯颗粒的体积分数不小于80%,使用时按规定比例加水拌制而成为浆料。

胶粉聚苯颗粒保温浆料具有导热率低、干密度很小、软化系数高、耐水性能好、干缩率较低、干燥速度快、防火等级高、施工方便、触变性好、整体性强、不需接缝、配比准确、耐冻融、耐候性好等特点。

(一)胶粉聚苯颗粒保温浆料与传统保温浆料的区别

传统保温浆料主要有两种类型,即海泡石纤维保温浆料和水泥珍珠岩保温浆料。

①海泡石纤维保温浆料:是由优质海泡石绒、稀土、硅酸铝纤维及珍珠岩等多种耐火材料,添加适量高温黏结剂精制而成的。海泡石是一种纤维状含水的镁硅酸盐,具有吸附性、流变性和催化性3种特性。海泡石纤维保温浆料具有热导率低、黏结强度大、不脱落、不开裂、质轻、施工不受设备限制、耐酸、耐碱油腐蚀,对人体无毒无害,不腐蚀设备等特点。

②水泥珍珠岩保温浆料:是以水泥为胶凝材料,以膨胀珍珠岩为骨料,并加入少量助剂配制而成的。其性能随着水泥胶凝材料与膨胀珍珠岩的体积配合比不同而不同,是建筑工程中使用较早的保温砂浆。

胶粉聚苯颗粒保温浆料与上述传统保温浆料的区别主要有以下几个方面:

①胶粉聚苯颗粒保温浆料采用胶粉料混合干拌技术和聚苯颗粒轻骨料分装工艺,工地现场只需要按包装比例加水搅拌后即可施工,从而解决了传统保温浆料由于施工现场称量不准确而造成的热工性能不稳定的问题。胶粉中掺有大量保水性的外加剂,解决了传统保温浆料和易性不良、施工性能差的问题,一次施工厚度可达40 mm以上,大幅度提高了施工速度。

②胶粉聚苯颗粒保温浆料的胶凝材料,采用粉煤灰-硅灰-石灰等复合材料体系代替传统的石膏水泥体系,同时还具有耐水性能好、保温性能佳、固化时间快等优点。

③胶粉聚苯颗粒保温浆料可以采用废聚苯颗粒作为轻骨料,轻骨料占浆料总体积的80%以上,不仅在确保材料保温性能的同时净化了环境,而且聚苯颗粒在砂浆搅拌机中进行拌和时不会出现破碎现象,克服了水泥珍珠岩保温浆料常出现的随着搅拌强度加大,珍珠岩破碎程度高、材料干密度增大、保温性能下降的缺陷。

(二)胶粉聚苯颗粒保温浆料与水泥砂浆的区别

胶粉聚苯颗粒保温浆料与水泥砂浆相比,具有干密度小、热导率低、黏结强度与干密度的比值大等特点,其具体的主要性能比较见表4-9。同时,由于胶粉料中含有多种纤维及有机黏结材料,与聚苯颗粒定量加水搅拌混合,使得胶粉聚苯颗粒保温浆料比水泥砂浆具有更好的柔性及变形性。

表4-9　胶粉聚苯颗粒保温浆料与水泥砂浆的主要性能比较

项目	胶粉聚苯颗粒保温浆料	水泥砂浆
干密度/(kg·m^{-3})	≤230	≥1 800
线收缩系数/(mm·m^{-1})	≤3	≤0.03
热导率/[W·(m·K)$^{-1}$]	≤0.06	≥0.93
抗压强度/MPa	≥0.25	≥1.00
黏结强度/干密度	260	55.6

(三)胶粉聚苯颗粒保温浆料与硅酸盐类材料的区别与联系

1.胶粉聚苯颗粒保温浆料与硅酸盐类材料的区别

由于胶粉料中普通硅酸盐水泥的含量比较低,胶粉料中所含二氧化硅的活性也比较低,因此材料的强度增长速度比较慢,但经过较长时间的反应也能达到比较高的强度;同时,胶粉料中含有质量较少的硅灰、熟石灰、粉煤灰,因而密度比较小,而且骨料的堆积密度也很小,形成的胶粉聚苯颗粒保温浆料,无论是湿密度还是干密度均比较小。胶粉聚苯颗粒保温浆料与其他硅酸盐保温材料相比,具有热导率低、强度较高、透气性好、柔韧性佳、抗裂性强、与基层的附着力强等特点,在经过长期反应后可以形成轻质高强的优质保温层,是一种优良的保温材料。

2. 胶粉聚苯颗粒保温浆料与硅酸盐类材料的联系

胶粉聚苯颗粒保温浆料从实质上讲也属于一种硅酸盐类材料。胶粉料主要由普通硅酸盐水泥、熟石灰、粉煤灰和硅灰以及其他一些添加材料混合制作而成,其密度比较低,加水后经过长期反应可以生成强度比较高的水化硅酸钙化合物及其他水化硅酸盐化合物。因此,胶粉料与水反应后的主要成分仍是硅酸盐,在与聚苯颗粒轻骨料混合后形成的保温浆料,可以看作硅酸盐类的轻骨料混凝土,所以胶粉聚苯颗粒保温浆料,从骨料上可属于有机类保温材料,从胶凝材料上也属于硅酸盐类材料。

(四)胶粉聚苯颗粒保温浆料的体积安定性

胶粉聚苯颗粒保温浆料中不同弹性模量、长度不一的纤维均匀分布在保温层中,使保温层材料受到的变形应力得到充分分散和消解,在保温层干燥的不同阶段发挥良好的网络抗裂作用。同时,由于采用了发泡技术和稳泡技术,以及有机材料包覆无机材料的微量材料预分散技术,增强了保温层材料的稳定性,再加上先进的生产技术和设备,使胶粉聚苯颗粒保温浆料的体积安定性良好,且干缩率较低。

(五)胶粉聚苯颗粒保温浆料的保温性能

胶粉聚苯颗粒保温浆料的保温性能,可以从宏观组成结构、干表观密度、孔隙率及吸湿性等方面进行综合评价。

1. 胶粉聚苯颗粒保温浆料的宏观组成结构

胶粉聚苯颗粒保温浆料是在施工现场,由胶粉料、水和聚苯颗粒按包装比例搅拌而成,避免了工地由于称量不准确导致的热工性能不稳定。聚苯颗粒轻骨料回收后,经工厂严格筛选和粉碎,颗粒的粒径小于 5 mm,表观密度为 $12 \sim 21$ kg/m³,具有一定的级配和较小的表观密度。按比例配制的胶粉聚苯颗粒保温浆料中,聚苯颗粒的总体积占浆料总体积的80%以上。

胶粉聚苯颗粒保温浆料凝结固化后的形貌模型如图4-3所示。

图4-3　胶粉聚苯颗粒保温浆料凝结固化后的形貌模型
1—纤维;2—胶凝材料;3—聚苯颗粒

2. 胶粉聚苯颗粒保温浆料的干表观密度

胶粉聚苯颗粒保温浆料是一种创新的干拌砂浆体系,该体系中的聚苯颗粒轻骨料是将回收的废聚苯乙烯经过工厂严格筛选、粉碎并按一定体积包装,其总体积比保持在80%以上。胶粉聚苯颗粒保温浆料除了通过掺加聚苯颗粒降低其干表观密度,还从胶凝材料的角度来降低其干表观密度,即采用密度较小的熟石灰、粉煤灰和硅灰等材料,与密度小的普通硅酸盐水泥复合作为胶凝材料,并采取预混合干拌技术和特殊配制方法,因而胶粉的堆积密度较小,其堆积密度为 600 kg/m³,比石膏的堆积密度(700~800 kg/m³)还小,固化后浆料的干表观密度在 180~250 kg/m³ 范围内。

分别对不同干表观密度的胶粉聚苯颗粒保温浆料的热导率进行测试,其测试值见表4-10和图4-4所示。

表 4-10 胶粉聚苯颗粒保温浆料的干表观密度和热导率的关系

干表观密度/(kg·m⁻³)	267	262	218	216	208	208	201
热导率/[W·(m·K)⁻¹]	0.056 05	0.053 74	0.048 81	0.049 31	0.051 38	0.047 22	0.046 38
干表观密度/(kg·m⁻³)	200	199	196	192	189	188	185
热导率/[W·(m·K)⁻¹]	0.045 01	0.047 97	0.045 26	0.048 03	0.046 03	0.047 96	0.051 00
干表观密度/(kg·m⁻³)	180	178	171	170	170	170	167
热导率/[W·(m·K)⁻¹]	0.045 42	0.048 05	0.046 30	0.045 93	0.047 36	0.044 03	0.044 52

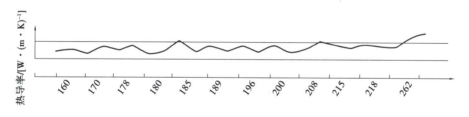

图 4-4 胶粉聚苯颗粒保温试块干表观密度与热导率关系图

通过以上试验数据可以看出:当胶粉聚苯颗粒保温浆料的干表观密度控制在 170~270 kg/m³ 时,该材料的热导率稳定控制在 0.045~0.056 W/(m·K),热导率随着干表观密度稳定的上下浮动;当干表观密度为 267 kg/m³ 时,其热导率仅为 0.056 W/(m·K)。由此可以看出,材料出厂密度范围控制在 180~250 kg/m³ 时,不仅完全能够保证热导率的指标,而且还有相当大的余地。总结大量的试验数据,综合考虑保温浆料的各个指标,将这个干表观密度的范围定义为最佳密度区。

3. 胶粉聚苯颗粒保温浆料的孔隙率及其特征

材料的孔隙率对其热导率(保温性能)的影响非常大。因此,在固体胶凝材料中添加一定量的多种发泡稳泡的有机添加剂,可以使材料在规定的使用时间内形成均匀、连续而稳定的发泡体系,从而保证和提高材料的保温性能。图4-5为胶粉聚苯颗粒保温浆料固化后的微型模型。

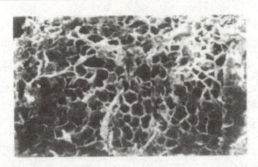

图 4-5 胶粉聚苯颗粒保温浆料固化后的微型模型

分析固化后的胶粉聚苯颗粒保温浆料可以看出,保温层由固体的材料和充满其间的大量细小的封闭孔隙组成,这些孔隙互不连通、彼此独立。孔隙内的空气被封闭在孔中,被气孔壁吸附,孔隙接近真空状态,这样就阻断了热量的传递。这一技术克服了胶凝材料本身热导率过高而影响总的热导率的难题,利用胶凝材料固化后,其中充满的大量均匀微小的气孔使总的热导率降低。

4.胶粉聚苯颗粒保温浆料的吸湿性

材料在潮湿空气中吸收空气里水分的性质称为材料的吸湿性,一般可用含水率表示。吸湿性是影响材料实际热导率的重要因素。由于水的热导率为 0.581 5 W/(m·K),所以如果材料的吸湿性较大,将相应提高材料的热导率数值。

胶粉聚苯颗粒保温浆料采用有机材料包覆无机材料的微量材料预分散技术,当粉料与水反应形成水化硅酸盐化合物时,其中有较强憎水性的有机高分子材料均匀地包覆在硅酸盐化合物外,形成一层有机保护膜,使水分不易透入,所以材料具有很强的憎水性,从而也提高了材料的保温性能。

(六)胶粉聚苯颗粒保温浆料的隔热性能

对建筑物外围结构进行隔热,是指对屋面、外墙(特别是西晒墙体)利用隔热材料和技术进行隔热处理,减少传进室内的热量,以降低围护结构的内表面温度。由于夏季室外综合温度 24 h 呈周期性变化,隔热性能的好坏以衰减倍数和总延迟时间等指标进行衡量。所谓衰减倍数,是指室外综合温度波的振幅与内侧表面温度波的振幅之比,衰减倍数越大,其隔热性能越好;而总延迟时间是指室外综合温度出现的最高值的时间与内表面温度出现的最高值的时间之比,延迟的时间越长,其隔热性能越好。

由于在升温和降温过程中材料的热容作用,以及热量传递中材料层的热阻作用,温度波在传递过程中会产生衰减和延迟现象,所以应选择热导率较低、蓄热系数偏大的隔热材料,并按照隔热要求保证围护结构达到对应的传热系数。相对于聚苯板、聚氨酯等其他保温材料,胶粉聚苯颗粒保温浆料的热容量大,在相同热阻条件下内表面温度振幅减小,出现温度最高值的时间延长,因此胶粉聚苯颗粒保温浆料具有更好的隔热性能。

(七)胶粉聚苯颗粒保温浆料的施工性能

胶粉聚苯颗粒保温浆料在结构外墙中应用的一大优点是:对结构平整度不高的基层施工适应性较好,对结构具有很强的找平纠偏作用。

胶粉聚苯颗粒保温浆料在配制过程中要合理地控制搅拌时间。材料配制表明,如果搅拌时间过短,则得到的胶粉聚苯颗粒保温浆料会变得很稀,其黏结性和抗流挂性都很差;如果搅拌时间过长,则胶粉聚苯颗粒保温浆料会发干发涩,施工性能也会变得很差。这是因为保温胶粉中含有大量的有机增稠和发泡材料,有机增稠材料的溶解需要一定的时间,如果搅拌时间过短,则有机增稠材料无法完全溶解,得到的胶粉聚苯颗粒保温浆料就很稀;如果搅拌时间过长,保温胶粉中的发泡材料产生的气泡会随着搅拌时间的延长而消泡,使胶粉聚苯颗粒保温浆料的施工性能变差。

在胶粉聚苯颗粒保温浆料配制过程中,采用正确的加料顺序和适宜的搅拌时间,是保证保温浆料具有良好施工性能的关键。在配制时应先加入水,然后加入相应量的保温胶粉,搅拌 3～5 min,此时的浆料呈均匀糊状,然后再加入聚苯颗粒轻骨料,再搅拌 3～5 min,使浆料呈均匀的膏状。由于有机增稠材料的溶解速度与温度成正比,所以在冬期施工时应适当延长搅拌时间,夏期施工时应适当缩短搅拌时间。

胶粉聚苯颗粒保温浆料的施工稠度,一般以 8～12 cm 为宜,其施工稠度与抹面砂浆基本相同,但比抹面砂浆有更高的黏结力和黏聚性。由于不同材料墙面的吸水率不一样,施工中要求一次抹灰的厚度也不同,但其流动性不宜过大,一般应根据基层和气候条件通过试配和试抹来确定,以保证胶粉聚苯颗粒保温浆料的均匀,不致产生过大的变形。另外,胶粉聚苯颗粒保温浆料中加水量对强度也会有一定的影响,其施工稠度的大小可以通过砂浆稠度仪来测定。

五、硬质聚氨酯泡沫塑料

硬质聚氨酯泡沫塑料简称聚氨酯硬泡,是指在一定负荷作用下,不发生明显变形;当负荷超过一定数值时,发生变形后不能恢复原来形状的泡沫塑料。它在聚氨酯制品中的用量仅次于聚氨酯软泡。

(一)硬质聚氨酯泡沫塑料的组成材料

硬质聚氨酯泡沫塑料所用的原材料有 3 大类,即低聚物多元醇、多异氰酸酯和扩链剂,有时采用少量的配合剂。

1. 低聚物多元醇

在硬质聚氨酯泡沫塑料中,合成的低聚物多元醇占主要地位,一般占 60%～70%,主要包括聚醚多元醇、聚酯多元醇、聚烯烃二醇等。在建筑保温材料中使用最多的是聚酯多元醇和聚醚多元醇。

聚酯多元醇是由二元酸和二元醇配制而成的,常用的有聚己二酸乙二醇酯、聚己二酸丙二醇酯、聚己二酸丁二醇酯。聚酯型聚氨酯因分子内含有较多的酯基、氨基等极性基团,内聚强度和附着力强,具有较高的强度、耐磨性。

2. 多异氰酸酯

多异氰酸酯是硬质聚氨酯泡沫塑料的主要原料之一,常用的有粗制二苯基二异氰酸酯(简称粗 MDI)和粗制二苯基甲烷二异氰酸酯(简称粗 TDI)。两者相比,在发泡过程中,蒸气压小的原料产生的挥发性气体少、毒性小。材料试验表明,粗 MDI 具有耐热性能良好、尺寸稳定性好、脱模性较好、表面光滑美观等特点。

3.扩链剂

在硬质聚氨酯泡沫塑料生产中,扩链剂是一种必要的试剂。聚氨酯是由含二异腈酸酯基的脂肪族和芳香族单体与含有二元或多元醇的聚酯或聚醚反应形成的预聚物,应用时加入扩链剂使树脂成型。

常用的扩链剂是含二元或多元羟基的小分子醇或醚类醇,主要有二元胺和二元醇。二元胺扩链剂有二氯二元胺和二苯基甲烷二元胺。二元醇扩链剂有脂肪族二元醇和芳香族二元醇。脂肪族二元醇有乙二醇、丁二醇和己二醇,最常用的是丁二醇。芳香族二元醇含有对苯二酸二羟乙基醚,对硬质聚氨酯泡沫塑料可以起到提高刚性和热稳定性的作用。

扩链剂的原理:在生产中,常用一些含活泼氢的化合物与异氰酸酯端基预聚物反应,致使分子链扩散延长,从而实现聚氨酯树脂的固化成型。

4.发泡剂

所谓发泡剂就是使对象物质成孔的物质,可分为化学发泡剂、物理发泡剂和表面活性剂三大类。化学发泡剂是经加热分解后能释放出二氧化碳和氮气等气体,并在聚合物组成中形成细孔的化合物;物理发泡剂就是泡沫细孔通过某一种物质的物理形态的变化,即通过压缩气体的膨胀、液体的挥发或固体的溶解而形成的。发泡剂均具有较高的表面活性,能有效降低液体的表面张力,并在液膜表面双电子层排列而包围空气,从而形成独立的气泡,再由单个气泡组成泡沫。为保护环境、减少污染,在硬质聚氨酯泡沫塑料生产中应采用环保型的发泡剂。

5.泡沫稳定剂

泡沫稳定剂是一种能降低聚氨酯原料混合物的表面张力,在泡沫升起至熟化期间,通过表面张力防止泡沫的热力学非稳态出现的物质。含有磺酸基的表面活性剂是聚酯型泡沫体的良好稳定剂。

泡沫稳定剂在硬质聚氨酯泡沫塑料中,能够调节泡孔大小与结构,使气泡均匀分布、闭孔率提高、绝热效果好。

(二)硬质聚氨酯泡沫塑料的性能优势

1.热导率低

因为硬质聚氨酯泡沫塑料孔隙的闭孔率较高,所以当硬质聚氨酯泡沫密度为 $35 \sim 40 \ kg/m^3$ 时,热导率仅为 $0.018 \sim 0.023 \ W/(m \cdot K)$,在目前所有保温材料中,硬质聚氨酯泡沫塑料是热导率较低的一种,其热工性能优越,保温隔热效果好。

2.黏结性能好

硬质聚氨酯泡沫塑料与砌块、砖石等各种材料均能牢固黏结,其黏结强度大于自身的抗拉强度。硬质聚氨酯泡沫体可直接喷涂在墙体上,通过喷枪形成混合物直接发泡成型,液体物料具有流动性、渗透性,可进入墙面基层空隙中发泡,与基层牢固地黏结并起到密封空隙的作用。同时,聚氨酯板材在隔热保温的同时还可用于装饰建筑物,外形美观。

3.防水性能好

硬质聚氨酯泡沫塑料属于憎水性材料,吸水率很低,抗水蒸气性好,闭孔率达95%以上,是结构致密的微孔泡沫材料,不易透水、施工连续、整体性能好,因此防水效果好,且不会因吸潮而增大热导率,防水性能可靠。

4.化学稳定性好

硬质聚氨酯泡沫塑料的耐老化性能较好,化学性能稳定;低温-50 ℃不脆裂,高温 150 ℃不流淌、不粘连,可以正常使用;耐弱酸、弱碱等化学物质的侵蚀,使用寿命长。同时,硬质聚氨酯泡沫塑料在阻燃剂作用下,可达到国家阻燃标准 B2 级,燃烧中不出现融熔物质滴落现象。

(三)聚氨酯板材在低能耗建筑中的应用

由于硬质聚氨酯泡沫塑料多为闭孔结构,具有绝热效果好、质轻、比强度大、施工方便等优良特性,同时还具有隔声、防震、电绝缘、耐热、耐寒、耐溶剂等特点,所以广泛用于冰箱、冰柜的箱体绝热层,冷库、冷藏车等绝热材料,建筑物、储罐及管道保温材料,少量用于非绝热场合,如仿木材、包装材料等。一般而言,较低密度的聚氨酯硬泡主要用作隔热(保温)材料,较高密度的聚氨酯硬泡可用作结构材料(仿木材)。

节能减排是贯彻落实科学发展观、构建社会主义和谐社会的重要举措,也是推进经济结构调整、转变发展方式、实现经济和社会可持续发展的必然要求。如何将硬质聚氨酯泡沫塑料应用于低能耗建筑中,是硬质聚氨酯泡沫塑料应用的重点。目前,硬质聚氨酯泡沫塑料主要用于以下 4 个方面。

1.保温墙体

应用较广泛的是金属夹心板作为墙体。金属夹心板由两层金属面板中间注入阻燃性硬质聚氨酯泡沫材料复合而成。将硬质聚氨酯泡沫塑料板反应混合料直接注入内外墙之间的空腔内,物料在腔内发泡,泡沫与墙体结合形成一个整体。也可在砖墙外面直接喷涂约 20 mm 厚硬质聚氨酯泡沫塑料,并通过特殊界面剂,用聚合物水泥或涂彩色涂料、砂浆抹面。该技术工艺简便,经久耐用。

金属夹心板具有质轻、绝热、防水、装饰效果好等优点,且安装方便、施工速度快,作为墙体保温节能材料效果较好。除金属外,也可以是塑料片材、沥青浸渍的牛皮纸、玻纤织物、铝箔等。

2.保温屋面

对于平屋顶结构,其保温方式基本上有两种:一种是在屋面上铺设硬质聚氨酯泡沫塑料板材,这种方式在日本较为普遍;另一种是在屋顶直接喷涂硬质聚氨酯泡沫材料,这种方式在欧美国家和我国应用较为广泛。

屋面聚氨酯硬泡保温隔热层,一般由泡沫层和保护层组成。这种保温隔热层主要是在干净、干燥的屋面基层上,直接喷涂一层 30 ~ 50 mm 厚的硬质聚氨酯泡沫材料,然后在其上抹一层保护层,保护硬质聚氨酯泡沫塑料免受太阳光直接照射和降低外界风化作用,提高屋面刚性强度和耐候性。保护层材料可以采用防紫外光有机涂层,也可以用水泥砂浆。对于玻璃屋顶,主要是在屋椽上方铺设硬质聚氨酯泡沫塑料板材阻断热桥。

3.保温门窗

硬质聚氨酯泡沫塑料应用于保温门窗主要有两种形式:采用硬质聚氨酯泡沫塑料(RPUF)作为窗框框芯,其保温性能可达到木框窗的 2 倍以上;也可采用单组分硬质聚氨酯嵌缝材料对门框、窗框等起黏结、隔热、防水等作用。

4. 地面保温

一般采用20～40 mm厚硬质聚氨酯泡沫塑料板材铺设于地面或在房屋室内楼板下铺设PU泡沫板,以提高室内保温效果。目前,高性能的聚氨酯建筑板材较少,我国开发研制的具有高品质的聚氨酯建筑节能板材,具有以下特点:

①阻燃型产品,这种聚氨酯板材采用高阻燃性的聚异脲酸酯为原料。

②环保型产品,该产品在生产过程中完全采用环异戊烷发泡技术。

③多样型产品,板材为三明治板材,可根据客户使用需求的不同而更换板材的表面,可将保温外墙的保温、装饰功能融为一体。

任务二 认识木质原料和绝热材料

一、胶合板

胶合板(图4-6)又称层压板,是用原木沿着年轮用镟刀机切成大张薄片,经干燥处理后,再用胶黏剂按奇数层数,以各层纤维互相垂直的方向,黏合热压而制成的人造板材。胶合板一般为3～13层,在建筑工程上常用的是三合板、五合板、七合板等。胶合板大多数为平板,也可经一次或几次弯曲处理制成曲形胶合板。胶合板的分类、性能及应用见表4-11。

图4-6 胶合板

表4-11 胶合板的分类、性能及应用

分类	名称	性能	应用环境
Ⅰ类	耐气候胶合板	耐久,耐煮沸或蒸汽处理,抗菌	室外
Ⅱ类	耐水胶合板	能在冷水中浸渍,能经受短时间热水浸渍,抗菌	室内
Ⅲ类	耐潮胶合板	耐短时间的冷水浸渍	室内常态
Ⅳ类	不耐潮胶合板	具有一定的胶合强度	室内常态

胶合板的面层通常选用光滑平整且纹理美观的单板,或用装饰板等材料制成贴面胶合板,以提高胶合板的装饰性能。胶合板是人造板材中应用量最大的一种,可广泛用于建筑室

内的隔墙板、护壁板、天花板、门面板以及家具和装修。胶合板具有以下优点：

①可用小直径的原木制成大面积无缝的薄板，做到小材大用；

②可将优质木材与劣质木材搭配使用，以节约优质木材，充分发挥优质木材的作用；

③由于各层单板的纤维互相垂直，能消除木材各向异性、易开裂等缺点；

④材质均匀，强度较高，吸湿性小，幅面宽大，避免疵病；

⑤表面可选用木纹美的木材，可增加装饰效果；

⑥产品可以实现规格化、标准化，使用方便，通用性强。

胶合板按成品面板材质缺陷、加工缺陷及拼接情况分为特等、一等、二等和三等 4 个等级。特等胶合板适用于高级建筑装修，制作高级家具；一等胶合板适用于较高级建筑装修，制作中高级家具；二等胶合板适用于普通建筑装修，制作普通家具；三等胶合板适用于低级建筑装修。

二、纤维板

纤维板（图 4-7）是以植物纤维为主要原料制成的一种人造板材，即将树皮、刨花、树枝、稻草、麦秸、玉米秆、竹材等废料，先经破碎、浸泡、研磨成木浆，再加入胶黏剂或利用木材本身的胶黏物质，最后经过热压成型、干燥处理而制成的人造板材。

图 4-7　纤维板

根据成型温度和压力的不同，可分为硬质纤维板（表观密度 >800 kg/m³）、半硬质纤维板（表观密度 500~800 kg/m³）和软质纤维板（表观密度 <500 kg/m³）3 种。建筑上常用的是硬质纤维板和半硬质纤维板。

硬质纤维板强度高、耐磨、不易变形，可用于墙壁、地面和家具等；半硬质纤维板也称为中密度纤维板，其表面光滑、材质细密、性能稳定、边缘牢固，且板材表面的再装饰性能好，主要用于隔断、隔墙、地面、装修、高档家具等。软质纤维板的结构松软，强度较低，但吸声性和保温性好，可用于吊顶的装修等。

三、刨花板、木丝板、木屑板

刨花板、木丝板、木屑板是利用木材加工中产生的大量刨花、木丝、木屑、短小废料等为原料，经干燥筛选后与胶料及辅料搅拌均匀，加压成型，再经热处理而制成的一种人造板材（图 4-8）。所用的胶结材料有动物胶、合成树脂、水泥、石膏和菱苦土等。若使用无机胶结材料，可大大提高板材的耐火性。

(a)刨花板   (b)木丝板   (c)木屑板

图 4-8 人造板材

这类板材表观密度小($300 \sim 600 \text{ kg/m}^3$),抗弯强度较低($0.4 \sim 0.5 \text{ MPa}$),热导率很小[$0.11 \sim 0.26 \text{ W/(m·K)}$],孔隙率较大,主要用作绝热和吸声材料。经过饰面处理后,可用于吊顶板材和隔断板材等。此板材多用作天花板、隔墙板或护墙板。

四、细木工板

细木工板是综合利用木材而制成的人造板材(图 4-9)。其芯板是用木板条拼接而成的,两个表面为胶黏木质单板的实心板材。为了使细木工板获得最大强度和比较稳定的形状,细木工板两面的单板厚度和层数都应相同,芯板厚度与单板厚度的比率一般为 3∶1。

图 4-9 细木工板

细木工板分为一、二、三等。其技术性能指标为:含水率为 7% ~ 13%;横向静曲强度,当板厚度大于 16 mm 时不低于 15 MPa,当板厚度小于 16 mm 时不低于 12 MPa;胶层剪切强度不低于 1 MPa。

细木工板集实木板与胶合板之优点于一身,具有吸声、绝热、质坚、易加工等特点,可作为装饰中的构造材料,主要适用于门板、壁板、家具和建筑室内的其他装修等。

五、改性木材

改性木材是木材综合利用中出现的一个新品种,即将木材进行改性以达到某种材料的优良性能。改性木材主要有层积木(也称层积塑料)和压缩木两种。

层积木是将薄木片用合成树脂浸透后,叠放加热加压而成。层积木的耐磨性好、强度高,可代替硬质金属使用,也用作水工平面闸门上的滑块。

压缩木是将木材直接进行高温高压处理的改性木材,以提高木材的表观密度和力学性能,从而扩大木材的应用范围。

六、软木及其制品

软木原料为栓皮栎或黄菠萝树皮,以皮胶、沥青或合成树脂作为胶结料,分为加胶结料和不加胶结料两种。其工艺过程是:不加胶结料的软木,将树木轧碎、筛分、模压、烘焙(400 ℃左右)而成;加胶结料的软木,在模压前加入胶结料,在80 ℃的干燥室内干燥24 h而成。

沙场练兵

一、填空题

1.在建筑节能工程中常用的泡沫塑料有_____塑料、_____塑料、_____塑料等。

2.聚氯乙烯泡沫塑料板具有_____、_____、_____、_____等优点,主要用于建筑_____和_____等。

3.硬质聚氨酯泡沫塑料所用的原材料有三大类,即_____、_____、_____,有时采用少量的配合剂。

二、简答题

1.酚醛树脂泡沫塑料有哪些特点?

2.硬质聚氨酯泡沫塑料主要用于哪些方面?

3.硬质聚氨酯泡沫塑料的性能优势有哪些?

4.绝热用聚苯乙烯泡沫塑料的性能有哪些?

5.胶粉聚苯颗粒保温浆料有哪些特点?

三、讨论题

如何使木质原料绝热材料更好地绝热、防火?

项目五　建筑节能门窗

　　门是人们进出建筑物的通道口,窗是室内采光通风的主要洞口,因此门窗是建筑工程的重要组成部分,也是建筑装饰工程中的重点。门窗作为建筑艺术造型的重要组成要素之一,其设置不仅较为显著地影响建筑物的形象特征,而且对建筑物的采光、通风、保温、节能和安全等方面有着重要意义。

　　根据《中华人民共和国节约能源法》《民用建筑节能条例》和《国家中长期科学和技术发展规划纲要》等重要文件的具体规定,不论新建筑或是采用传统钢木门窗的既有建筑物,都必须符合《民用建筑热工设计规范》(GB 50176—2016)的规定,从而更好地实施节约能源的规定。

　　工程实践证明:门窗在建筑立面造型、比例尺度、虚实变化等方面,对建筑外表的装饰效果有较大影响。对门窗的具体要求,应根据不同的地区、不同的建筑特点、不同的建筑等级等规定。在不同的情况下,对门窗的分隔、保温、隔声、防水、防火、防风沙等有着不同的要求。

【案例导入】

节能门窗——北京国家体育馆

　　北京国家体育馆外围护玻璃幕墙的玻璃分为两种方式:西、北立面采用以乳白色双层玻璃,内填白色 30 mm 厚挤塑板玻璃幕墙为主(传热系数控制在 0.8 以内),Low-E 中空玻璃幕墙为辅;东、南立面采用 Low-E 中空玻璃(传热系数控制在 2.0 以内)。另五棵松体育馆外墙应用 2.7 万 m^2 Low-E 中空玻璃幕墙,采用纳米超双亲镀膜技术,导热系数 $K \leqslant 2$,遮阳系数 $\leqslant 0.45$。

【知识目标】

1. 理解建筑节能门窗的基本原理,包括隔热、保温、防水、隔音等方面的知识;

2. 掌握不同类型的建筑节能门窗,如断桥铝门窗、塑钢门窗、夹层玻璃等,以及它们的特点和适用场景;

3. 了解建筑节能门窗的性能指标和评价方法,如热传导系数、气密性、水密性;

4. 了解建筑节能门窗的安装、调试和维护方法,以及常见问题的处理方式。

【技能目标】

1. 能根据建筑设计要求,选择合适的节能门窗,包括尺寸、材料、型号等;

2. 具备正确使用工具和设备进行建筑节能门窗的安装和调试的技能;

3. 能进行建筑节能门窗的性能测试和评估,如热工性能测试、气密性测试。

【职业素养目标】

1. 具备安全意识和责任心,确保施工安全,严格遵守安全规定;

2. 具备团队合作和沟通能力,与团队协作完成建筑节能门窗工程;

3. 具备解决问题和应对挑战的能力,能够在施工过程中处理各种常见问题和突发情况;

4. 持续学习,不断更新专业知识;

5. 增强环保意识,推广绿色建筑和节能减排的理念,促进可持续发展。

任务一　认识塑料节能门窗

一、塑料门窗的特点

(一)保温节能

塑料门窗(图5-1)所用的塑料型材为多腔式结构,具有良好的隔热性能,其材料的传热系数很低,一般仅为钢材的1/357、铝材的1/1 250;生产单位重量 PVC 材料的能耗是钢材的1/4.5、铝材的1/8.8,可节约能源消耗30%以上。可见,塑料门窗具有隔热性能好、生产能耗低的特点。

由于塑料框材的传热性能差,所以其保温隔热性能十分优良,节能效果非常突出,同时也具有较好的装饰性。塑料窗的传热系数见表5-1,塑料门的传热系数见表5-2。

图5-1　塑料门窗

表 5-1　塑料窗的传热系数

窗户类型		空气层厚度/mm	窗框窗洞面积比/%	传热系数/[W/(m²·K)]
单框单玻璃		—		4.7
单框双玻璃		6~12		2.7~3.1
		16~20		2.6~2.9
双层窗		100~140		2.2~2.4
单框中空玻璃窗	双层	6	30~40	2.5~2.6
		9~12		2.3~2.5
	三层	9+9、12+12		1.8~2.0
单框单玻璃+单框双玻璃		100~140		1.9~2.1
单框低辐射中空玻璃		12		1.7~2.0

表 5-2　塑料门的传热系数

门框材料	类型	玻璃比例	传热系数/[W/(m²·K)]
塑(木)类	单层板门	—	3.5
	夹板门、夹芯门	—	2.5
	双层玻璃门	不限制	2.5
	单层玻璃门	<30	4.5
		30~60	5.0

　　试验证明,使用塑料门窗比使用木门窗的房间,冬季室内温度提高 4~5 ℃。从中不难看出,单框双玻塑料窗的保温节能指标,相当于双层空腹钢和铝窗,它的这种突出品质是极其优良的性能。

(二)气密性

　　塑料窗框和窗扇的搭接(搭接量为 8~10 mm)处和各缝隙处均设置弹性密封条、毛条或阻风板,使空气渗透性能指标远高于国家对建筑门窗的要求。

　　塑料门窗在安装时所有缝隙处均装有橡胶密封条和毛条,其气密性远远高于铝合金门窗,在一般情况下,平开窗的气密性可达到一级,推拉窗可达到二、三级。在使用空调或采暖设备的房间,其优点更为突出。特别是硅化夹层毛条的出现,显著提升了塑料推拉窗的气密性能,与此同时,其防尘效果也得到了大幅度增强。

(三)水密性能

　　由于塑料门窗具有独特的多腔式结构,均有独立的排水腔,无论是门窗框还是扇的积水均能有效排出。一般情况下,平开窗的水密性可达到二级,推拉窗的水密性可达到三级。但是,这项性能指标对于塑料平开来说是尽善尽美、无可比拟的(质量好的塑料平开窗雨水渗

透性能 $\Delta P \geqslant 500$ Pa)。但对于塑料推拉窗来说,由于开启方式的缘故和型材结构所限,该项性能指标不是很理想,一般 $\Delta P \leqslant 250$ Pa。一些有技术基础的门窗厂在这方面也做了不少有益的尝试,他们根据流体力学和模拟风雨试验对 80 系列推拉窗排水系统和密封结构进行改造并取得了满意的效果。水密性能有明显提高,$\Delta P \geqslant 350$ Pa。

(四)绝缘性能

制作塑料门窗所用的 PVC 型材,是一种优良的电绝缘体,不导电,安全性很高。

(五)抗风压性能

抗风压强度是指门窗在均布风荷载的作用下,危险截面上的受力构件能够承受抗弯曲变形的能力(塑料门窗的允许相对挠度 $\leqslant L/300$)。

①塑料门窗抗风压性能采用《建筑外门窗气密、水密、抗风压性能检测方法》(GB/T 7106—2019)中安全检测压力差值(P_3)作为分级指标值,即相当于 50 年一遇瞬间风速的风压计算值:$P_3 = 2.5\ P_1$。

②塑料门窗抗风压性能的评价检测项目:一是变形检测,是指检测试件在风荷载作用下保持正常使用功能的能力,以主要受力杆件的相对面挠度进行评价;二是反复受荷检测,是指对检测试件在正负交替风荷载作用下,能否保持正常使用功能,以及是否发生功能障碍、残余变形和损坏现象进行评价的过程。

(六)隔声性能

塑料门窗用异型材是多腔室中空结构,焊接后形成数个充满空气的密闭空间,具有良好的隔声性能和隔热性能,其框、扇搭接处缝隙和玻璃均用弹性橡胶材料密封,具有良好的吸震和密闭性能。其隔声效果可达到 30 dB,完全符合国家标准《建筑门窗空气声隔声性能分级及检测方法》(GB/T 8485—2008)中的第四级要求。

据资料介绍,达到同样隔声要求的建筑物,安装铝合金门窗的建筑与交通干道的距离要在 50 m 以外,若使用塑料门窗就可以缩短到 16 m 以内。所以塑料门窗更适用于交通频繁、噪声侵扰严重或特别要求宁静的环境,如马路两侧、医院、学校、科研院所、广播电视单位、新闻通信单位、政府机关等场所。

(七)耐候、耐冲击性能

塑料门窗用异型材(改性 UPVC)采用特殊配方,原料中添加了光、热稳定剂、防紫外线吸收剂和耐低温抗冲击改性剂,在 -10 ℃、1 000 G 及 1 000 mm 高落锤试验下不破裂。可在 -50 ～ 70 ℃各种气候条件下使用,经受烈日暴雨、风雪严寒、干燥潮湿之侵袭而不脆裂、不降解、不变色;国产塑料门窗在海口发电厂、南极长城考察站的长期使用就是很好的例证。人工加速老化试验(用老化箱进行试验,外窗、外门不少于 1 000 h;内窗和内门不少于 500 h;每 120 min 降雨 18 min;黑板温度 ±3 ℃)证实:硬质聚氯乙烯(UPVC)型材的老化过程是一个十分缓慢的过程,其老化层深度局限于距表面 0.01 ～ 0.03 mm,其使用寿命完全可以达到 40 ～ 50 年。

(八)耐腐蚀性

硬质聚氯乙烯(UPVC)型材由于其本身的属性,是不会被任何酸、碱、盐等化合物腐蚀的。塑料门窗的耐腐蚀性取决于五金配件(包括钢衬、胶条、毛条、紧固件等)。正常环境下使用的五金配件为金属制品(也不同程度地敷以防腐镀层),而在具有腐蚀性的环境下,如造纸、化工、医药、卫生及沿海地区、阴雨潮湿地区、盐雾和腐蚀性烟雾场所,选用防腐五金件(材质一般为 ABS 工程塑料)即可使其耐腐蚀性与型材相同。如果选用防腐的五金件不锈钢材料,它的使用寿命约是钢门窗的 10 倍。

(九)阻燃性能

塑料门窗不自燃、不助燃、离火自熄、安全可靠,经测定氧指数为 47% 利于防火,还是良好的电绝缘体,255 电阻率高达 10 150/cm²,保证不导电,是公认的优良安全建筑材料。

(十)加工组装工艺性

硬质聚氯乙烯塑料异型材外形尺寸精度较高(±0.5 mm),机械加工性能好,可锯、切、铣、钻等,门窗组装加工时,型材机械切割,热熔焊接后制成的成品门窗尺寸精度高,其长、宽及对角线的误差均可控制在 ±2 mm 之内,且精度稳定可靠,焊角强度可达 3 500 N 以上,焊接处经机械加工清角后平整美观。

塑料门窗型材线膨胀系数很小,不会影响门窗的启闭灵活性。塑料门窗温度的极端变化率:夏天为 8 ℃,冬天为 20 ℃,如一樘 1 500 mm×1 500 mm 的窗,其膨胀或收缩变化率只有 ±0.6 mm 和 ±1.5 mm,不会影响塑料门窗的结构和功能。但在制作联樘带窗时,应充分考虑膨胀、收缩因素,以防止塑料门窗变形。

塑料门窗主要适用于各种工业及民用建筑。目前,塑料门窗行业技术成熟、标准完善、协作周密。PVC 塑料门窗作为国家重点发展的化学建材产品,以其独特的保温节能效果,在建筑的外围护结构中起着重要作用。

但是,硬质聚氯乙烯型材不仅冷脆性和耐高温性差,而且其弯曲弹性模量较低、刚性也较差,在严寒和高温地区受到很大限制,也不适宜大尺寸门窗或高风压场合使用。

二、塑料门窗的材料质量要求

根据制作原材料的不同,塑料门窗可分为以聚氯乙烯树脂为主要原料的钙塑门窗(又称"U-PVC 门窗"),以改性聚氯乙烯为主要原料的改性聚氯乙烯门窗(又称"改性 PVC 门窗");以合成树脂为基料,以玻璃纤维及其制品为增强材料的玻璃钢门窗等。

塑料门窗所用材料的质量要求,主要包括对塑料异型材、密封条、配套件、玻璃及玻璃垫块、密封材料和材料间的相容性等的要求。

(一)塑料异型材料及密封条

塑料异型材料及密封条涉及材料类型、性能指标、耐高温、耐低温、耐老化、化学稳定性等。

①材料类型:塑料异型材料及密封条的制作材料包括硅胶、橡胶(如三元乙丙橡胶、海绵密封胶条)、塑料(如 PVC/CPVC/ABS/TPE 材料挤出复合条、热塑弹性体 TPE)、装饰条等。这些材料具有良好的电绝缘性能、耐老化性能、化学稳定性、抗氧化耐候性、耐辐射性、透气性、耐高低温等特性。

②性能指标:密封条的性能指标包括硬度、拉伸强度、拉断伸长率、热空气老化后的硬度变化和拉伸强度变化率等。例如,橡胶密封条的硬度应保持在 (50±5) ~ (90±5) 的邵氏硬度

之间,拉伸强度应大于等于 7.5 MPa,拉断伸长率应大于等于 250%。

③耐高温和耐低温:硅胶密封条能在−100 ~ 280 ℃ 的温度范围内长期使用,显示出其优良的耐高低温性能。此外,橡胶密封条也能在−40 ~ 80 ℃ 的温度范围内保持良好的密封性能。

④耐老化:硅胶密封条具有优良的耐老化性能,能够在各种环境下保持其物理性能,延长使用寿命。

⑤化学稳定性:塑料异型材料及密封条在制作和使用过程中需要具备良好的化学稳定性,以抵抗各种化学物质的侵蚀,保持其性能的稳定。

(二)塑料门窗配套件

塑料门窗安装所采用的紧固件、五金件、增强型钢、金属衬板及固定垫片等,应符合以下要求:

①紧固件、五金件、增强型钢、金属衬板及固定垫片等,应做表面防腐处理。

②紧固件的镀层金属及其厚度,应符合《紧固件 电镀层》(GB/T 5267.1—2023)中的有关规定;紧固件的尺寸、螺纹、公差、十字槽及机械性能等技术条件,应符合《十字槽盘头自挤螺钉》(GB/T 6560—2014)、《十字槽盘头自攻螺钉》(GB/T 845—2017)、《十字槽沉头自攻螺钉》(GB/T 846—2017)中的有关规定。

③五金件的型号、规格和性能,均应符合国家现行标准的有关规定;滑撑的铰链不得使用铝合金材料。

④全防腐型塑料门窗应采用相应的防腐型五金件及紧固件。

⑤固定垫片的厚度应≥1.5 mm,最小宽度应≥15 mm,其材质应采用 Q235-A 冷轧钢板,表面应进行镀锌处理。

⑥与塑料型材直接接触的五金件、紧固件等材料,其性能应与 PVC 塑料具有相容性。

⑦组合窗及连窗门的拼樘料,应采用与其内腔紧密吻合的增强型钢作为内衬,型钢两端应比拼樘长出 10 ~ 15 mm。外窗的拼樘料截面尺寸及型钢形状、壁厚,应能使组合窗承受瞬时风压值。

(三)玻璃及玻璃垫块

塑料门窗所用的玻璃及玻璃垫块的质量应符合以下规定:

①玻璃的品种、规格及质量应符合国家现行产品标准的规定,并应有产品出厂合格证,中空玻璃应有检测报告。

②玻璃的安装尺寸应比相应的框、扇(梃)内口尺寸小 4 ~ 6 mm,以便于安装,并确保阳光照射膨胀不开裂。

③玻璃垫块应选用邵氏硬度为 70 ~ 90 HA 的硬橡胶或塑料,不得使用硫化再生橡胶、木片或其他吸水性材料;其长度宜为 80 ~ 150 mm,厚度应按框、扇(梃)与玻璃的间隙确定,一般宜为 2 ~ 6 mm。

(四)门窗洞口框墙间隙密封材料

用于门窗洞口框墙间隙密封材料,一般常为嵌缝膏(即建筑密封胶)。为使嵌缝材料达到密封和填充牢固的目的,这种材料应具有良好的弹性和黏结性。

(五)材料的相容性

在塑料门窗安装中,与聚氯乙烯型材直接接触的五金件、紧固件、密封条、玻璃垫块、嵌缝膏等材料,为避免材料之间发生不良反应,这些材料的性能与PVC塑料必须具有相容性。

三、塑料外用门窗物理性能指标

为了确保外用塑料门窗的安全使用,生产厂家按照工程设计,在对外用门窗进行选型后,应根据门窗的应用地区、应用高度、建筑体型、窗型结构等的具体条件,对所选用塑料门窗,按照国家规定的抗风性能指标要求进行抗风压强度计算。

塑料门窗的抗风压性能见表5-3;塑料门窗的空气渗透性能见表5-4;塑料门窗的雨水渗透性能见表5-5;塑料门窗的保温性能见表5-6。

表5-3　抗风压性能

分级	1级	2级	3级	4级	5级	6级	7级	8级	9级
分级指标值 P_3/kPa	$1.0 \leq P_3$ <1.5	$1.5 \leq P_3$ <2.0	$2.0 \leq P_3$ <2.5	$2.5 \leq P_3$ <3.0	$3.0 \leq P_3$ <3.5	$3.5 \leq P_3$ <4.0	$4.0 \leq P_3$ <4.5	$4.5 \leq P_3$ <5.0	$P_3 \geq 5.0$
第9级应在分级后同时注明具体分级指标值。									

注:以上分级与《建筑幕墙、门窗通用技术等》(GB/T 31433—2015)中的规定一致。

表5-4　水密性能

分级	3	4	5	6
分级指标 Δp/Pa	$250 \leq \Delta p < 350$	$350 \leq \Delta p < 500$	$500 \leq \Delta p < 700$	$\Delta p \geq 700$

注:以上分级与《建筑幕墙、门窗通用技术等》(GB/T 31433—2015)中的规定一致。

表5-5　气密性能

分级	6	7	8
分级指标值 q_1/$[m^3 \cdot (m \cdot h)^{-1}]$	$1.5 \geq q_1 > 1.0$	$1.0 \geq q_1 > 0.5$	$q_1 \leq 0.5$
分级指标值 q_2/$[m^3 \cdot (m^2 \cdot h)^{-1}]$	$4.5 \geq q_2 > 3.0$	$3.0 \geq q_2 > 1.5$	$q_2 \leq 1.5$

注:以上分级与《建筑幕墙、门窗通用技术等》(GB/T 31433—2015)中的规定一致。

表5-6　保温性能

分级	5	6	7	8	9	10
分级指标值 K/$[W \cdot (m^2 \cdot K)^{-1}]$	$3.0 > K \geq 2.5$	$2.5 > K \geq 2.0$	$2.0 > K \geq 1.6$	$1.6 > K \geq 1.3$	$1.3 > K \geq 1.1$	$K < 1.1$

注:以上分级与《建筑幕墙、门窗通用技术等》(GB/T 31433—2015)中的规定一致。

任务二　认识玻璃钢节能门窗

玻璃钢节能门窗(图5-2)是采用热固性不饱和树脂作为基体材料,加入一定量的助剂和辅助材料,采用中碱玻璃纤维无捻粗纱及其织物作为增强材料,并添加其他矿物填料,经过特殊工艺将这两种材料复合,再通过加热固化,拉挤成各种不同截面的空腹型材加工而成。

图5-2　玻璃钢节能门窗

一、玻璃钢节能门窗的特性

玻璃钢即玻璃纤维增强材料,是20世纪初开发的一种新型复合材料,具有轻质、高强、防腐、保温、绝缘、隔声等诸多优点。

①轻质高强。玻璃钢型材的密度约为 $1.9\ g/cm^3$,约为钢密度的1/4、铝密度的2/3,密度略大于塑钢,属于轻质材料。其强度很大,拉伸强度为 $350\sim450\ MPa$,与普通碳钢接近;弯曲强度为 $380\ MPa$,分别是塑料的8倍和4倍,因此不需要加钢材补强,减少了组装工序,提高了工效。

②密封性能好。玻璃钢的热膨胀系数为 $7\times10^{-6}\ mm/℃$,低于钢和铝合金,是塑料的1/10,与墙体膨胀系数相近,在温度变化时玻璃钢门窗窗体不会与墙体之间产生缝隙,因此密封性能好。特别适用于多风沙、多尘及污染严重的地区。

③保温节能。玻璃钢型材传热系数低,室温下为 $0.3\sim0.4\ W/(m^2\cdot K)$,只有金属的 $1/1\ 000\sim1/100$,是一种优良的绝热材料。经材料试验证明,玻璃钢门窗的保温性能完全可以达到国家标准《建筑外门窗保温性能检测方法》(GB/T 8484—2020)中的规定。可见,隔热保温效果显著,特别适用于温差大、高温高寒地区。

④耐腐蚀性好。玻璃钢门窗对酸、碱、盐等大部分有机物,海水以及潮湿都有较好的抵抗力,对于微生物的作用也有抵抗性能。玻璃钢门窗耐锈、耐腐蚀性能优于其他材质门窗。尤其适宜于多雨、潮湿和沿海地区,以及有腐蚀性的场所。

⑤耐候性良好。玻璃钢属热固性塑料，与树脂交联后即形成二维网状分子结构，变成不熔体，即使加热也不会再熔化。玻璃钢型材热变形温度在 200 ℃以上，耐高温性能好，而耐低温性能更好，因为随着温度的下降，分子运动减速，分子间距离缩小并逐步固定在一定的位置，分子间引力加强。由此可见，玻璃钢门窗可长期用于温度变化较大的环境中。

⑥色彩比较丰富。玻璃钢门窗可以根据不同客户的需求、室内装修和建筑风格，在型材的表面喷涂各种颜色，以满足人们的个性化审美要求。

⑦隔声效果显著。玻璃钢门窗的隔声值为 36 dB，同样厚度的塑钢和铝合金分别是 16 dB 和 12 dB，因此玻璃钢门窗的隔声性能良好，特别适宜于繁华闹市区。

⑧绝缘性能很好。玻璃钢门窗是良好的绝缘材料，其电阻率高达 1 014 Ω，能够承受较高的电压而不损坏。不受电磁波的作用，不反射无线电波，透微波性好。因此，玻璃钢门窗在通信系统的建筑物中具有特殊的用途。

⑨阻燃性能好。由于拉挤成型的玻璃钢型材树脂含量比较低，在加工过程中还加入了无机阻燃填料，所以该材料具有较好的阻燃性能。

⑩抗疲劳性能好。金属材料的疲劳破坏常常是没有明显预兆的突发性破坏，而玻璃钢中纤维与基体的界面能阻止材料受力所致裂纹的扩展，因此玻璃钢材料有较强的疲劳强度极限，从而保证了玻璃钢门窗使用的安全性与可靠性。

⑪减震性能良好。由于玻璃钢型材的弹性模量高，用其制成的门窗结构件具有较高的自振频率，而较高的自振频率可以避免结构件在工作状态下因共振引起的早期破坏。同时，玻璃钢中树脂与纤维界面具有吸振能力。这一特性，有利于提高玻璃钢门窗的使用寿命，正常使用条件下可达 50 年。

二、玻璃钢节能门窗的节能关键

玻璃钢节能窗户节能与否，关键要抓好以下几个环节：窗户的型材、使用的玻璃、五金件和密封质量以及安装质量等。

玻璃钢型材是除木质外热导率最低的门窗型材。一般情况下，窗框占整个窗户面积的 25% ~30%，特别是平开窗，窗框所占窗户面积的比例会更大，可见型材的热导率会对窗户的保温性能产生很大影响。玻璃型材的传热系数室温下为 $0.3 \sim 0.4$ W/($m^2 \cdot$ K)，只有金属的 1/1 000 ~1/100，是一种优良的绝热材料，从而在根本上解决了窗户的保温性能。

玻璃钢型材是热膨胀系数与墙体最接近的门窗型材。由于材料不同，膨胀系数也不同，在温度变化时窗体和墙体、窗框和窗扇之间会产生缝隙，从而产生空气对流，加快室内能量流失，经国家专业检测部门检测，玻璃钢型材的热膨胀系数与墙体最相近，低于钢和铝合金，是塑钢的 1/20。因此，在温度变化时，玻璃钢门窗框不会与墙体和窗扇产生缝隙，密封性能良好，有利于窗户保温。

玻璃钢型材属于轻质高强材料。在同样配置的情况下，会减小单位面积窗扇的质量及合页的承重力，长时间使用不会使窗扇变形，也不会影响窗扇与窗体的密封性能，从而体现了节能窗的节能效果的时效性。

玻璃、五金件及密封件的性能如何，对门窗的保温性能起到很重要的影响。室内热量透过窗户损失的热量，主要是通过玻璃（以辐射的形式）、窗框（以传导的形式）、窗框与玻璃之间的密封条(以空气渗透的形式)传递到室外。质量较好的中空玻璃、镀膜玻璃、Low-E 玻璃可以有效降低热量的辐射;好的密封条受热不收缩,遇冷不变脆,从而有效杜绝窗框与玻璃之间的空气渗透。玻璃钢节能窗的定位是高端市场产品,配置的是高档玻璃、五金件及密封件,保障了节能窗的保温效果。

三、玻璃钢节能门窗的性能及规格

玻璃钢门窗型材具有很高的纵向强度,在一般情况下,可以不用增强的型钢。但门窗尺寸过大或抗风压要求很高时,应根据使用要求确定采取的增强方式。型材的横向强度较低,玻璃钢门窗框角梃连接应采用组装式,连接处需要用密封胶密封,防止缝隙处产生渗漏。

玻璃钢门窗的技术性能应符合《玻璃纤维增强塑料(玻璃钢)门》(JG/T 185—2006)和《玻璃纤维增强塑料(玻璃钢)窗》(JG/T 186—2006)中的规定。

玻璃钢节能门窗的性能见表5-7;玻璃钢节能门窗的技术性能见表5-8;平开门、平开下悬门、推拉下悬门、折叠门的力学性能见表5-9;推拉门的力学性能见表5-10;平开窗、平开下悬窗、上悬窗、中悬窗、下悬窗的力学性能见表5-11;推拉窗的力学性能见表5-12;玻璃钢节能门窗产品的规格见表5-13。

表 5-7　玻璃钢节能门窗的性能

门窗型号		玻璃配置	抗风压性能 P/kPa	水密性能 ΔP/Pa	气密性能		保温性能 K/[W·$(m^2·K)^{-1}$]	隔声性能 /dB
					q_1 /[m^3·$(m·h)^{-1}$]	q_2 /[m^3·$(m·h)^{-1}$]		
G 型	50 系列平开窗	4+9A+5	3.5	250	0.10	0.3	2.2	35
	58 系列平开窗	5+12A+5Low-E	5.3	250	0.46	1.2	2.2	36
		5+9A+4+6A+5	5.3	250	0.46	1.2	1.8	39
		5Low-E+12A+4+9A+5	5.3	250	0.46	1.2	1.3	39
		4+V(真空)+4+9A+5	5.3	250	0.46	1.2	1.0	36

表 5-8　玻璃钢节能门窗的技术性能

指标	玻璃钢	PVC	铝合金	钢
密度/1 000(kg·m^{-3})	1.90	1.40	2.90	7.85
热膨胀系数-108/℃	7.00	65	21	11
热导率/[W·(m·K)$^{-1}$]	0.30	0.30	203.5	46.5
拉伸强度/MPa	420	50	150	420
比强度	221	36	53	53

表 5-9　平开门、平开下悬门、推拉下悬门、折叠门的力学性能

项目	技术要求
锁紧器(执手)的开关力	≤80 N(力矩≤10 N·m)
开关力	≤80 N
悬端吊重	在 500 N 力的作用下,残余变形≤2 mm,试件不损坏,仍保持使用功能
翘曲	在 300 N 力的作用下,允许有不影响使用的残余变形,试件不损坏,仍保持使用功能
开关疲劳	经≥1 万次的开关试验,试件及五金件不损坏,其固定处及玻璃压条不松脱,仍保持使用功能
大力关闭	经模拟 7 级风连续开关 10 次,试件不损坏,仍保持开关功能
角连接强度	门框≥3 000 N,门扇≥6 000 N
垂直荷载强度	当施加 30 kg 荷载,门扇卸荷后的下垂量应≤2 mm
软物冲击	无破损,开关功能正常
硬物冲击	无破损

注:1.垂直荷载强度适用于平开门;
　　2.全玻璃门不检测软、硬物体的冲击性能。

表 5-10　推拉门的力学性能

项目	技术要求
开关力	≤100 N
弯曲	在 300 N 力的作用下,允许有不影响使用的残余变形,试件不损坏,仍保持使用功能
扭曲	在 200 N 力的作用下,试件不损坏,允许有不影响使用的残余变形
开关疲劳	经≥1 万次的开关试验,试件及五金件不损坏,其固定处及玻璃压条不松脱,仍保持使用功能
角连接强度	门框≥3 000 N,门扇≥4 000 N
软物冲击	试验后无损坏,启闭功能正常
硬物冲击	试验后无损坏

注:1.无凸出把手的推拉窗不做扭曲试验;
　　2.全玻璃门不检测软、硬物体的冲击性能。

表 5-11　平开窗、平开下悬窗、上悬窗、中悬窗、下悬窗的力学性能

项目	技术要求
锁紧器(执手)的开关力	≤80 N(力矩≤10 N·m)
开关力	平合页≤80 N,摩擦铰链≥30 N、≤80 N
悬端吊重	在 300 N 力的作用下,残余变形≤2 mm,试件不损坏,仍保持使用功能

续表

项目	技术要求
翘曲	在300 N力的作用下,允许有不影响使用的残余变形,试件不损坏,仍保持使用功能
开关疲劳	经≥1万次的开关试验,试件及五金件不损坏,其固定处及玻璃压条不松脱,仍保持使用功能
大力关闭	经模拟7级风连续开关10次,试件不损坏,仍保持开关功能
角连接强度	门框≥2 000 N,门扇≥2 500 N
窗撑试验	在200 N力的作用下,只允许位移,连接处型材不破裂
开启限位装置(制动器)受力	在10 N力的作用下开启10次,试件不损坏

注:大力关闭只检测平开窗和上悬窗。

表5-12 推拉窗的力学性能

项目	技术要求
开关力	推拉窗≤100 N,上、下推拉窗≤135 N
弯曲	在300 N力的作用下,允许有不影响使用的残余变形,试件不损坏,仍保持使用功能
扭曲	在200 N力的作用下,试件不损坏,允许有不影响使用的残余变形
开关疲劳	经≥1万次的开关试验,试件及五金件不损坏,其固定处及玻璃压条不松脱,仍保持使用功能
大力关闭	经模拟7级风连续开关10次,试件不损坏,仍保持开关功能
角连接强度	门框≥22 500 N,门扇≥1 400 N

注:没有凸出把手的推拉窗不做扭曲试验。

表5-13 玻璃钢节能门窗产品的规格

产品名称	类型及规格	技术性能
耀华玻璃钢门窗	70 F系列推拉窗 300平开悬复合开启窗 800系列推拉窗 700系列平开(悬开)窗	拉伸强度:420 MPa 实际使用强度:221 MPa 热导率:0.30 W/(m·K)
房云玻璃钢门窗	70系列推拉窗 75系列推拉窗 50系列平开窗 66系列推拉门 58系列平开窗 58系列平开上悬窗	TSC70 抗风压:≤350 Pa 气密性:≥1.5 m³(m·h) 水密性:≤250 Pa 保温性能:28 W/(m²·K) 隔声:33 dB

续表

产品名称	类型及规格	技术性能
国华玻璃钢门窗	FRP 拉挤门窗	具有优异的坚固性、防腐、节能、保温性能,无膨胀、无收缩,轻质高强,无须金属加固,耐老化,使用寿命长

四、玻璃钢型材与铝合金型材、塑钢型材的性能比较

玻璃钢型材具有耐腐蚀、轻质高强、尺寸稳定性好、绝缘性优良、不导热、阻燃、美观、易保养、使用寿命长等特性,是一种制作门窗的极好材料。玻璃钢型材与铝合金型材、塑钢型材的性能比较见表5-14。

表 5-14　玻璃钢型材与铝合金型材、塑钢型材的性能比较

项目	玻璃钢型材	铝合金型材	PVC 塑钢型材
材质牌号	玻璃纤维增强塑料:是玻璃纤维浸透树脂后在牵引下通过加热模具高温固化成型	6063-T5:高温(500X)挤压成型后快速冷却及人工时效,再经阳极氧化、电泳涂漆、喷涂等表面处理	硬聚氯乙烯热塑性塑料加热:以 PVC 树脂为主要原料与其他 15 种助剂和填料混合(185×0)经挤出机挤出成型
密度/(g·cm^{-3})	1.9	2.7	1.4
抗拉强度/(N·cm^{-2})	≥420	≥157	≥50
屈服强度/(N·cm^{-2})	≥221	≥108	≥37
热膨胀系数/℃	8×10^{-6}	21×10^{-6}	85×10^{-6}
热导率/[W·(m·K)$^{-1}$]	0.30	203.5	0.43
抗老化性	优	优	良
耐热性	不变软	不变软	维卡软化温度 83 ℃
耐冷性	无低温脆性	无低温脆性	脆化温度 40 ℃
吸水性/%	不吸水	不吸水	0.8(100 ℃,24 h)
导电性	电绝缘体	良导性	电绝缘体
燃烧性	难燃	不燃	可燃
耐腐蚀性	耐潮湿、盐雾、酸雨	耐大气腐蚀性好,但应避免直接与某些其他金属接触时的电化学腐蚀	耐潮湿、盐雾、酸雨,但应避免与发烟硫酸、硝酸、丙酮、二氯乙烷、四氯化碳及甲苯等直接接触
抗风压性/Pa	3 500(Ⅰ级)	1 500～2 500(Ⅴ～Ⅰ级)	2 500～3 500(Ⅴ～Ⅳ级)
水密性/Pa	150～350(Ⅳ～Ⅱ级)	150～350(Ⅴ～Ⅳ级)	150～350(Ⅳ～Ⅱ级)

项目	玻璃钢型材	铝合金型材	PVC 塑钢型材
气密性/[m³·(m·h)⁻¹]	Ⅰ级	Ⅰ级	Ⅰ级
隔声性	优	良	优
使用寿命/年	30	20	15
防火性	防火性好	防火性好	防火性差,燃烧后释放氯气(毒气)
装饰性	多种质感色彩,装饰性好	多种质感色彩,装饰性好	单一白色,装饰性较差
耐久性	复合材料高度稳定、不老化	无机材料高度稳定、不老化	有机材料会老化
稳定性	结构形状尺寸稳定性好	结构形状尺寸稳定性好	易变形,尺寸稳定性差
保温效果	好	差	好

注:1 N/cm² =10 000 Pa。

任务三　认识铝合金节能门窗

一、铝合金门窗的特点

铝合金门窗是近年来发展起来的一种新型门窗,与普通木门窗和钢门窗相比,具有以下特点:

1. 质轻高强

铝合金是一种质量较轻、强度较高的材料,在保证使用强度的要求下,门窗框料的断面可制成空腹薄壁组合断面,从而减轻铝合金型材的质量。一般铝合金门窗质量与木门窗差不多,比钢门窗轻50%左右。

2. 密封性好

密封性能是门窗质量的重要指标。铝合金门窗和普通钢、木门窗相比,其气密性、水密性和隔声性均比较好。工程实践证明,推拉门窗要比平开门窗的密封性稍差,因此,推拉门窗在构造上加设尼龙毛条,以增加其密封性。

3. 变形性小

铝合金门窗的变形比较小,一是因为铝合金型材的刚度好,二是因为其制作过程中采用了冷连接。横竖杆件之间及五金配件的安装均是采用螺钉、螺栓或铝钉,通过角铝或其他类型的连接件,使框、扇杆件连成一个整体。铝合金门窗的冷连接与钢门窗的电焊连接相比,可以避免在焊接过程中因受热不均产生的变形现象,从而能保证制作的精度。

4. 表面美观

一是造型比较美观,门窗面积大,使建筑物立面效果简洁明亮,并增加了虚实对比,富有较强的层次感;二是色调比较美观,其门窗框料经过氧化着色处理,可具有银白色、金黄色、青铜色、古铜色、黄黑色等色调或带色的花纹,外观华丽雅致,不需要再涂漆或进行表面维修装饰。

5. 耐蚀性好

铝合金材料具有很高的耐蚀性,不仅可以抵抗一般酸碱盐的腐蚀,而且在使用中不需要涂涂料,表面不褪色、不脱落,不需要进行维修。

6. 使用价值高

铝合金门窗具有刚度好、强度高、耐腐蚀、美观大方、坚固耐用、开闭轻便、无噪声等优异性能。对于高层建筑和高档装饰工程,无论从装饰效果、正常运行、年久维修,还是从施工工艺、施工速度、工程造价等方面综合权衡,铝合金门窗的总体使用价值优于其他种类的门窗。

7. 实现工业化

铝合金门窗框料型材加工、配套零件的制作,均可在工厂内进行大批量的工业化生产,有利于实现门窗设计的标准化、产品系列化和零配件通用化,也利于推动门窗产品的商业化。

二、铝合金门窗的类型

按照结构和开启形式的不同,铝合金门窗可分为推拉门、推拉窗、平开门、平开窗、固定窗、悬挂窗、回转门、回转窗等;按照铝合金门的开启形式的不同,可分为折叠式、平开式、推拉式、平开下悬式、地弹簧式等;按照铝合金窗的开启形式不同,可分为固定式、中悬式、立转式、推拉式、平开上悬式、平开式、推拉平开式、滑轴式等。按照门窗型材截面的宽度尺寸的不同,可分为许多系列,常用的有 25 系列、40 系列、45 系列、50 系列、55 系列、60 系列、65 系列、70 系列、80 系列、90 系列、100 系列、135 系列、140 系列、155 系列、170 系列等。图 5-3 所示为 90 系列铝合金推拉窗的断面。

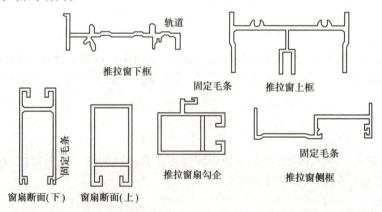

图 5-3　90 系列铝合金推拉窗的断面

铝合金门窗料的断面几何尺寸目前虽然已经系列化,但对门窗料的壁厚还没有硬性规定,而门窗料的壁厚对门窗的耐久性及工程造价影响较大。如果门窗料的板壁太薄,尽管是组合断面,也会因板壁太薄而易使表面受损或变形,也影响门窗抗风压的能力;如果门窗的板壁太厚,虽然对抗变形和抗风压有利,但投资效益会受到影响。因此,铝合金门窗的板壁厚度应当合理,不宜过厚或过薄。一般建筑装饰所用的窗料板壁厚度不宜小于 1.6 mm,门的板壁厚度不宜小于2.0 mm。

　　根据氧化膜色泽的不同,铝合金门窗料有银白色、金黄色、青铜色、古铜色、黄黑色等,其外表色泽雅致、美观、经久、耐用,在工程上多选用银白色、古铜色。氧化膜的厚度应满足设计要求,室外门窗的氧化膜应厚一些。与较干燥的内陆城市相比,沿海由于受海风侵蚀比较严重,氧化膜应稍厚一些。建筑物的等级不同,氧化膜的厚度也有所区别。因此,氧化膜厚度的确定,应根据气候条件、使用部位、建筑物等级等多方面因素综合考虑。

　　铝合金门窗的分类见表5-15;铝合金门的开启形式与代号见表5-16;铝合金窗的开启形式与代号见表5-17;铝合金门窗按性能不同分类见表5-18。

表5-15　铝合金门窗的分类

按结构与开闭方式分类	按色泽不同分类	按生产系列不同分类
推拉门、推拉窗、平开门、平开窗、固定窗、悬挂窗、回转门、回转窗等	银白色、金黄色、青铜色、古铜色、黄黑色等	35系列、42系列、50系列、54系列、60系列、64系列、70系列、78系列、80系列、90系列、100系列等

表5-16　铝合金门的开启形式与代号

开启形式	铝合金门代号	开启形式	铝合金门代号
折叠	Z	地弹簧	DH
平开	P	平开下悬	PX
推拉	T	—	—

注:1.固定部分与平开门或推拉门组合时为平开门或推拉门。

　　2.百叶门的符号为Y,纱扇门的符号为S。

表5-17　铝合金窗的开启形式与代号

开启形式	铝合金窗代号	开启形式	铝合金窗代号	开启形式	铝合金窗代号
固定	G	推拉	T	平开	P
中悬	C	平开下悬	PX	滑轴	H
立转	L	上悬	S	推拉平开	TP
滑轴平开	HP	下悬	X	—	—

注:1.固定部分与平开门或推拉门组合时为平开门或推拉门。

　　2.百叶门的符号为Y,纱扇门的符号为S。

表5-18　铝合金门窗按性能不同分类

性能项目	普通型		隔声型		保温型	
	门	窗	门	窗	门	窗
抗风压 P_3	○	◎	○	◎	○	◎

续表

性能项目	普通型		隔声型		保温型	
	门	窗	门	窗	门	窗
水密性 ΔP	○	◎	○	◎	○	◎
气密性 q_1、q_2	○	◎	◎	◎	◎	◎
保温 K	○	○	○	○	◎	◎
空气隔声 R_w	○	○	◎	○	○	○
采光 T_1	○	○	○	○	○	○
撞击	◎	○	◎	◎	◎	○
垂直荷载强度	◎	○	◎	○	◎	○
启闭力	◎	◎	◎	◎	◎	◎
反复启闭	◎	◎	◎	◎	◎	◎

注:○为选择项目;◎为必选项目。对于外推拉门和外平开门,抗风压、水密性能、气密性能为必选项目。

三、铝合金门窗的性能

铝合金门窗的性能是进行设计和施工的主要指标,主要包括气密性能、水密性能、抗风压性能、保温性能和隔声性能等。

(一)气密性能

气密性能也称为空气渗透性能,指空气透过处于关闭状态下门窗的能力。与门窗气密性有关的气候因素,主要是室外的风速和温度。在没有机械通风的条件下,门窗的渗透换气量起重要作用。不同地区的气候条件不同,建筑物内部热压阻力和楼层层数不同,致使门窗受到的风压相差很大。另外,空调房间又要求尽量减少外窗空气渗透量,于是就提出了不同气密等级门窗的要求。

(二)水密性能

水密性也称为雨水渗透性能,指在风雨同时作用下雨水透过处于关闭状态下门窗的能力。我国大部分地区对门窗的水密性要求不十分严格,对水密性要求较高的地区以台风地区为主。

(三)抗风压性能

抗风压性能是指门窗抵抗风压的性能。门窗是一种围护构件,既需要考虑长期使用过程中,在平均风压作用下,其正常功能不受影响,又必须注意在台风袭击下不遭受破坏,以免发生安全事故。

(四)保温性能

保温性能是指窗户两侧在空气存在温差的条件下,从高温一侧向低温一侧传热的性能。保温型门窗的传热系数 K 应小于 2.5 W/(m^2·K)。

（五）隔声性能

隔声性能是指隔绝空气中声波的能力。为避免外界噪声对建筑室内的侵袭,应选择安装隔声性能较好的外窗构件。隔声性能也是评价门窗质量好坏的重要指标,优良的门窗其隔声性能应当是良好的。隔声型门窗的隔声性能值不应小于 35 dB。

任务四　认识铝塑节能门窗

一、铝塑节能门窗的特点

1. 整体强度高

铝合金型材的平均壁厚达 1.4～1.8 mm,表面采用粉末喷涂技术,以保证门窗强度高、不变色、不掉色。中间隔热断桥部分采用改良的 PVC 塑芯作为隔热桥,其壁厚为 2.5 mm,强度更高。由于铝材和塑料型材都具有很高的强度,通过铝材+塑料+铝材的紧密复合,从而使铝塑门窗的整体强度更高。

2. 具有优异的隔热性能

家装中的铝合金节能门窗

由于铝塑门窗的塑料型材使用国内首创的腔体断桥技术,因此使其具有更优异的隔热性能。为了减少热量损失,铝塑门窗型材在结构上设计为六腔室,由于多腔室的结构设计,使室内(外)的热量(冷气)在通过门窗时,经过一个个腔室的阻隔作用,大大减少了热量的损失,从而保证了优异的隔热性能。

3. 具有优异的密封性能

铝塑节能门窗一般为 3 道密封设计,具有优异的密封性能。室外的一道密封胶条,增加后可以提高门窗的气密性能,但略降低水密性能;去掉后气密性能略降低,但可以提高水密性能。因此,可以根据不同地区的气候特点选择添加或不设置密封胶条。材料试验证明,专门设计的宽胶条,具有更好的密封性能。当外侧冷风吹进时,风的压力越大,宽胶条则压得越紧,从而更好地保证了门窗的密封效果。

4. 具有优异的隔声性能

铝塑门窗上镶嵌的玻璃,最低限度使用 5+12A+5 的中空节能玻璃,同时通过修改压条的宽度,可以使用 5+16A+5 及 5+12A+5+12A+5 的中空节能玻璃,从而可以更好地确保门窗的隔声降噪功能大于 35 dB。

5. 具有时尚美观的外表

铝塑门窗的两侧采用表面光滑、色彩丰富的铝材,断桥采用改良的 PVC 塑芯作为隔热材料,从而使铝塑门窗具有铝和塑料的共同优点(隔热、结实、耐用、美观);同时,可以根据设计需要,更换门窗两侧铝材的颜色,提供更大的选择空间。

6. 具有良好的抗风压性能

测试结果表明,铝塑门窗的抗风压级别可以达到国家标准《建筑外门窗气密、水密、抗风压性能检测方法》(GB/T 7106—2019)中的最高级。因此,铝塑门窗具有良好的抗风压性能。

7.门窗清洁更加方便

门窗两侧的铝合金材料,其表面采用喷涂处理,使铝型材表面清洁更容易。铝塑复合型材不易受酸碱侵蚀,几乎不用保养。表面脏污时也不会变黄褪色,可以用水加清洗剂擦洗,清洗后洁净如初。

8.具有良好的防火性能

门窗两侧的铝合金为金属材料,不燃烧,具有良好的防火性能;中间的 PVC 型材含有阻燃剂,氧指数大于36,属于阻燃材料。

二、铝塑节能门窗的性能

铝塑节能门窗的性能见表5-19。

表5-19　铝塑节能门窗的性能

门窗型号		玻璃配置(白玻)	抗风压性能 P /kPa	水密性能 ΔP /Pa	气密性能		保温性能 K /[W·(m²·K)⁻¹]	隔声性能 /dB
					q_1 /[m³·(m·h)⁻¹]	q_2 /[m³·(m²·h)⁻¹]		
H型	60系列平开窗	5+9A+5	≥4.5	≥350	≤1.5	≤4.5	2.7~2.9	≥30
		5+12A+5	≥4.5	≥350	≤1.5	≤4.5	2.3~2.6	≥32
		5+12A+5 Low-E	≥4.5	≥350	≤1.5	≤4.5	1.8~2.0	≥32
		5+12A+5+12A+5	≥4.5	≥350	≤1.5	≤4.5	1.6~1.9	≥35
		5+12A+5+12A+5 Low-E	≥4.5	≥350	≤1.5	≤4.5	1.2~1.5	≥35

任务五　认识铝包木节能门窗

一、铝包木节能门窗

铝包木节能门窗是在实木的基础上,用铝合金型材与木材通过机械方法连接而成的型材,通过特殊角连接组成的新型窗。这种门窗既能满足建筑物内外侧封门窗材料的不同要求,保留纯木门窗的特性和功能,外层铝合金又起保护作用,并且便于门窗的保养,可以在外层进行多种颜色的喷涂处理,维护建筑物的整体美。

铝包木节能门窗的最大特点是保温、节能、抗风沙。铝包木节能门窗是在实木之外又包了一层铝合金,使门窗的密封性更强,可以有效地阻隔风沙的侵袭。当酷暑难耐时,可以阻挡室外的燥热,减少室内冷气的散失;在寒冷的冬季不会出现结冰、结露,还能降噪。

铝包木节能门窗的产品规格及性能见表5-20。

表5-20　铝包木节能门窗的产品规格及性能

产品名称	产品规格	产品性能
铝包木门窗	内开内倒门窗、折叠门 内倒平移门、异形窗 上下提拉门窗、平开门窗、推拉门窗	抗风压性能:6级 空气渗透性能:4级 雨水渗透性能:4级 空气隔声量:4级 保温性能:8级
铝木复合门窗	内开内倒门窗、折叠门 内倒平移门、异形窗 上下提拉门窗、平开门窗、推拉门窗	抗风压性能:6级 空气渗透性能:5级 雨水渗透性能:4级 空气隔声量:≥4级 保温性能:≥7级
	单框双扇铝木复合窗、单框单扇铝包木窗 单框单扇木包铝复合窗 铝包木阳台门、门联窗豪华的铝包木、纯实木推拉上悬门	风压变形性能:4.5 kPa 空气渗透性能:0.5 m³/(m·h) 雨水渗透性能:>700 Pa 隔声性能:>35 dB 保温性能:1.5 W/(m²·K)

二、木包铝节能门窗

木包铝节能门窗的特点如下:

①木包铝节能门窗保温、隔热性能优异。木包铝节能门窗运用等压原理,采用空心结构密闭,提高了气密性和水密性,有效阻止了热量的传递。靠近室内一侧用木材镶嵌,再配以5+9A+5或5+12A+5的热反射中空玻璃,更进一步阻止热量在窗体上的传导,从而使窗体的传热系数 K 值达到 2.7 W/(m²·K),完全符合《建筑外门窗保温性能检测方法》(GB/T 8484—2020)中规定标准。

②窗型整体强度高。木包铝节能门窗以闭合型截面为基础,采用内插连接件配合挤压工艺组装,使窗体的机械强度高、刚性好。

③镶木选材精良。木包铝节能门窗加镶的木材,采用高档优质木材,不干裂、不变形,性能优越。

④装饰美感强。木包铝节能门窗镶嵌的木材质地细腻,纹理样式丰富多样。外观采用流线形设计,加配圆弧扣条,门型、窗型自然秀丽,淳朴典雅。根据室内装饰要求,包10 mm厚原木,与室内装饰浑然一体。

木包铝节能门窗广泛应用于各类工业和民用建筑。

木包铝节能门窗的性能见表5-21。

表 5-21　木包铝节能门窗的性能

性能项目		J 型(60 系列平开窗)
玻璃配置(白色)		5+12A+5
抗风压性能 P/kPa		3.5
水密性能 AP/Pa		≥500
气密性能	q_1/$[m^3 \cdot (m \cdot h)^{-1}]$	≤0.5
	q_2/$[m^3 \cdot (m^2 \cdot h)^{-1}]$	—
保温性能 K/$[W \cdot (m^2 \cdot K)^{-1}]$		2.7
空气声隔声性能/dB		2.7

注:J 型是根据北京东亚有限公司检测资料编制的;表中所列性能检测的生产厂家仅为实例,并非指定采用该厂家的产品。

沙场练兵

简答题

1. 简述塑料门窗的特点。

2. 塑料门窗的气密性和水密性对保温、隔热、节能有什么实际意义?

3. 塑料门为什么是公认的优良安全建筑材料?

4. 玻璃钢即玻璃纤维增强材料,具有哪些优点?

5. 玻璃钢为什么是一种制作门窗的极好材料?

6. 分析玻璃钢节能门窗的节能效果,关键体现在哪些方面?

7. 讨论铝合金门窗、玻璃钢节能门窗、塑料门窗的各自优势,在保温、隔热方面你认为应该淘汰哪种门窗?

8. 铝塑节能门窗有什么特点?它值得推广吗?

9. 硬聚氯乙烯型材的物理性能和力学性能指标具体包括哪些?

10. 铝包木节能门窗和木包铝节能门窗的做法上有哪些差异?其特点有何不同?

项目六　建筑节能玻璃

　　传统的玻璃应用在建筑物上主要是采光,随着建筑物门窗尺寸的加大,人们对门窗的保温隔热要求也相应地提高。节能装饰型玻璃是集节能性和装饰性于一体的玻璃,因此能满足这一需求。节能装饰型玻璃不仅具有令人赏心悦目的外观色彩,还具有对光和热的吸收、透射和反射能力,用在建筑物的外墙窗玻璃幕墙上,可以起到显著的节能效果,现已广泛应用在各种高级建筑物上。

　　由上述可知,节能玻璃一般应具备两个节能特性,即保温性和隔热性。大力推广和科学利用节能玻璃,已成为建筑节能的重要内容。

【案例导入】

　　位于上海浦东新区陆家嘴的上海中心大厦,标高 632 m,是中国的第一高楼,也是世界第二高楼。这座大厦的观光厅、外墙和内部隔断采用独特的双层夹层玻璃设计,不仅增强了安全性,还形成了一个温度缓冲区,即"热水瓶"效应,相比传统的单层玻璃幕墙,可以降低50%的采暖和制冷能耗。

【知识目标】

1. 理解建筑节能玻璃的基本原理,包括隔热、保温、防紫外线等方面的知识;

2. 掌握不同类型的建筑节能玻璃,如单层玻璃、夹层玻璃、中空玻璃等,以及它们的特点和适用场景;

3. 了解建筑节能玻璃的性能指标和评价方法,如热传导系数、紫外线透过率、可见光透过率等;

4. 了解建筑节能玻璃的安装、调试和维护方法,以及常见问题的处理方式。

【技能目标】

1. 能根据建筑设计要求,选择合适的节能玻璃,包括尺寸、材料、型号等;

2. 具备正确使用工具和设备进行建筑节能玻璃的安装和调试的技能;

3. 能进行建筑节能玻璃的性能测试和评估,如热工性能测试、紫外线透过率测试等。

【职业素养目标】

1. 具备安全意识和责任心,确保施工安全,严格遵守安全规定;

2. 具备团队合作和沟通能力,与团队协作完成建筑节能玻璃工程;

3. 具备解决问题和应对挑战的能力,能够在施工过程中处理各种常见问题和突发情况;

4. 持续学习,不断更新专业知识;

5. 增强环保意识,推广绿色建筑和节能减排的理念,促进可持续发展。

任务一　了解建筑节能玻璃的分类

一、镀膜节能玻璃

由于玻璃的成分和厚度不同,普通透明玻璃的可见光透过率为80%～85%,太阳辐射能的反射率一般为13%,透过率约为87%。在实际生活中,夏天射入室内的阳光让人感到刺眼、灼热和不适,也会造成空调设备的能量消耗增大;在寒冷地区的冬天,又会有大量的热能通过门窗散失,实测表明采暖热能的40%～60%都是由门窗处散发出去的。

如何采取有效措施减弱射入室内的阳光强度,使射入的光线比较柔和舒适;如何降低玻璃太阳能的透过率,以便降低空调设备的能量消耗;如何减少冬天室内热能从门窗散失,以提高采暖的效能。为解决上述问题,人们在普通玻璃的表面镀上一层薄膜,赋予玻璃各种新的性能,如提高太阳能及辐射能的反射率和远红外辐射的反射率等。

我国对现代镀膜玻璃的研究始于1985年,秦皇岛玻璃研究院等单位开始研究硅甲烷分解和气相镀膜技术,1991年完成工业性试验并开始推广应用。1987年中国建材研究院开始研究固体粉末喷涂法,于1993年在秦皇岛浮法玻璃工业性试验基地进行工业化试验。1997

年长春新世纪纳米技术研究所运用"胶体化学原理",从液体里生产纳米粒子,并采用溶胶凝胶法成膜工艺在平板玻璃上双面成膜。2001 年,由武汉理工大学与湖北宜昌三峡新型建材股份有限公司联合研究开发,采用溶胶凝胶工艺技术生产出光催化自洁净玻璃。

(一)镀膜节能玻璃的定义及分类

1.镀膜节能玻璃的定义

镀膜节能玻璃(Reflective Glass)也称为反射玻璃。它是在玻璃表面涂镀一层或多层金属、金属化合物或其他物质,或者把金属离子迁移到玻璃表面层的产品。玻璃的镀膜改变了玻璃的光学性能,利用玻璃对光线、电磁波的反射率、折射率、吸收率及其他表面性质,从而满足玻璃表面的某种特定要求。

2.镀膜节能玻璃的分类

随着镀膜生产技术的日臻成熟,镀膜节能玻璃可以按生产环境不同、生产方法不同和使用功能不同进行分类。按生产环境可分为在线镀膜节能玻璃和离线镀膜节能玻璃;按生产方法可分为化学涂镀法镀膜节能玻璃、凝胶浸镀法镀膜节能玻璃、CVD(化学气相沉积)法镀膜节能玻璃和 PVD(物理气相沉积)法镀膜节能玻璃等;按使用功能可分为阳光控制镀膜节能玻璃、Low-E 玻璃、导电膜玻璃、自洁净玻璃、电磁屏蔽玻璃、吸热镀膜节能玻璃等。

(二)阳光控制镀膜玻璃

1.阳光控制镀膜玻璃的定义和原理

阳光控制镀膜玻璃又称为热反射镀膜玻璃,也就是通常所说的镀膜玻璃,一般是指具有反射太阳能作用的镀膜玻璃。阳光控制镀膜玻璃是通过在玻璃表面镀覆金属或金属氧化物薄膜,以达到大量反射太阳辐射热和光的目的,因此热反射镀膜玻璃具有良好的遮光性能和隔热性能。

阳光控制镀膜玻璃的种类按颜色不同划分,有金黄色、珊瑚黄色、茶色、古铜色、灰色、褐色、天蓝色、银色、银灰色、蓝灰色等;按生产工艺不同划分,有在线镀膜和离线镀膜两种,在线镀膜以硅质膜玻璃为主;按膜材不同划分,有金属膜、金属氧化膜、合金膜和复合膜等。

阳光控制镀膜玻璃之所以能节能,是因为它能把太阳的辐射热反射和吸收,从而调节室内的温度,减轻制冷和采暖装置的负荷;与此同时,由于它的镜面效果而赋予建筑以美感,从而起到节能和装饰的作用。

阳光控制镀膜玻璃的节能原理:在玻璃表面涂敷一层或多层铜、铬、钛、钴、银、铂等金属单体或金属化合物薄膜,或者把金属离子注入玻璃的表面层,使之成为着色的反射玻璃。

2.阳光控制镀膜玻璃的性能与标准

阳光控制镀膜玻璃的检测,一般应采用现行国家标准《镀膜玻璃　第 1 部分:阳光控制镀膜玻璃》(GB/T 18915.1—2013)和美国标准《玻璃上的热解和真空淀积涂层的标准规范》(ASTM C1376—21a)。根据《镀膜玻璃　第 1 部分:阳光控制镀膜玻璃》(GB/T 18915.1—2013)中的规定,阳光控制镀膜玻璃的性能指标主要有化学性能、物理性能和光学性能。化学性能包括耐酸性和耐碱性;物理性能包括外观质量、颜色均匀性和耐磨性等;光学性能包括可见光透射比、可见光反射比、太阳光直接透射比、太阳光反射比、太阳能总透射比、紫外线透射比等。

3. 阳光控制镀膜玻璃的特点和用途

阳光控制镀膜玻璃与其他玻璃相比,具有以下特点和用途:

①太阳光反射比较高、遮蔽系数小、隔热性较高。阳光控制镀膜玻璃的太阳光反射比为10% ~40%(普通玻璃仅7%),太阳光总透射比为20% ~40%(电浮法为50% ~70%),遮蔽系数为0.20 ~0.45(电浮法为0.50 ~0.80)。因此,阳光控制镀膜玻璃具有良好的隔绝太阳辐射能的性能,可确保炎热夏季室内温度稳定,并可以大大降低制冷空调能耗。

②具有良好的镜面效应与单向透视性。阳光控制镀膜玻璃的可见光反射比为10% ~40%,透射比为8% ~30%(电浮法为30% ~45%),从而使阳光控制镀膜玻璃具有良好的镜面效应与单向透视性。阳光控制镀膜玻璃较低的可见光透射比避免了强烈的日光,使光线变得比较柔和,能起到防止眩目的作用。

③具有较高的化学稳定性。试验结果表明,在浓度5%的盐酸或5%的氢氧化钠中浸泡24 h后,膜层的性能不会发生明显的变化。

④具有较高的耐洗刷性能,可以用软纤维或动物毛刷任意进行洗刷,洗刷时可使用中性或低碱性洗衣粉水。

由于阳光控制镀膜玻璃具有良好的隔热性能,因此在建筑工程中获得广泛应用。阳光控制镀膜玻璃多用来制成中空玻璃或夹层玻璃。如用阳光控制镀膜玻璃与透明玻璃组成带空气层的隔热玻璃幕墙,其遮蔽系数仅为0.1,热导率约为1.74 W/(m·K),比一砖厚两面抹灰的砖墙保暖性能还好。

二、中空节能玻璃

现代建筑的趋势是采用大面积玻璃甚至玻璃墙体,但单片玻璃在采光、减重、美观方面的优点却掩盖不住其采暖、制冷耗能大的缺点,中空玻璃是解决这一矛盾的重要途径。

(一)中空玻璃的定义、作用和分类

1. 中空玻璃的定义

国家标准《中空玻璃》(GB/T 11944—2012)对中空玻璃的定义为:两片或多片玻璃以有效支撑均匀隔开并周边黏结密封,使玻璃层间形成有干燥气体空间的制品。这个定义包括4个方面的含义:一是中空玻璃由两片或多片玻璃构成;二是中空玻璃的结构是密封结构;三是中空玻璃空腔中的气体必须是干燥的;四是中空玻璃内必须含有干燥剂。

2. 中空玻璃的作用

中空玻璃的最大优点是节能与环保,主要表现在以下3个方面:一是由于玻璃之间空气层的热导率很低,仅为单片玻璃热交换量的2/3,因此具有明显的保温节能作用;二是由于中空玻璃的保温性能好,内外两层玻璃的温差尽管比较大,干燥的空气层不会使外层玻璃表面结露,因此具有良好的防结露作用;三是试验证明,一般中空玻璃可以降低噪声30 ~40 dB,因此具有良好的隔声作用。

3. 中空玻璃的分类

中空玻璃按中空腔不同可分为双层中空玻璃和多层中空玻璃。双层中空玻璃是由两片平板玻璃和一个空腔构成的;多层中空玻璃是由多片玻璃和两个以上中空腔构成的。中空腔

越多,隔热和隔声效果就越好,其制造成本也相应增加。按生产方法不同可分为熔接中空玻璃、焊接中空玻璃和胶接中空玻璃 3 种。

在建筑工程中,中空玻璃常按制作方法和功能不同进行分类,一般可分为普通中空玻璃、功能复合中空玻璃和点式多功能复合中空玻璃。

普通中空玻璃是由两片普通浮法玻璃原片组合而成的,玻璃之间有充填了干燥剂的铝合金隔框,铝合金隔框与玻璃间用丁基胶粘接密封后再用聚硫胶或结构胶密封,使玻璃之间的空气高度干燥。中空玻璃内的密封空气,在铝框内填充的高效分子筛吸附剂作用下,成为热导率很低的干燥空气,从而构成一道隔热、隔声屏障。若在该空间中充入惰性气体,还可进一步提高产品的隔热、隔声性能。

功能复合中空玻璃用两层或多层钢化、夹层、双钢化夹层及其他加工玻璃组合而成,在强调保温、隔热、节能的基础上,增加安全性能和使用期限。该种玻璃可广泛用于大型建筑的外墙、门窗、天顶,降低建筑能耗,实现安全、环保和节能的目的。功能复合中空玻璃特别适合在高档场所或特殊区域(寒冷、噪声大、不安全)使用。

根据钢化玻璃、钢化夹层玻璃特点,将不同种类的安全玻璃基片,按照点式玻璃幕墙的作业标准,运用特殊工艺、特殊材料制成点式多功能复合中空玻璃。

(二)中空玻璃的隔热原理及失效原因

1. 中空玻璃的隔热原理

能量的辐射传递是通过射线以辐射的形式进行传递的,这种射线包括可见光、红外线和紫外线等的辐射。如果合理配置玻璃原片和合理的中空玻璃间隔层厚度,可以最大限度地降低能量通过辐射形式传递,从而减少能量损失。

能量的对流传递是由于在玻璃两侧具有温度差,从而产生空气对流而造成能量的损失。因为中空玻璃的结构是密封的,空气层中的气体是干燥的,所以不能形成对流传递,从而可避免或降低能量的对流损失。

能量的传导传递是通过物体分子的运动带动能量进行传动的,从而达到传递的目的。普通玻璃的热导率约为 0.75 W/(m·K),而空气的热导率为 0.028 W/(m·K),热导率很低的空气夹在玻璃之间并加以密封,这是中空玻璃隔热的最主要原因。

2. 中空玻璃的失效原因

若中空玻璃的间隔层内出现结露或露点上升,表明中空玻璃出现失效。长期结露会使中空玻璃内表面发生霉变或析碱,产生不规则的白斑,严重影响玻璃的外观质量和节能功能。中空玻璃失效的主要原因有以下几个方面:

①玻璃表面清洗不合格,导致密封胶与玻璃接触不严密而存在毛细小孔,在间隔层内外压差或湿度差的作用下,空气中的水蒸气沿玻璃壁进入间隔层,使中空玻璃间隔层中的含水量增加,从而导致中空玻璃失效。

②密封和固定玻璃的丁基胶宽度、厚度处理不当,使中空玻璃的第一道密封不起作用,在间隔层内外压差或湿度差的作用下,空气中的水蒸气透过密封胶进入中空玻璃间隔层中,从而导致中空玻璃失效。

③在制作固定玻璃的外框时,对各接缝处理不符合规范要求,在间隔层内外压差或湿度差的作用下,空气中的水蒸气沿密封胶薄弱处进入中空玻璃间隔层中,从而导致中空玻璃

失效。

④中空玻璃压片后因压片效果不好,局部出现丁基胶虚接或回弹,造成丁基胶密封失败或密封效力不足,导致在间隔层内外压差或湿度差的作用下,空气中的水蒸气沿玻璃壁进入中空玻璃间隔层中,从而导致中空玻璃失效。

⑤在进行密封胶的操作过程中,因挤压不实而使胶体上存在微细毛孔,在间隔层内外压差或湿度差的作用下,空气中的水蒸气沿玻璃壁进入中空玻璃间隔层中,从而导致中空玻璃失效。

⑥干燥剂的剩余吸附能力低。中空玻璃干燥剂的剩余吸附能力是指干燥剂被密封于间隔层之后所具有的吸附能力。铝框长期暴露在空气中,会极大地消耗干燥剂的吸附能力,从而使干燥剂的剩余吸附能力降低,使中空玻璃使用寿命缩短而逐渐失效。

(三)中空玻璃在建筑工程中的应用

在建筑工程中使用中空玻璃首先应注重它的使用功能:一是保温隔热效果;二是隔声效果;三是防结露效果。因此,中空玻璃适用于有恒温要求的建筑物,如住宅、办公楼、医院、旅馆、商店等。在建筑工程中,中空玻璃主要用于需要采暖、需要空调、防止噪声、防止结露及需要无直射阳光等的建筑物中。

按节能要求使用中空玻璃时,应注意以下4个方面:

①使用间隔层中充入隔热气体的中空玻璃。在中空玻璃间隔层中充入隔热气体,可以大大提高节能效率,通常是充入氩气,不仅可以减少热传导损失,还可以减少对流损失。

②使用低传导率的间隔框中空玻璃。中空玻璃的间隔框是造成热量流失的关键环节。应用低热导率的间隔框中空玻璃,其好处是可以提高中空玻璃内玻璃底部表面的温度,以便更有效地减少在玻璃表面的结露。

③使用节能玻璃为基片的中空玻璃。根据不同地区、不同朝向选择不同的节能玻璃作为中空玻璃制作基片,如 Low-E 玻璃、阳光控制镀膜玻璃、夹层玻璃等。

④使用隔热性能好的门窗框材料。门窗框材料是整个门窗能量流失的关键因素,中空玻璃的节能效果关键在于与之配套的门窗框材料,应选择能够最低限度减少热传导损失的材料。

三、吸热节能玻璃

吸热节能玻璃是一种能够吸收大量红外线辐射能,并保持较高可见光透过率的平板玻璃。生产吸热节能玻璃的方法有两种:一种是在普通钠钙硅酸盐玻璃的原料中加入一定量的有吸热性能的着色剂;另一种是在平板玻璃表面喷镀一层或多层金属或金属氧化物薄膜制成的。

(一)吸热节能玻璃的定义和分类

吸热节能玻璃可产生冷房效应,大大节约冷气的能耗。吸热节能玻璃的生产是在普通钠-钙硅酸盐玻璃中加入适量的着色氧化剂,如氧化铁、氧化镍、氧化钴等,使玻璃带色并具有较高的吸热性能;也可在玻璃表面喷涂氧化锡、氧化镁、氧化钴等有色氧化物薄膜制成。

吸热节能玻璃按颜色不同主要有茶色、灰色、蓝色、绿色等,另外还有古铜色、青铜色、粉红色、金色和棕色等。按组成成分不同,主要有硅酸盐吸热玻璃、磷酸盐吸热玻璃、光致变色吸热玻璃;按生产方法不同,可分为基体着色吸热玻璃、镀膜吸热玻璃。

(二)吸热节能玻璃的特点和节能原理

1. 吸热节能玻璃的主要特点

吸热节能玻璃具有以下特点:

①吸收太阳的辐射热,具有明显的隔热效果。玻璃的颜色和厚度不同,对太阳的辐射热吸收程度也不同,如 6 mm 厚的蓝色吸热节能玻璃,可以挡住 50% 左右的太阳辐射热。

②吸收太阳的可见光比普通玻璃吸收可见光的能力要强。如 6 mm 厚的普通玻璃能透过太阳光的 78%,而同样厚的古铜色吸热节能玻璃仅能透过太阳光的 26%。这样不仅使光线变得柔和,而且能有效地改善室内色泽,使人感到凉爽舒适。

③吸收太阳的紫外线。试验证明:吸热节能玻璃不仅能吸收太阳的红外线,而且能吸收太阳的紫外线,可显著减少紫外线照射对人体的伤害。

④具有良好的透明度。吸热节能玻璃不仅能吸收红外线和紫外线,而且还具有良好的透明度,对观察物体颜色的清晰度没有明显影响。

⑤玻璃色泽经久不变。吸热节能玻璃中引入无机矿物颜料作为着色剂,这种颜料的性能比较稳定,可达到经久不褪色的要求。

⑥虽然吸热节能玻璃的热阻性优于镀膜玻璃和普通透明玻璃,但由于其二次辐射过程中向室内放出的热量较多,吸热和透光经常是矛盾的,因此吸热玻璃的隔热功能受到一定限制。

2. 吸热节能玻璃的节能原理

玻璃节能与以下 3 个方面有关:

①由外面大气和室内空气温度的温差引起的通过外墙和窗户玻璃等传热的热量;

②通过外墙和窗户等的日照热量;

③室内产生的热量。

吸热玻璃的节能作用是能使采光所需的可见光透过,限制携带热量的红外线通过,从而降低进入室内的日照热量。吸热节能玻璃分光透过率曲线如图 6-1 所示。

由于吸热节能玻璃具有吸收红外线的性能,能够衰减 20% ~ 30% 的太阳能入射,从而降低进入室内的热能,在夏季可以降低空调的负荷,在冬季吸收红外线而使玻璃自身温度升高,从而达到节能效果。

(三)吸热节能玻璃的应用

1. 应用吸热节能玻璃的注意事项

为合理使用吸热节能玻璃,在设计、安装和使用吸热节能玻璃时,应注意以下事项:

①吸热节能玻璃越厚,颜色就越深,吸热能力就越强。在进行吸热节能玻璃设计时,应注意不能使玻璃的颜色暗到影响室内外颜色的分辨,否则会对人的眼睛造成不适,甚至会影响人体的健康。

②使用吸热节能玻璃时,一定要按规范进行防炸裂设计,并按设计要求选择玻璃。吸热节能玻璃容易发生炸裂,当玻璃越厚吸热能力就越强,发生炸裂的可能性就越大。吸热节能玻璃的安装结构应当是防炸裂结构的。

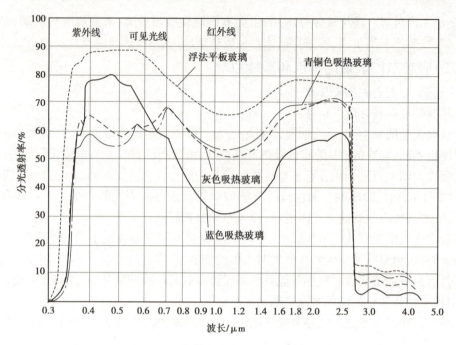

图6-1　吸热节能玻璃分光透过率曲线

③吸热节能玻璃的边部最好进行细磨,尽量减小缺陷,因为这种缺陷是造成热炸裂的主要原因。在没有条件做到这一点时,在现场切割玻璃后,一定要对其边部进行修整。

④在使用过程中,注意不要让空调的冷风直接直吹吸热节能玻璃,不要在吸热节能玻璃上涂刷涂料或标语。另外,不要在靠近吸热节能玻璃的表面处安装窗帘或摆放家具。

2. 吸热节能玻璃的选择和应用

实际上,对吸热节能玻璃的色彩选择,也就是对玻璃工程装饰效果的选择,这是建筑美学涉及的问题,一般由建筑美学设计者根据建筑物的功能、造型、外墙材料、周围环境及所在地等综合考虑确定。

对于吸热镀膜玻璃,其吸收率取决于薄膜及玻璃本身的色泽,常见的基体着色玻璃品种一般不超过 10 个,而在吸热节能玻璃上的镀膜品种则很多。但是基体着色玻璃具有很好的抗变色性,价格也比镀膜吸热玻璃低,因此,只要基体着色玻璃的装饰色彩能够满足设计要求,就应优先选用。

吸热节能玻璃既能起到隔热和防眩的作用,又可营造一种凉爽气氛。在南方炎热地区非常适合使用吸热节能玻璃,但在北方大部分地区不适合选用吸热节能玻璃。吸热节能玻璃慎用的主要原因有以下 4 个方面:

①吸热节能玻璃的透光性比较差,通常能阻挡 50% 左右的阳光辐射,本应起到杀菌、消毒、除味作用的阳光,由于吸热玻璃对阳光的阻挡,不能起到上述作用。

②阳光通过普通玻璃时,人们接收的是全色光,但通过吸热节能玻璃时则不然,会被吸收掉一部分色光。长期生活在波长较短的光环境中,会使人的视觉分辨力下降,甚至造成精神异变和性格扭曲。特别是对幼儿的危害更大,容易造成视力发育不全。

③在夏季,许多门窗都安装有纱网,其透光率大约为 70%,如果再加上吸热节能玻璃,其透光率仅为 35%,很难满足室内采光的要求。

④吸热节能玻璃吸取阳光中的红外线辐射,其自身温度升高,与边部的冷端之间形成温度梯度,从而造成非均匀性膨胀,形成较大的热应力,进而使玻璃薄弱部位发生裂纹而"热炸裂"。

(四)吸热节能玻璃的炸裂

1.吸热节能玻璃的炸裂机理

当吸热节能玻璃安装在建筑上后,玻璃在阳光的照射下吸收太阳光中的部分热量,使玻璃自身的温度升高,由于玻璃的外部约束使玻璃升温所产生的膨胀不能自由地发生,或者由于玻璃板面内接受光照的情况不同,或者由于玻璃板面内散热的情况不同,都将使玻璃内部形成应力,这种应力称为热应力。当热应力超过吸热节能玻璃的抗拉强度时,就会造成玻璃热炸裂的发生。

经验证明,热炸裂通常不发生在热带,而是发生在寒带或温带的朝东朝南安装的玻璃,而且是早晨和上午炸裂得最多,这是由环境温度较低、玻璃吸收红外辐射后容易与边部形成较大的温度梯度造成的。

2.吸热节能玻璃的炸裂因素

吸热节能玻璃的热炸裂是一个多因素问题,受到玻璃自身性能和外部环境条件的复杂影响。玻璃自身造成热炸裂的因素有 3 个,即热物理性能、力学性能和缺陷大小与分布。外部条件对玻璃热炸裂的影响有 3 类,即太阳辐射、外加荷载和设计因素。一般情况而言,造成吸热节能玻璃热炸裂的主要因素有以下 3 种:

①玻璃本身对红外线的吸收率是导致热炸裂的关键因素。

②玻璃的板面尺寸越大,受热膨胀后的变形也越大,形成的约束力也越大,相应地,造成更大热应力,从而增加热炸裂的概率。同时,板面尺寸越大,越容易受到其他荷载的更大叠加效应。

③玻璃边部的加工质量。玻璃炸裂一般从玻璃边部开始,当玻璃边部存在缺陷时,将极大地降低玻璃的抗拉强度。玻璃边部加工缺陷越严重,其产生的拉应力也越大。

3.防止吸热节能玻璃的炸裂措施

防止吸热玻璃产生热炸裂,关键在于避免玻璃表面上产生过大的温差。如果温差不大,就不会出现热应力,也就不可能引起热炸裂。具体措施主要有:一是选择能经受一定温度差的玻璃,如硼硅酸盐玻璃;二是在加工和安装玻璃时,避免使玻璃周边出现缺陷;三是使用密封性良好的弹性密封缝材料,以及隔热性良好的垫块材料;四是不要让玻璃内侧的窗帘、百叶窗及其他遮蔽物紧靠玻璃;五是避免在玻璃上粘贴纸或涂刷涂料;六是避免某些热源靠近玻璃造成局部升温。

四、真空节能玻璃

真空节能玻璃是两片平板玻璃中间由微小支撑物将其隔开,玻璃四周用钎焊材料加以封边,通过抽气口将中间的气体抽至真空,然后封闭抽气口保持真空层的特种玻璃。

真空节能玻璃是受到保温瓶的启示而研制的。1913 年世界上第一个平板真空玻璃专利发布,科学家们相继进行了大量的探索,使真空玻璃技术得到较快发展。1998 年我国建立真空玻璃研究所,随后研究的实用成果获得国家专利。2004 年拥有自主知识产权的真空玻璃,通过了中国建材工业协会的科技成果鉴定,并开始在国内推广应用,同时得到了欧美同行的认可。

(一)真空节能玻璃的特点和原理

1. 真空节能玻璃的特点

①具有比中空玻璃更好的隔热、保温性能。其保温性能是中空玻璃的 2 倍,是单片普通玻璃的 4 倍。

②由于真空节能玻璃具有高热阻和更好的防结露、结霜性能,在相同湿度条件下,其结露温度更低,这对严寒地区的冬天采光极为有利。

③具有良好的隔声性能。在大多数声波频段,特别是中低频段,真空节能玻璃的防噪声性能优于中空玻璃。

④具有更好的抗风压性能。在同样面积、厚度条件下,真空节能玻璃的抗风压性能等级明显高于中空玻璃。

⑤具有持久、稳定、可靠的特性。在参照中空玻璃拟定的环境和寿命试验进行的紫外线照射试验、气候循环试验、高温高湿试验中,真空节能玻璃内的支撑材料的寿命可达 50 年以上,高于其使用的建筑寿命。

⑥最薄只有 6 mm,现有住宅窗框拆卸即可安装,并可减少窗框材料,减轻窗户和建筑物自重。

⑦属于玻璃深加工产品,其加工过程对水质和空气不产生任何污染,并且不产生噪声,对环境没有任何有害影响。

2. 真空节能玻璃的隔热原理

真空节能玻璃隔热原理比较简单,可将其看作平板形的保温瓶。真空节能玻璃之所以能够节能,一是玻璃周边密封材料的作用和保温瓶瓶塞的作用相同,都能阻止空气的对流作用,因此,真空双层玻璃的构造最大限度地隔绝了热传导;两层玻璃夹层为气压低于 10^{-1} Pa 的真空,使气体传热可忽略不计。二是内壁镀有 Low-E 膜,可大大降低辐射热。

研究表明,用两层 3 mm 厚的玻璃制成的真空玻璃,与普通的双层中空玻璃对比,在一侧为 50 ℃的高温条件下,真空玻璃的另一侧表面与室温基本相同,而普通双层中空玻璃的另一侧烫手。这就充分说明真空节能玻璃具有良好的隔热性能,其节能效果是非常显著的。

(二)真空节能玻璃的结构和品种

1. 真空节能玻璃的结构

真空节能玻璃是一种新型玻璃深加工产品,是将两片玻璃板洗净,在一片玻璃板上放置线状或格子状支撑物,然后再放上另一片玻璃板,将两片玻璃板的四周涂上玻璃钎焊料。在适当位置开孔,用真空泵抽真空,使两片玻璃板间腔的真空压力达到 0.001 mmHg,即形成真空节能玻璃。

真空节能玻璃中心部位传热由辐射传热、支撑物传热和残余气体传热 3 部分构成,而中空玻璃则由气体传热(包括传导和对流)和辐射传热构成。要减小因温差引起的传热,真空节能玻璃和中空玻璃都要减小辐射传热,最有效的方法是采用 Low-E 玻璃,在兼顾其他光学性能要求的条件下,膜的辐射率越低越好。真空节能玻璃不但要确保残余气体传热小到可忽略的程度,还要尽可能地减小支撑物的传热。中空玻璃则要尽可能地减少气体传热。

2.真空节能玻璃的品种

真空玻璃的组成结构不同形成了不同性能的真空玻璃品种,真空玻璃与另一块玻璃组合成中空玻璃,则称为超级中空玻璃。

(三)真空节能玻璃的性能和应用

1.真空节能玻璃的主要性能

真空节能玻璃的主要性能有隔热性能、防结露性能、隔声性能、耐久性能、抗风压性能等。

(1)隔热性能

真空节能玻璃的真空层消除了热传导,若再配合采用 Low-E 玻璃,还可以减少辐射传热,因此,与中空玻璃相比,真空节能玻璃的隔热保温性能更好。

(2)防结露性能

由于真空节能玻璃的隔热性能好,室内一侧玻璃表面温度不容易下降,因此即使室外温度很低也不容易出现结露。

(3)隔声性能

材料试验证明,真空节能玻璃在大部分音域都比间隔 6 mm 的中空玻璃隔声性能好,可使噪声降低 30 dB 以上。

(4)耐久性能

真空节能玻璃是一种全新的产品,目前国内外还没有耐久性相应的测试标准,也没有相应的测试方法,暂时参照中空玻璃国家标准中关于紫外线照射、气候循环、高温高湿度的试验方法进行测试,同时参照国家标准《绝热材料稳态热阻及有关特性的测定　防护热板法》(GB/T 10294—2008)中的规定,以真空节能玻璃热阻的变化来考查其环境适应性。

(5)抗风压性能

真空节能玻璃中的两片玻璃通过支撑物牢固地压在一起,具有与同等厚度的单片玻璃相近的刚度,在一般情况下,真空节能玻璃的抗风压能力是中空玻璃的 1.5 倍。

2.真空节能玻璃的工程应用

真空节能玻璃具有优异的保温隔热性能,其性能指标明显优于中空玻璃,一片只有 6 mm 厚的真空节能玻璃隔热性能相当于 370 mm 的实心黏土砖墙,隔声性能可达到五星级酒店的静音标准,可将室内噪声降至 45 dB 以下,相当于四砖墙的水平。由于真空节能玻璃隔热性能优异,在建筑上应用可达到节能和环保的双重效果。

五、新型节能玻璃

目前,在建筑工程中,已开始推广应用的新型节能玻璃有夹层节能玻璃、Low-E 节能玻璃、变色节能玻璃和"智能玻璃"等。

(一)夹层节能玻璃

1.夹层节能玻璃的定义和分类

(1)夹层节能玻璃的定义

夹层节能玻璃是由两片及以上的平板玻璃用透明的黏结材料牢固黏合而成的制品。夹层玻璃具有很高的抗冲击和抗贯穿性能,在受到冲击破碎时,无论是垂直安装还是倾斜安装,均能抵挡意外撞击的穿透。一般情况下,夹层玻璃不仅具有良好的节能功能,还能保持一定的可见度,从而起到节能和安全的双重作用。因此,夹层节能玻璃又称为夹层节能安全玻璃。

制作夹层节能玻璃的原片,既可以是普通平板玻璃,也可以是钢化玻璃、半钢化玻璃、吸热玻璃、镀膜玻璃、热弯玻璃等。中间层有机材料最常用的是聚乙烯醇缩丁醛(Polyvingl Butyral,PVB),也可以用甲基丙烯酸甲酯、有机硅、聚氨酯等材料。

(2)夹层节能玻璃的分类

夹层节能玻璃的种类繁多,按生产方法不同可分为干法夹层玻璃和湿法夹层玻璃;按产品用途不同可分为建筑、汽车、航空、保安、防范、防火及窥视夹层玻璃等;按产品的外形不同可分为平板夹层玻璃和弯曲夹层玻璃(包括单曲面和双曲层)。

2. 夹层节能玻璃的主要性能

夹层节能玻璃是一种多功能玻璃,不仅具有透明、机械强度高、耐热、耐湿、耐寒等特点,而且具有安全性好、隔声、防辐射和节能等优良性能。与普通玻璃相比,其在安全性能、保安性能、隔热性能和隔声性能方面更加突出。

(1)安全性能

夹层节能玻璃具有良好的破碎安全性,一旦玻璃遭到破坏,其碎片仍与中间层粘在一起,这样就可以避免因玻璃掉落造成的人身伤害或财产损失。

材料试验证明,在同样厚度的情况下,夹层玻璃的抗穿透性优于钢化玻璃。夹层玻璃具有结构完整性,在正常负载的情况下,夹层玻璃的性能基本与单片玻璃性能接近,但在玻璃破碎时,夹层玻璃则有明显的完整性,很少有碎片掉落。

(2)保安性能

由于夹层节能玻璃具有优异的抗冲击性和抗穿透性,因此在一定时间内可以承受砖块等的撞击,通过增加PVB胶片的厚度,还能大大提高防穿透的能力。试验表明,仅从一面无法将夹层玻璃切割开来,这样也可防止用玻璃刀破坏玻璃。

PVB夹层玻璃非常坚韧,即使盗贼将玻璃敲裂,由于中间层与玻璃牢牢地黏附在一起,仍可保持整体性,使盗贼无法进入室内。

(3)防紫外线性能

夹层节能玻璃中间层为聚乙烯醇缩丁醛树脂薄膜,能吸收掉99%以上的紫外线,从而保护了室内家具、塑料制品、纺织品、地毯、艺术品、古代文物或商品免受紫外线辐射而发生的褪色和老化。

(4)隔热性能

夹层玻璃通过改进隔热中间膜,可以制成夹层节能玻璃。经试验证明,PVB薄膜制成的建筑夹层玻璃能有效减少太阳光的透过。在同样厚度的情况下,若采用深色低透光率PVB薄膜制成的夹层玻璃,其阻隔热量的能力更强,从而可达到节能的目的。

(5)隔声性能

隔声性能是夹层玻璃的一个重要性能。控制噪声的方法有两种:一种是通过反射的方法隔离噪声,即改变声的传播方向;另一种是通过吸收的方法衰减能量,即吸收声音的能量。夹层玻璃是采用吸收能量的方法来控制噪声,特别是位于机场、车站、闹市及道路两侧的建筑物在安装夹层玻璃后,其隔声效果十分明显。

3. 夹层节能玻璃的质量要求与检测

对夹层玻璃的质量要求主要包括外观质量、尺寸允许偏差、弯曲度、可见光透射比、可见光反射比、耐热性、耐湿性、耐辐照性、落球冲击剥离性能、霰弹袋冲击性能、抗压性能等。这些性能的质量要求及检测方法分别如下:

(1)外观质量要求与检测

对夹层玻璃的外观质量要求是:不允许有裂纹;表面存在的划伤和蹭伤不能影响使用;存在爆边的长度或宽度不得超过玻璃的厚度;不允许存在脱胶现象。

(2)尺寸允许偏差要求与检测

夹层玻璃的尺寸允许偏差包括边长的允许偏差、最大允许叠差、厚度允许偏差、中间层允许偏差和对角线偏差。

干法夹层玻璃的厚度偏差不能超过构成夹层玻璃的原片厚度允许偏差和中间层材料厚度允许偏差之和。中间层总厚度<2 mm 时,不考虑中间层的厚度偏差;中间层总厚度≥2 mm 时,其厚度允许偏差为±0.2 mm。

对于矩形夹层玻璃制品,长边长度不大于2 400 mm 时,其对角线差不得大于4 mm;长边长度大于2 400 mm 时,其对角线差由供需双方商定。

(3)弯曲度要求与检测

平面夹层玻璃的弯曲度,弓形时应不超过0.3%,波形时应不超过0.2%。使用夹丝玻璃或钢化玻璃制作的夹层玻璃,其弯曲度由供需双方商定。

(4)可见光透射比要求与检测

夹层玻璃的可见光透射比由供需双方商定。取3块试样进行试验,3块试样均符合要求时为合格。

(5)可见光反射比要求与检测

夹层玻璃的可见光反射比由供需双方商定。取3块试样进行试验,3块试样均符合要求时为合格。

(6)耐热性要求与检测

夹层玻璃在耐热性试验后允许试样存在裂口,但超出边部或裂口13 mm 的部分不能产生气泡或其他缺陷。取3块试样进行试验,3块试样均符合要求时为合格,1块试样符合要求时为不合格。当2块试样符合要求时,再追加试验3块新试样,3块试样全部符合要求时则为合格。

(7)耐湿性要求与检测

试验后超过原始边15 mm、新切边25 mm、裂口10 mm 部分不能产生气泡或其他缺陷。取3块试样进行试验,3块试样均符合要求时为合格,1块试样符合要求时为不合格。当2块试样符合要求时,再追加试验3块新试样,3块全部符合要求时则为合格。

(8)耐辐照性要求与检测

夹层玻璃试验后要求试样不可产生显著变色、气泡及浑浊现象。可见光透射比相对减少率应不大于10%。当使用压花玻璃作原片的夹层玻璃时,对可见光透射比不做要求。取3块试样进行试验,3块试样均符合要求时为合格,1块试样符合要求时为不合格。当2块试样符合要求时,再追加试验3块新试样,3块试样全部符合要求时则为合格。

(9)落球冲击剥离性能要求与检测

试验后中间层不得断裂或不得因碎片的剥落而暴露。钢化夹层玻璃、弯夹层玻璃、总厚度超过16 mm的夹层玻璃、原片在3片或3片以上的夹层玻璃,可由供需双方商定。取6块试样进行试验,当5块或5块以上符合要求时为合格,3块或3块以上符合要求时为不合格。当4块试样符合要求时,再追加6块新试样,6块试样全部符合要求时为合格。

(10)霰弹袋冲击性能要求与检测

取1组试样进行霰弹袋冲击性能测试,当达到Ⅲ级或更高级别时,霰弹袋冲击性能为合格。如果1组试样在冲击高度为300 mm时冲击后,任何试样非安全破坏,即认定夹层节能玻璃的霰弹袋冲击性能不合格。

(11)抗风压性能要求与检测

玻璃的抗风压性能应由供需双方商定是否有必要进行试验,以便合理选择给定风载条件下适宜的夹层玻璃厚度,或验证所选定玻璃厚度及面积是否满足设计抗风压值的要求。

(二)Low-E 节能玻璃

1. Low-E 节能玻璃的定义及分类

(1)Low-E 节能玻璃的定义

Low-E 节能玻璃又称为低辐射玻璃。它是在平板玻璃表面镀覆特殊的金属及金属氧化物薄膜,使照射于玻璃的远红外线被膜层反射,从而达到隔热、保温的目的。图6-2所示为Low-E 玻璃原理示意图。

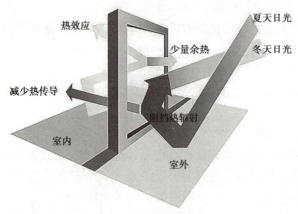

图6-2 Low-E 玻璃原理示意图

(2)Low-E 节能玻璃的分类

按膜层的遮阳性能分类,可分为高透型 Low-E 玻璃和遮阳型 Low-E 玻璃。高透型 Low-E 玻璃适用于我国北方地区,冬季太阳能波段的辐射可透过这种玻璃进入室内,从而可节省暖气费用。遮阳型 Low-E 玻璃适用于我国南方地区,这种玻璃对透过的太阳能衰减较多,可阻挡来自室外的远红外线热辐射,从而节省空调的使用费用。

按膜层的生产工艺分类,可分为离线真空磁控溅射法 Low-E 玻璃和在线化学气相沉积法 Low-E 玻璃。

2. Low-E 节能玻璃的要求

Low-E 玻璃可根据不同气候带的应用要求,通过降低或提高太阳热获得系数等性能,以达到最佳的使用效果。对于寒冷地区,应防止室内的热能向室外泄漏,同时提高可见光和远红外的获得量;对于炎热地区,应将室外的远红外和中红外辐射阻挡在室外,而让可见光透过。

根据以上分析,对于 Low-E 玻璃的应用有以下要求:

①炎热气候条件下,由于阳光充足,气候炎热,应选用低遮阳系数($Sc<0.5$)、低传热系数的遮阳型 Low-E 玻璃,减少太阳辐射通过玻璃进入室内的热量,从而降低空调的制冷费用。

②中部过渡气候,选用适合的高透型或遮阳型 Low-E 玻璃,在寒冷时减少室内热辐射的外泄,降低取暖消耗;在炎热时控制室外热辐射的传入,节省空调制冷的费用。

③对于寒冷气候,采暖期较长,既要考虑提高太阳热获得量,增强采光能力,又要减少室内热辐射的外泄。应选用可见光透过率高、传热系数低的高透型低辐射玻璃,降低取暖能源的消耗。

3. Low-E 节能玻璃在建筑上的应用

在建筑门窗中使用 Low-E 玻璃,对于降低建筑物能耗有重要作用,尤其在墙体保温性能进一步改善的情况下,解决好门窗的节能问题是实现建筑节能的关键。门窗的传热系数 K 和遮阳系数 Sc 是建筑节能设计中的两个重要指标。通过计算表明,Low-E 玻璃门窗在降低传热系数 K 的同时,其遮阳系数 Sc 也随之降低,这与冬季要求尽量利用太阳辐射能相矛盾。因此,在使用 Low-E 玻璃门窗时,应根据气候、建筑类型等因素综合考虑。对于气候寒冷、全年以供暖为主的地区,应以降低传热系数 K 值为主;对于气候炎热、太阳辐射强、全年以供冷为主的地区,应选用遮阳系数较低的 Low-E 玻璃。

玻璃幕墙作为建筑维护结构,其节能效果的好坏将直接影响整体建筑物的节能效果。随着建材行业的发展和进步,玻璃幕墙所用的玻璃品种越来越多,如普通透明玻璃、吸热玻璃、热反射镀膜玻璃、中空玻璃、夹层玻璃等。Low-E 玻璃由于具有较低的辐射率,能有效阻止室内外热辐射,其极好的光谱选择性,可以在保证大量可见光通过的基础上阻挡大部分红外线进入室内,已成为现代玻璃幕墙原片的首选材料之一。

(三)变色节能玻璃

1. 变色节能玻璃的定义和分类

(1)变色节能玻璃的定义

变色节能玻璃是指在光照、通过低压电流或表面施压等一定条件下改变颜色,且随着条件的变化而变化,当施加条件消失后又可逆地自动恢复到初始状态的玻璃。这种玻璃也称为调光玻璃、透过率可调玻璃。变色节能玻璃随着环境改变自身的透过特性,可以实现对太阳辐射能量的有效控制,从而达到节能的要求。

(2)变色节能玻璃的分类

根据玻璃特性改变的机理不同,变色节能玻璃可分为热致变色节能玻璃、光致变色节能玻璃、电致变色节能玻璃和力致变色节能玻璃等。所谓热致变色节能玻璃就是玻璃随着温度升高而透过率降低;光致变色节能玻璃就是玻璃随着光强度增大而透过率降低;电致变色节能玻璃就是当有电流通过时玻璃透过率降低;力致变色节能玻璃就是随着玻璃表面施压而透过率降低。

以上4种变色节能玻璃中光致变色节能玻璃和电致变色节能玻璃更为引起设计人员的关注,尤其是电致变色节能玻璃,由于可以人为控制其改变的过程和程度,已经在幕墙工程中得到了应用。在电致变色节能玻璃的应用中,目前世界上应用得较广泛的是液晶类调光玻璃。

2. 常用变色节能玻璃

(1)热致变色节能玻璃

热致变色节能玻璃通常是在普通玻璃上镀一层可逆热致变色材料而制成的玻璃制品。热致变色材料是受热后颜色可变化的新型功能材料,根据工艺配方的不同,可得到各种变色温度和各种不同的颜色,可以可逆变色或不可逆变色。

(2)光致变色节能玻璃

物质在一定波长光的照射下,其化学结构发生变化,使可见部分的吸收光谱发生改变,从而发生颜色变化;然后又会在另一波长光的照射或热的作用下,恢复或不恢复原来的颜色。这种可逆的或不可逆的呈色、消色现象,称为光致变色。

光致变色节能玻璃是指在玻璃中加入卤化银,或在玻璃与有机夹层中加入铝和钨的感光化合物,就能获得光致变色性的节能玻璃。光致变色节能玻璃受太阳或其他光线照射时,颜色随着光线的增强而逐渐变暗;照射停止时又恢复原来的颜色。

(3)电致变色节能玻璃

电致变色是指在电流或电场的作用下,材料对光的投射率发生可逆变化的现象。具有电致变色效应的材料通常被称为电致变色材料。根据变色原理,电致变色材料可分为3类:在不同价态下具有不同颜色的多变色电致变色材料;氧化态下无色、还原态下着色的阴极变色材料;还原态下无色、氧化态下着色的阳极变色材料。

电致变色节能玻璃是指通过改变电流的大小可以调节透光率,实现从透明到不透明的调光作用的智能型高档变色节能玻璃。电致变色节能玻璃可分为液晶类、可悬浮粒子类和电解电镀类等。

液晶变色节能玻璃是一种由电流的通电与否来控制液晶分子的排列,从而达到控制玻璃透明与不透明的状态。中间层的液晶膜作为调光玻璃的功能材料,其应用原理是:液晶分子在通电状态下呈直线排列,此时液晶玻璃透光透明;断电状态时,液晶分子呈散射状态,此时液晶玻璃透光不透明。

液晶变色节能玻璃是一种新型的电致变色节能玻璃,是在两层玻璃之间或一层玻璃和一层塑料薄膜之间灌注液晶材料,或者采用层合工艺制成液晶胶片的变色玻璃。

(四)智能玻璃

智能玻璃是利用电致变色原理制成的。智能玻璃的特点是:在中午,朝南方向的窗户,随着阳光辐射量的增加,会自动变暗;同时,处在阴影下的其他朝向窗户开始变得明亮。装上智能窗户后,人们不必为遮挡骄阳而配上暗色窗帘或装上机械遮光罩了。严冬季节,这种朝北方向的智能窗户能为建筑物提供70%的太阳辐射量,获得漫射阳光所给予的温暖。与此同时,装上智能玻璃的建筑物可以减少供暖和制冷需用量的25%、照明需用量的60%、峰期电力需用量的30%。

目前,我国在建筑工程上广泛应用的是智能调光玻璃,将新型液晶材料及高分子材料附着于玻璃、薄膜等基础材料上,运用电路和控制技术制成智能玻璃产品。该产品可通过控制电流变化来控制玻璃颜色的深浅程度及调节阳光照入室内的强度,使室内光线柔和,舒适宜人,又不失透光的作用。智能调光玻璃的特点是在断电时模糊,通电时清晰,由模糊到彻底清晰的响应速度根据需要可以达到千分之一秒级。

智能调光玻璃在建筑物门窗上使用,不仅有其透光率变换自如的功能,而且在建筑物门窗上占用空间极小,省去了设置窗帘的结构和空间,制成的窗玻璃同电控装置的窗帘一样方便。除此之外,智能调光玻璃在建筑装饰行业中还可用于高档宾馆、别墅、写字楼、办公室、浴室门窗、喷淋房、厨房门窗、玻璃幕墙、温室等。

智能调光玻璃既具有良好的采光功能和视线遮蔽功能,又具有一定的节能性和色彩缤纷、绚丽的装饰效果,是普通透明玻璃或着色玻璃无法比拟的真正的高新技术产品,具有无限宽广的应用前景。

任务二　选用节能玻璃

在选择节能玻璃时,应根据玻璃所在的位置和设计要求确定玻璃品种。日照时间较长且处于向阳面的玻璃,应尽量控制太阳光进入室内,以减少空调的负荷,最好选择热反射玻璃或吸热玻璃,及由热反射玻璃或吸热玻璃组成的中空玻璃。

现代建筑大多数趋于大面积采光,如果使用普通玻璃,其传热系数偏高,对于太阳辐射和远红外热辐射不能有效控制,因此其采光面积越大,夏季进入室内的热量就越多,冬季室内散失的热量也越多。据统计,普通单层玻璃的能量损失约占建筑冬季保温或夏季降温能耗的50%以上。针对玻璃能耗较大的情况,必须按实际情况正确选择玻璃的类型。不同的玻璃具有不同的性能,一种玻璃不能适用于所有气候区域和建筑朝向,因此要根据工程的具体情况进行合理选择。

我国地域辽阔,气候条件各异,国家标准《民用建筑热工设计规范》(GB 50176—2016)中,将热工设计分区划为:严寒地区(必须充分满足冬季保温要求,一般不考虑夏季防热)、寒冷地区(应满足冬季保温要求,部分地区兼顾夏季防热);夏热冬冷地区(必须满足夏季防热要求,适当兼顾冬季保温)、夏热冬暖地区(必须满足夏季防热要求,一般不考虑冬季保温)、温和地区(波峰地区应考虑冬季保温,一般不考虑夏季防热;或部分地区应考虑冬季保温,一般不考虑夏季防热)。这样不同地区对太阳辐射热的利用(或限制)就有不同的要求,严寒和寒冷地区要充分利用太阳辐射热,并使已进入室内的太阳辐射热最大限度地留在室内;而对夏热冬暖和冬冷地区,夏季要限制太阳辐射热进入室内。窗玻璃(透明玻璃)的透光系数应为72%~89%。透明玻璃在透光的同时太阳热也应辐射入室内。

现在生产的镀膜玻璃,可使太阳可见光部分透射室内,使太阳辐射热部分反射,以减少进入室内的太阳热。如阳光控制膜玻璃SS-8的可见光透射率为8%,太阳能反射率为33%;阳光控制膜玻璃SS-20的可见光透射率为20%,太阳能反射率为18%;阳光控制膜玻璃CG-8的可见光透射率为8%,太阳能反射率为49%;阳光控制膜玻璃CG-20的可见光透射率为20%,

太阳能反射率为39%。低辐射 Low-E 玻璃,对红外线和远红外线有较强的反射功能,一般在50%左右。

严寒和寒冷地区,白天太阳辐射热通过窗玻璃进入室内,被室内的物体吸收或储存。当太阳落山后,室内的温度高于室外,则会以远红外通过窗玻璃向室外辐射。如果采用低辐射膜玻璃,白天将太阳辐射热吸收到室内,晚上又能将远红外辐射部分反射回室内。因此,对不同热工设计分区的窗户,应选用不同种类的膜玻璃,即以冬季采暖为主的地区,宜选用 Low-E 玻璃,以夏季防热为主的地区,宜选用阳光控制膜玻璃。

夏热冬暖地区太阳辐射比较强烈,太阳高度角较大,必须充分考虑夏季防热,可以不考虑冬季防寒和保温。建筑能耗主要为室内外温差传热能耗和太阳辐射能耗,其中太阳辐射能耗占建筑能耗的大部分,是夏季热的主要因素,直接影响室内温度的变化。因此,夏热冬暖地区应最大限度地控制进入室内的太阳能。选择窗玻璃时,应主要考虑玻璃的折射系数,尽量选择遮阳系数较小的玻璃。

由上述可知,在选择使用节能玻璃时,应根据建筑物所在的地理位置和气候情况确定玻璃的品种。严寒和寒冷地区所用的玻璃,应以控制热传导为主,尽量选择中空节能玻璃或Low-E 低辐射中空节能玻璃;夏热冬冷地区和夏热冬暖地区所用的玻璃,尽量控制太阳能进入室内,以减少空调的负荷,最好选择热反射节能玻璃、吸热节能玻璃,或者由热反射玻璃或吸热玻璃组成的中空节能玻璃和遮阳型 Low-E 中空节能玻璃。

沙场练兵

简答题

1. 建筑节能玻璃有哪些?
2. 镀膜节能玻璃如何分类?
3. 什么是阳光控制镀膜玻璃? 阳光控制镀膜玻璃与其他玻璃相比,有哪些特性和用途?
4. 中空玻璃具有哪些明显的作用?
5. 如何判断中空玻璃失效? 中空玻璃出现失效的主要原因有哪些方面?
6. 如何按节能要求使用中空玻璃?
7. 吸热节能玻璃具有哪些特点?
8. 简述设计、安装和使用吸热玻璃时应注意的事项。
9. 防止吸热节能玻璃炸裂的措施有哪些?
10. 真空节能玻璃有哪些特点?
11. 真空节能玻璃的性能有哪些?
12. 目前,在建筑工程中已经开始推广应用的新型节能玻璃有哪些? 简述其实际应用意义。严寒、寒冷地区所用的玻璃,夏热冬冷地区、夏热冬暖地区所用的玻璃如何选择? 理由是什么?

项目七　建筑墙体节能材料

节能建筑主要是指采用新型墙体材料、其他节能材料和建筑节能技术,达到国家规定的民用和公共建筑节能设计标准的建筑。据实际测量,建筑用能50%左右通过围护结构消耗,围护结构包括墙体、门窗、屋顶和地面,建筑节能主要是围护结构的隔热保温。墙体面积较大,如何科学地选用节能墙体材料,对于围护结构的节能效果有着重要影响。

陕西天成新型
墙体保温材料

新型节能墙体材料大致可以分为3类,即建筑板材类、非黏土砖类和建筑砌块类,具体分类见表7-1—表7-3。

表 7-1　建筑板材类的分类

板材类别	说明	适用范围
纤维增强硅酸钙板	纤维增强硅酸钙板通常称为硅钙板,是由钙质材料、硅质材料与纤维等作为主要原料,经制浆、成坯与蒸馏养护等工序制成的轻质板材。按产品用途分为建筑用和船用两类;按产品所用纤维的品种分为有石棉硅酸钙板和无石棉硅酸钙板两类。 纤维增强硅酸钙板具有密度低、比强度高、湿胀率小、防火、防潮、防蛀、防霉与可加工性好等特性	可作为公用与民用建筑的隔墙和吊顶,经表面防水处理后,也可用作建筑物的外墙面板。由于此种板材有很高的防火性能,故特别适用于高层与超高层建筑
玻璃纤维增强水泥轻质多孔隔墙条板	玻璃纤维增强水泥轻质多孔隔墙条板简称GRC轻质墙板,也称为GRC轻质隔墙板,是以耐碱玻璃纤维无粗捻纱及其网格布为增强材料,以硫铝酸盐水泥轻质砂浆为基材制成的具有若干个圆孔的空心条板	最初GRC轻质隔墙板只限用于非承重的内隔墙,现已开始用于公共、住宅和工业建筑围护墙体
蒸压加气混凝土板	蒸压加气混凝土板是由钙质材料、硅质材料石膏、铝粉、水和钢筋等制成的轻质板材,板内有大量微小的、非连通的气孔,孔隙率达70% ～80%,因而具有质轻、绝热性好、隔声吸声等特性;另外,还具有较好的耐火性和一定的承载能力	蒸压加气混凝土板可用作单层或多层工业厂房的外墙,也可用于公用建筑及居住建筑的内墙或外墙、屋面板、楼板
石膏墙板	石膏墙板包括纸面石膏板、石膏空心条板。石膏空心条板包括石膏珍珠岩空心条板、石膏粉硅酸盐空心条板和石膏空心条板等,具有防火、隔声、隔热、防静电、防电磁波辐射等功能	石膏墙板主要用作工业和民用建筑物的非承重内隔墙

续表

板材类别	说明	适用范围
钢丝网架水泥夹心板	钢丝网架水泥夹心板包括以阻燃型泡沫塑料条板或半硬质岩棉板作芯板的钢丝网架夹心板。这种板是由工厂专用装备生产的二维空间焊接钢丝网架和内填泡沫塑料板或内填半硬质岩棉板构成的网架芯板,经施工现场喷抹水泥砂浆后形成的。具有质量轻、保温、隔热性能好、安全方便等优点	钢丝网架水泥夹心板主要用于房屋建筑的内隔墙、围护外墙、保温复合外墙、楼面、屋面及建筑加层等
金属面夹心板	金属面夹心板包括金属面聚苯乙烯夹心板、金属面硬质聚氨酯夹心板和金属面岩棉、矿棉夹心板。质量小、强度高,具有高效绝热性,施工方便、快捷,可多次拆卸,可变换地点重复安装,有较高的耐久性;带有防腐涂层的彩色金属面夹心板有较高的装饰性	金属面夹心板普遍用于冷库、仓库、工厂车间、仓储式超市、商场、办公楼、洁净室、旧楼房加层、活动房、战地医院、展览馆和体育场馆及候机楼等的建造

表 7-2　非黏土砖类的分类

非黏土砖类别	说明
非黏土烧结多孔砖和空心砖	指孔洞率大于 25% 的非黏土烧结多孔砖和非黏土烧结空心砖
非黏土砖	指烧结页岩砖和符合国家、行业标准的非黏土砖
混凝土砖和混凝土多孔砖	混凝土砖和混凝土多孔砖的主要原料为水泥和石粉,经搅拌后挤压成型,这种砖的制作工艺简单,不需要进行烧结,产品尺寸比较准确,施工方法、技术要求和质量标准与普通黏土多孔砖基本相同,因此在工程中使用较为普遍。具有强度较高、耐火性强、隔声性好、不易吸水、价格便宜等优点,但也具有自重较大、需湿作业等缺点

表 7-3　建筑砌块类的分类

建筑砌块类别		说明
混凝土砌块	普通混凝土小型空心砌块 轻集料混凝土小型空心砌块 蒸压加气混凝土砌块	蒸压加气混凝土砌块是以硅质材料和钙质材料为主要原料,掺加发气剂及其他调节材料,经配料浇注、切割、蒸压养护等工艺制成的多孔轻质块体材料,具有节能、降耗、施工简单等特点,是一种安全、节能的绿色建筑材料
粉煤灰小型空心砌块		应用粉煤灰小型空心砌块是降低生产成本,提高产品竞争力和经济效益的有效途径之一,掺入适量的粉煤灰,可以提高砌块的密实性、减少吸水率、降低砌块的收缩率,并且还可以提高砌块的后期强度

续表

建筑砌块类别	说明
石膏砌块	石膏砌块是以建筑石膏为主要原料制成的,经制浆拌和与浇筑成型,自然干燥或烘干而制成的轻质块状隔墙材料。在生产中还可以加入各种轻集料、填充料、纤维增强材料、发泡剂等辅助原料,也可以使用高强石膏粉或部分水泥来代替建筑石膏,并掺入适量的粉煤灰生产石膏砌块

【案例导入】

加气混凝土砌块具有优异的保温隔热性及低热透过率,其保温隔热性能好的主要原因是它的气孔和微孔率约为70%,且导热系数低。因此,加气混凝土砌块不仅可以代替烧结实心砖用于砌筑墙体,而且可以作为保温材料用于节能建筑中,是实现建筑节能经济有效的措施。佛山市科学馆与青少年宫的墙体采用200 mm厚的加气混凝土砌块作为节能建筑材料,加气混凝土砌块的保温功能大大减少了科学馆与青少年宫中空调系统的能耗。另外,球幕影院、罩棚以及该项目的外立面均采用可回收利用的钢结构,可再循环的建筑材料使用质量占所用建筑材料总质量的10%以上,这种将墙体与可回收材料结合设计的方式,减少了墙体的建筑成本,实现了墙体材料的节能。

【知识目标】

1. 理解建筑节能墙体材料的基本原理,包括隔热、保温、防水等方面的知识;

2. 了解不同类型的建筑节能墙体材料,如EPS板、XPS板、硅酸盐板等,以及它们的特点和适用场景;

3. 了解建筑节能墙体材料的性能指标和评价方法,如导热系数、抗压强度、吸水率等;

4. 了解建筑节能墙体材料的安装、调试和维护方法,以及常见问题的处理方式。

【技能目标】

1. 能根据建筑设计要求,选择合适的节能墙体材料,包括尺寸、材料、型号等;

2. 具备正确使用工具和设备进行建筑节能墙体材料的安装和调试的技能;

3. 能进行建筑节能墙体材料的性能测试和评估,如导热系数测试、抗压强度测试等。

【职业素养目标】

1. 具备安全意识和责任心,确保施工安全,严格遵守安全规定;

2. 具备团队合作和沟通能力,与团队协作完成建筑节能墙体材料工程;

3. 具备解决问题和应对挑战的能力,能够在施工过程中处理各种常见问题和突发情况;

4. 持续学习,不断更新专业知识;

5. 增强环保意识,推广绿色建筑和节能减排的理念,促进可持续发展。

任务一 认识墙体节能烧结砖材料

一、烧结空心砖

烧结空心砖具有良好的保温性能和隔声效果,且透气性好(图7-1)。烧结空心砖为水平孔,孔数少、孔径大、孔洞率高(≥40%),其表观密度为800~1 100 kg/m³,在多层建筑中用于隔断或框架结构的非承重填充墙,其技术指标应满足《烧结空心砖和空心砌块》(GB/T 13545—2014)的要求。

图7-1 烧结空心砖

二、烧结多孔砖

烧结多孔砖以黏土、页岩、煤矸石、粉煤灰等为主要原料,经焙烧而成,主要用于建筑物承重部位(图7-2)。多孔砖孔多而小,孔洞率≥25%,表观密度为1 350~1 480 kg/m³,用于砌筑墙体的承重用砖,使用时孔洞应垂直于承压面,其技术指标应满足《烧结多孔砖和多孔砌块》(GB/T 13544—2011)的要求。

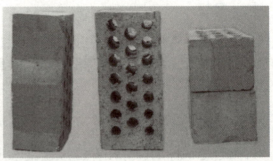

图7-2 烧结多孔砖

三、蒸压灰砂砖

蒸压灰砂砖以生石灰和砂为主要原料,经原料制备、压制成型、蒸压养护而成(图7-3)。

《蒸压灰砂实心砖和实心砌块》(GB/T 11945—2019)规定,根据砖的外观质量与尺寸偏差分为合格品和不合格品;根据砖浸水 24 h 后的抗压强度和抗折强度分为 MU30、MU25、MU20、MU15 和 MU10 五个等级,且每个强度等级应满足相应的抗冻性指标要求。

普通灰砂砖的规格尺寸与烧结普通砖相同,其表观密度为 1 800 ~ 1 900 kg/m³,热导率约为 0.61 W/(m·K)。

图 7-3 蒸压灰砂砖

四、粉煤灰砖

粉煤灰砖以粉煤灰、石灰为主要原料,掺入适量外加剂(石膏)与集料等,经原料制备、压制成型、蒸养(压)或自然养护而成(图 7-4)。

实心粉煤灰砖的表观密度约为 1 500 kg/m³。根据《蒸压粉煤灰砖》(JC/T 239—2014)的规定,其颜色分为本色(N)和彩色(Co)两种;依据抗压强度和抗折强度分为 MU30、MU25、MU20、MU15 和 MU10 五个等级。

保温墙体材料

图 7-4 粉煤灰砖

任务二 认识墙体节能砌块材料

一、砌块的优点

①生产不用黏土,且能耗比较低。砌块的主要原料为水泥、骨料或磨细含硅质的材料、石灰等,不像普通黏土砖那样,需要占用大量的农田。生产小型砌块的能耗,一般不足普通黏土

砖的一半。因此,砌块是一种节土节能的建筑材料,利于环境保护。

②砌块自重较轻,有利于减轻墙体自重,比宽为240 mm和370 mm的普通黏土砖墙分别轻30%和50%。墙体自重的减轻,不仅可减轻基础的负载,有利于地基处理,而且可降低地震的惯性力,增大结构的抗震能力。

③施工速度加快,节省大量砂浆。由于砌块自重较轻、体积较大,因此用建筑砌块砌筑墙体,不仅可以提高砌筑速度30%~100%,而且可以大大降低砌筑的劳动强度,砂浆用量比普通黏土砖减少20%~30%。

二、砌块的分类

砌块的分类方法有很多种。按规格不同可分为大型砌块、中型砌块和小型砌块;按孔洞率不同可分为实心砌块、空心砌块和多孔砌块;按用途不同可分为承重砌块和非承重砌块;按原料不同可分为硅酸盐混凝土砌块、普通混凝土砌块、轻骨料混凝土砌块和石膏砌块;按功能不同可分为普通砌块和装饰砌块。

1. 轻集料混凝土小型空心砌块

轻集料混凝土小型空心砌块(图7-5)具有品种多、自重轻、强度高、施工方便、砌筑效率高、充分利用当地资源和工业废渣、隔热保温效果好、综合经济效益好等优点,用于框架结构的填充墙、各类建筑的非承重墙及低层建筑墙体。轻集料混凝土小型空心砌块的技术指标应满足《轻集料混凝土小型空心砌块》(GB/T 15229—2011)的要求。

图7-5 轻集料混凝土小型空心砌块

2. 蒸压加气混凝土砌块

蒸压加气混凝土砌块(图7-6)由蒸压加气混凝土制成,具有表观密度小,保温性能好、可加工等特点,广泛应用于工业与民用建筑,可制作砌块、屋面板、墙板等制品,也可作为保温和承重材料。加气混凝土砌块的技术指标应满足《蒸压加气混凝土砌块》(GB/T 11968—2020)的要求。

3. 石膏砌块

石膏与工业废渣混合可制成多种保温建材,如石膏板与石膏砌块,可用于隔墙材料,故可废物利用、保护环境、节约资源、降低能耗。

图 7-6　蒸压加气混凝土砌块

任务三　认识墙体节能复合板材

一、钢丝网水泥夹心复合板

钢丝网水泥夹心复合板的心材有轻质泡沫塑料(聚氨酯、聚苯乙烯泡沫塑料)及轻质无机纤维(玻璃棉和岩棉)两类。

1. 集合式

这种板以美国泰柏板为代表,将两层钢丝网用"之"字形钢丝焊接起来,然后在空隙中插入保温心材。

2. 整体式

这种板是先将保温心材置于两层钢丝网之间,然后再用短的连接钢丝将两层钢丝网焊接起来。

这两种形式的复合板均是通过连接钢丝与两层钢丝网组成一个稳定的、性能优越的三维网架结构,整体式的生产效率高。

钢丝网水泥夹心复合板的力学性能指标较高,保温性好,耐火性好,不仅可用于非承重墙体,还可用作低层(2~3层)建筑的承重墙体、楼板及屋面板;又因隔声性能好,故适宜用作分户隔墙。

钢丝网水泥夹心复合板在现场组装后,再用水泥砂浆抹面,还可以喷涂各种涂料,以及粘贴瓷砖、陶瓷锦砖等装饰材料。此外,为了达到隔热、保温、隔声等特殊要求,也可固定在砖混墙或混凝土墙上使用。

二、钢丝网岩棉夹心复合板(GY 板)

钢丝网岩棉夹心复合板采用两层平行钢丝网片中间填充半硬质岩棉板,用短的连接钢丝把两层网片焊接起来,这样连接钢丝和两层钢丝网就组成一个稳定的网架体系。钢丝网岩棉夹心复合板在工厂制造,根据不同要求可制成厚度、宽度、长度各异的板块;然后运往施工现场组装,表面喷涂或涂抹水泥砂浆后可做多种装饰,适用于各类框架结构和低层建筑的内外墙及屋面保温层等。钢丝网岩棉夹心复合板具有质量轻、承载能力大、保温性能优越、防火与建造能耗低等优点。

玄武岩纤维岩棉

三、玻璃纤维增强水泥混合材料夹心复合板

玻璃纤维增强水泥混合材料夹心复合板用玻璃纤维增强混凝土做面层,中间复合轻集料,构成"三明治"式结构板材。轻集料是具有高热阻的多孔保温吸声材料,如膨胀珍珠岩、聚苯乙烯泡沫板、岩棉板等,这种复合板材具有良好的热工性能和声学性能。强度优良的玻璃纤维增强水泥混合材料面层,既具有玻璃纤维增强水泥混合材料的特性,又具有保温隔声材料的特性。根据使用部位的不同,玻璃纤维增强水泥混合材料夹心复合板可分为夹心隔墙板和夹心屋面(外墙)板。

1.夹心隔墙板

两表面玻璃纤维增强水泥混合材料的厚度相同,中间夹以膨胀珍珠岩或聚苯乙烯泡沫板。夹心隔墙板按结构形式可分为带企口式和不带企口式;按面层材料可分为普通玻璃纤维增强水泥混合材料夹心隔墙板和轻质玻璃纤维增强水泥混合材料夹心隔墙板。

2.夹心屋面(外墙)板

两表面玻璃纤维增强水泥混合材料的厚度不同,外表面厚、内表面薄,由于尺寸较大和做外墙与屋面时的载重,其板的四周要做不同尺寸的肋(肋高取决于承载和跨距,以肋高作为板的总厚度)。根据要求,夹心屋面(外墙)板保温层的厚度可以不同,不加保温层的夹心屋面(外墙)板的结构形式相同。夹心屋面(外墙)板按结构形式可分为有空气层和无空气层两种。

四、彩钢夹心板

彩钢夹心板是通过自动成型机将彩色钢板压型后,在中间添加可发性聚苯乙烯泡沫、防火岩棉、发泡聚氨酯等加工而成的复合夹心板。其外形美观、色泽鲜艳、结构新颖、质轻、强度高、隔热、隔声、阻燃、防潮、安装快捷,因而应用广泛。

五、玻璃钢(FRP)夹心板

由玻璃增强塑料板作为上下面板,心材使用聚氨酯(PV)等直接发泡填充,具有质量轻、强度高、刚性好、隔声、保温性好等优点,解决了传统板材不易清洗、易于变形、安装困难、耐久性差、易磨损等问题,用于厂房吊顶、围护、隔断,以及厂房、仓库、大跨度屋面板等。

六、水泥聚苯板

水泥聚苯板是由聚苯乙烯泡沫塑料下脚料或废料经破碎而成的颗粒,加入水泥、水、EC起泡剂和稳泡剂等塑料原料,经搅拌、成型、养护而成的一种新型保温隔热材料,具有质轻、热导率低、保温隔热性好、有一定强度和韧性、耐水、难燃、施工方便、粘贴牢固、便于抹灰、价格低等优点,既适用于住宅和工业建筑的屋顶保温,又适用于砖混结构和钢筋混凝土结构的外墙复合保温。

沙场练兵

简答题

1.墙体节能烧结砖材中烧结空心砖、烧结多孔砖、蒸压灰砂砖、粉煤灰砖等哪种更适合节能需要？为什么？

2.简述轻集料混凝土小型空心砌块的特点和用途。

3.简述复合墙体材料中各种复合板的特点和用途。

模块二
建筑节能技术

项目八　建筑能耗与建筑节能基本知识

目前,全世界有近30%的能源消耗在建筑物上,建筑节能是人类节约能源的重要手段。本项目主要学习建筑节能技术的基础知识,包括建筑能耗、建筑节能等基本概念,并了解我国建筑节能的目标。

【案例导入】

山东某大学宿舍楼

山东某大学梅园1号学生宿舍的规划设计项目属于山东某大学校园扩建二期工程。梅园1号宿舍西楼位于一片开阔的园区北面,非常显眼。宿舍楼为6层建筑,每层12个宿舍房间,总建筑面积达到2 300 m²。建筑朝向为正南北方向,采用行列式布局设计。根据朝向与布局的设计,利用南向墙体大面积采光,将太阳墙设置在建筑南面。在梅园1号宿舍节能设计中,结合主动式与被动式的太阳能采暖系统、被动式自然通风系统、太阳能蓄热技术等,在实现太阳能一体化的同时保证平面布局合理。

梅园1号宿舍在建筑平面设计上,不同于普遍的内廊式宿舍设计。将南北向宿舍对称布置,并且每个宿舍的平面形制相同。南向房间的卫生间布置在走廊一侧,宿舍空间可以直接采光,加大了南向房间开窗的采光利用率,同时也提高了冬季低温时室内接受太阳的热辐射;北向宿舍卫生间放置在建筑外侧,作为一个缓冲空间,成为冬季寒风的阻隔区间。该布置可以加强冬季保温和空间蓄热。宿舍走廊的西端外侧设置了通风道,该设计可以通过热压通风加强室内的自然通风。

【知识目标】

1.理解建筑能耗的概念和影响因素;
2.掌握建筑节能的基本原理和方法;
3.了解建筑能耗监测与评估的方法;
4.了解建筑节能政策和标准。

【技能目标】

1.能进行建筑能耗分析和评估;
2.掌握建筑节能技术和措施的实施方法;

3.能使用建筑节能软件进行模拟和优化设计；

4.具备建筑节能项目管理和实施能力。

【职业素养目标】

1.具备对建筑能耗和节能问题的责任心和使命感；

2.能在建筑设计和施工中提出节能建议并推动实施；

3.具备团队合作和沟通能力,能够与相关专业人员合作解决建筑节能问题；

4.关注建筑节能领域的最新发展和技术,不断提升自身素养。

任务一　认识建筑能耗

当今人类社会对能源的消耗主要发生在物质生产、交通运输和建筑使用三大过程中,分别称为生产能耗、交通能耗和建筑能耗。建筑能耗在总能耗中的比例,反映了一个国家或地区的经济发展水平和生活质量。目前,主要发达国家的建筑能耗约占其社会总能耗的1/3。欧盟学者的研究表明,发达国家建筑使用能耗占其全社会总能耗的30%～40%。

一、建筑能耗的含义

建筑能耗有广义建筑能耗和狭义建筑能耗两种。

广义的建筑能耗包括建筑全生命周期内发生的所有能耗,以及从建筑材料(建筑设备)的开采、生产、运输到建筑使用的全过程直至建筑寿命期终止,销毁建筑、建筑材料(建筑设备)所发生的所有能耗。

狭义的建筑能耗是在建筑正常使用期限内,为了维持建筑正常功能所消耗的能耗。我们一般所说的建筑能耗是指狭义的建筑能耗,也就是指建筑使用过程中的能耗,包括采暖、空调、照明、热水、家用电器和其他动力能耗。

随着经济的快速发展和人民生活质量的提高,人们更加注重建筑功能和环境品质。因此,保障室内生活品质所需的空调、照明、通风、采暖、热水供应等的能耗逐渐上升,运行能耗也成为建筑能耗的主导部分。

二、建筑能耗的构成

根据广义的建筑能耗定义可知,建筑能耗包括建造过程的能耗和使用过程的能耗两部分。建造过程的能耗是指建筑材料、建筑构配件、建筑设备的生产和运输,以及建筑施工和安装中的能耗；使用过程的能耗是指建筑在采暖、通风、空调、照明、家用电器和热水供应中的能耗。一般情况下,日常使用能耗与建造能耗之比为(8:2)～(9:1)。可见,建筑使用过程能耗所占比例占建筑总能耗的80%～90%。在建筑能耗中,以采暖和空调能耗为主,各部分能耗大体比例见表8-1。

表 8-1　建筑能耗各部分构成所占的比例

建筑能耗的构成	采暖空调	热水供应	电气	炊事
各部分所占的比例/%	65	15	14	6

从表 8-1 可以看出,采暖空调能耗在整个建筑能耗中占大半部分,因此我国的建筑节能工作主要围绕提高建筑物围护结构的保温隔热性能和提高供热制冷系统效率两个方面展开。近年来,又在新能源的利用,如太阳能的利用等方面有了新进展。

三、我国建筑能耗现状及发展趋势

近年来,我国建筑能耗现状及发展趋势表现为积极推进节能降碳工作,旨在提高能源利用效率并促进建筑领域的高质量发展。

为了实现这一目标,我国政府制定了一系列政策。例如,国务院办公厅转发了国家发展改革委、住房城乡建设部的《加快推动建筑领域节能降碳工作方案》(以下简称《方案》),该方案明确了到 2025 年的主要目标,包括城镇新建建筑全面执行绿色建筑标准、新建超低能耗、近零能耗建筑面积的增长、既有建筑节能改造面积的增长、建筑用能中电力消费占比的提升以及城镇建筑可再生能源替代率的目标。此外,《方案》中还提出了 12 项重点任务,涵盖提升城镇新建建筑节能降碳水平、推进城镇既有建筑改造升级、强化建筑运行节能降碳管理等多个方面。

中国建筑节能协会的报告显示,我国建筑全过程碳排放增速在"十四五"期间明显放缓,表明建筑行业节能降碳工作开始进入存量优化与增量控制并重的发展阶段。报告中还指出,2021 年全国建筑全过程能耗总量和碳排放总量分别占全国能耗总量和碳排放总量的 47.1%和 21.6%,公共建筑是建筑运行能耗和碳排放的最主要来源。

此外,《"十四五"建筑节能与绿色建筑发展规划》(以下简称《规划》)进一步明确了到 2025 年的目标,包括城镇新建建筑全面建成绿色建筑、建筑能源利用效率的提升、建筑用能结构的优化等。《规划》中还提出了 9 项重点任务,以推动建筑节能与绿色建筑的发展。

综上所述,我国在建筑领域节能降碳方面采取了多项措施,旨在提高能源利用效率、减少碳排放,推动绿色建筑的发展。这些措施的实施将有助于实现建筑领域的碳减排目标,促进城乡建设绿色发展。

任务二　认识建筑节能

一、建筑节能的含义

自 1973 年世界上发生能源危机以后,建筑节能在发达国家的含义已经历了 3 个发展阶段:第一阶段,称为"在建筑中节约能源",即现在所说的建筑节能;第二阶段,称为"在建筑中保持能源",即尽量减少能源在建筑物中的损失;第三阶段,称为"在建筑中提高能源利用率"。

我国现阶段所称的建筑节能,其含义已达到上述的第二阶段并逐渐进入第三阶段,即在建筑中合理地使用能源及有效地利用能源,不断提高能源的利用效率。具体来说,建筑节能是指在建筑物的规划、设计、新建、改造和使用过程中,执行节能标准,采用节能型的技术、工艺、设备、材料和产品,提高保温隔热性能和采暖供热、空调制冷制热系统效率,加强建筑物用能系统的运行管理,利用可再生能源,在保证室内热循环质量的前提下,减少供热、照明、热水供应等的能耗。

二、建筑节能的意义

1. 建筑节能是社会经济发展的需要

经济的发展依赖于能源的发展,经济的发展需要能源提供动力。能源短缺对我国经济的发展是一个根本性的制约因素。从能源资源条件看,我国煤炭和水力资源比较丰富,但煤炭的经济可采储量和可开发的水电量按人均水平计算,均低于世界人均水平的一半,石油和天然气就更少了。为了后代可持续利用国家的能源储存,节约能源成为当务之急。

2. 建筑节能是减轻大气污染的需要

随着城镇建筑的迅速发展,采暖和空调建筑、生活和生产用能日益增加,向大气排放的污染物急剧增长,大气污染对居民健康造成严重危害。大气污染以煤烟为主,其中建筑采暖和炊事用能是造成大气污染的两个主要因素。

3. 建筑节能是改善建筑热环境的需要

随着现代化建设的发展和人们生活水平的提高,舒适的建筑环境日益成为人们生活的需要。在我国,由于大部分地区冬冷夏热的气候特点,这种需求也更加迫切。

4. 建筑节能是发展建筑业的需要

随着国家对建筑节能要求的日益提高,墙体、门窗、屋顶、地面以及采暖、空调、照明等建筑的基本组成部分都发生了巨大的变化。目前,建筑节能新技术、新材料不断涌现,许多新的高效保温材料、密封材料、节能设备、自动控制元器件等大量涌入建筑市场。新的节能建筑大量兴建,加上既有建筑的大规模节能改造,产生了巨大的市场需求,也催生出许多生产建筑节能产品的企业,也促进了设计、施工和物业管理部门升级更新其技术结构和产业结构。

三、建筑节能的目标

到 2025 年,建筑领域的节能降碳制度体系将更加健全,城镇新建建筑将全面执行绿色建筑标准。预计新建超低能耗、近零能耗建筑面积比 2023 年增加至少 0.2 亿 m^2,既有建筑节能改造面积比 2023 年增加至少 2 亿 m^2。建筑用能中电力消费占比超过 55%,城镇可再生能源替代率达 8%,建筑领域节能降碳将取得积极进展。到 2027 年,超低能耗建筑将实现规模化发展,既有建筑节能改造将进一步推进。建筑用能结构将更加优化,将建成一批绿色低碳高品质建筑,建筑领域节能降碳将取得显著成效。

绿色中国"加减法"建材技术创新 节能效率世界领先

任务三 掌握建筑节能的技术途径

影响建筑能耗的因素众多,如建筑物所处的地理位置、区域气候特征、建筑物自身构造、建筑设备的使用、建筑物的运行管理和维护等,因此建筑节能是一个系统工程。但从技术途径上来说,主要有两个方面:一是减少能源损耗;二是开发利用新能源。具体的建筑节能途径如下所述。

一、减少围护结构的能量损失

1. 建筑外墙节能技术

墙体的耗热量占建筑采暖能耗的30%以上。因此,改善墙体的耗热量将明显提高建筑的节能效果。

改善砌体的保温隔热性能。在材料选择时,采用新型节能砖,如多孔黏土空心砖、加气混凝土砌块、混凝土空心砌块等类型的材料,使其集承重和保温隔热于一体。

对墙体采取保温隔热措施,即采用外墙内、外保温技术,构成复合墙体。外墙外保温技术不仅能达到稳定室温的目的,也具有增加室内使用面积、方便室内二次装修等优点。目前,该技术已广泛应用于工业建筑、民用建筑等领域。图8-1所示为保温和不保温情况下外墙内部温度变化情况示意图。

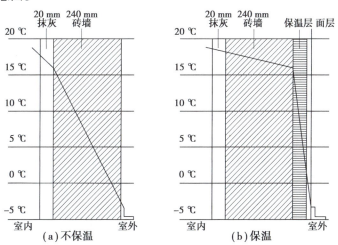

图 8-1 保温和不保温情况下外墙内部温度变化示意图

外墙外保温是指在垂直外墙的外表面上建造外保温层,外保温层只能增加外墙保温效能,但不能对主体墙起稳定作用。目前使用较成熟的几种外墙外保温方案有聚苯板保温、硬质聚氨酯泡沫保温、胶粉聚苯颗粒保温浆料、夹心聚苯板外墙保温、钢丝网架岩棉夹心板外复合保温等。

外墙内保温是将保温材料置于外墙体的内侧。其优点主要是对饰面和保温材料的防水、耐候性等技术指标要求不太高,其次内保温材料被楼板分隔,仅在一个层高范围内施工,不需搭设脚手架。然而也存在饰面层易开裂、保温层占用室内空间等问题。外墙内保温有饰面聚苯板内保温复合外墙和纸面石膏板内保温复合外墙等。图 8-2 所示为外墙内、外保温示意图。

　　外墙夹心保温是指将保温材料置于同一外墙的内、外侧墙片之间,内、外侧墙片均可采用传统的黏土砖、混凝土空心砌块等。其防水、耐候等性能均良好,对内侧墙片和保温材料形成有效的保护。对保温材料的选材要求不高,对施工季节和施工条件的要求不高,不影响冬期施工。目前,在我国东北及内蒙古、甘肃等严寒地区得到了一定的应用。图 8-3 所示为外墙夹心保温示意图。

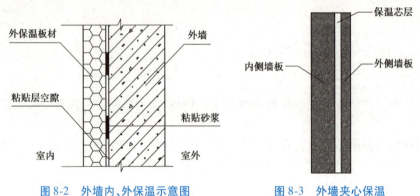

图 8-2　外墙内、外保温示意图　　　　图 8-3　外墙夹心保温

2. 门窗节能技术

　　门窗是薄壁轻质构件,通过门窗传热,其缝隙空气渗透的耗热量约占整个住宅建筑耗热量的 50%。因此,外门窗是住宅建筑节能的重点。

　　合理控制窗墙面积比。窗墙面积比是指住宅窗口面积与房间立面单元面积的比值。《严寒和寒冷地区居住建筑节能设计标准》(JGJ 26—2018)对不同朝向的住宅窗墙比作了严格的规定,从地区、朝向和房间功能出发,选择适宜的窗墙面积,通过减少窗墙面积来减少热量的损失。

　　使用新型材料改善门窗的保温性能。采用热阻大、能耗低的节能材料制造的新型保温节能门窗(如塑钢门窗)可大大提高其热工性能。同时,还要特别注意玻璃的选材,单层玻璃本身的热阻很小,在寒冷地区可采用双层或三层玻璃。随着科技的飞速发展,目前已开发出一些新型的节能玻璃,如中空玻璃、吸热玻璃等,在造价允许的条件下应积极采用。

3. 屋面节能技术

　　屋面耗热量占整个住宅建筑耗热量的 7% ~ 8%,有数据表明,夏季顶层室内的温度要比其他层高约 3 ℃,因此屋面的保温隔热也不容忽视。屋面节能设计一般要求屋面具有容重小、导热系数小、吸水率低、性能稳定等特点。

　　保温层选用高效轻质的保温材料,一般为实铺。目前,我国主要采用的保温隔热材料有加气混凝土条板、乳化沥青珍珠岩板、憎水型珍珠岩板、聚苯板等,均有利于提高屋面的保温隔热性能,从而取得良好的节能和改善顶层房间的热环境效果。

　　倒置式屋面将传统屋面(图 8-4)中保温层与防水层颠倒,属于外保温。倒置式屋面可有效延长防水层使用年限,保护防水层免受外界损伤,防止水或水蒸气在防水层冻结或凝聚在屋面内部。图 8-5 所示为倒置式屋面示意图。

此外,还有架空式屋面、反射屋面、通风屋面、种植屋面、蓄水屋面等多种节能屋面形式。

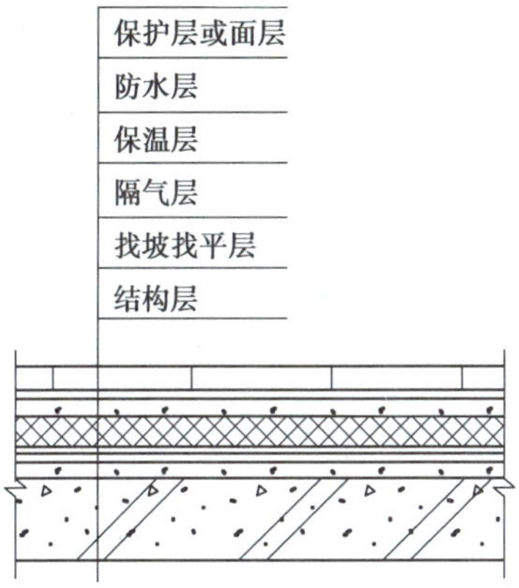

| 保护层或面层 |
| 防水层 |
| 保温层 |
| 隔气层 |
| 找坡找平层 |
| 结构层 |

| 保护层或面层 |
| 水泥砂浆找平层 |
| 保温层 |
| 防水层 |
| 找坡找平层 |
| 结构层 |

图8-4　传统屋面示意图 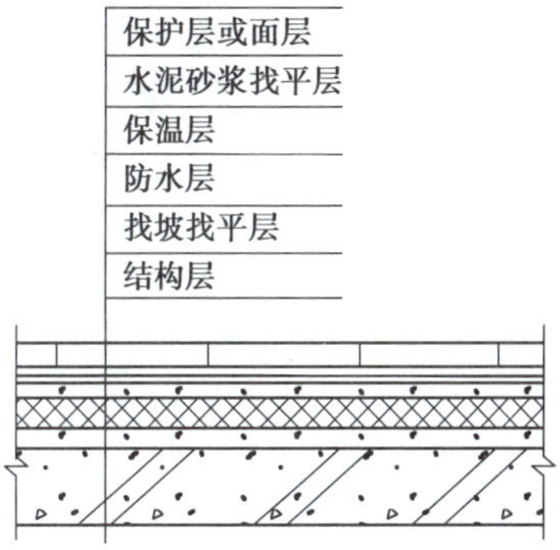　　　　图8-5　倒置式屋面示意图

二、采暖系统节能设计

全国锅炉采暖约占3/4,锅炉采暖的平均效率只有15% ～25% ,分散锅炉采暖又占全部锅炉采暖的84% ,其中小容量锅炉约占91.5% ,实际效率只有40% 。采暖系统可采用的节能技术有下述两种:

①平衡供暖。采用以平衡阀及其专用智能仪表为核心的管网水力平衡技术,热量按户计量及室温控制调节,采用双管系统或单管加跨越管系统,按户或联户安设热表,在散热器端安设恒温调节阀,以达到热舒适和节能的双重效果。

②管道保温。内管为钢管,外套聚乙烯或玻璃钢管,中间用泡沫聚氨酯保温,不设管沟,直埋地下,管道热损失小。

三、提高终端用户用能效率

首先,根据建筑的特点和功能,设计高能效的暖通空调设备系统,如热泵系统、蓄能系统和区域供热、供冷系统等。然后,在使用中采用能源管理和监控系统来监督和控制室内的舒适度、室内空气品质和能耗情况。如欧洲国家通过传感器测量周边环境的温度、湿度和日照强度,然后基于建筑动态模型预测采暖和空调负荷,从而控制暖通空调系统的运行。在其他家电产品和办公设备方面,应尽量使用具有节能认证的产品。

四、利用新能源

新能源和可再生能源是指在新技术的基础上加以开发利用的可再生能源,包括太阳能、生物质能、水能、风能、地热能等(图8-6)。新能源不仅来源丰富,而且对环境的污染很小,是与生态环境相协调的清洁能源。在建筑中积极推广应用太阳能、地热能等新能源,代替和尽可能少地消耗煤炭、石油、天然气等不可再生能源,对减少我国不可再生能源的消耗量和优化我国的能源结构具有重要意义。

图 8-6 地热能源的运用

【知识拓展】

建筑节能常用术语

1.导热系数(λ)(Coefficient of thermal conductivity)

稳定条件下,1 m 厚的物体,两侧表面温差为 1 K 时,在单位时间内通过单位面积传递的热量。单位:W/(m·K)。

2.蓄热系数(S)

当某一足够厚度的单一材料层一侧受到谐波热作用时,表面温度将按同一周期波动。通过表面的热流振幅与表面温度振幅的比值即为蓄热系数。单位:W/(m²·K)。

3.比热容(c)

1 kg 物质,温度升高(或降低)1 K 吸收(或放出)的热量。单位:kJ/(kg·K)。

4.表面换热系数(α)

表面与附近空气之间的温差为 1 K,1 h 内通过一表面传递的热量。在内表面,称为内表面换热系数;在外表面,称为外表面换热系数。单位:W/(m²·K)。

5.表面换热阻(R)

表面换热系数的倒数。在内表面,称为内表面换热阻;在外表面,称为外表面换热阻。单位:W/(m²·K)。

6.围护结构

建筑物及房间各面的围挡物,如墙体、屋顶、地板、地面和门窗等,分内、外围护结构两大类。

7.热桥(也称为冷桥)

围护结构中包含金属、钢筋混凝土或混凝土梁、柱、肋等部位,在室内外温差作用下,形成热流密集、内表面温度较低(高)的部位。这些部位形成传热的桥梁,故称为热(冷)桥。

8.围护结构传热系数(K)

稳态条件下,围护结构两侧空气温差为 1 K,在单位时间内通过单位面积传递的热量。单位:W/(m²·K)。

9.围护结构传热阻(R_0)

围护结构传热系数的倒数,表征围护结构对热量的阻隔作用。单位:W/(m²·K)。

10. 围护结构传热系数的修正系数(ε_i)

不同地区、不同朝向的围护结构,因受太阳辐射和天空辐射的影响,使其在两侧空气温差同样为1 K的情况下,在单位时间内通过单位面积围护结构的传热量要改变。这个改变后的传热量与未受太阳辐射和天空辐射影响的原有传热量的比值,即为围护结构传热系数的修正系数。

11. 围护结构温差修正系数(n)

根据围护结构与室外空气接触的状况,对室内外温差采取的修正系数。

12. 建筑物体型系数(S)

建筑物与室外大气接触的外表面积与其所包围的体积的比值。在外表面积中不包括地面、不采暖楼梯间隔墙及户门的面积。

13. 窗墙面积比

窗户洞口面积与房间立面单元面积(即建筑层高与开间定位线围成的面积)的比值。

14. 换气体积(V)

需要通风换气的房间体积。

15. 换气次数

单位时间内室内空气的更换次数。

16. 采暖期天数(Z)

累年日平均温度低于或等于5 ℃。这一采暖期仅供建筑热工和节能设计计算采用。

17. 采暖能耗(Q)

用于建筑物采暖所消耗的能量,其中包括采暖系统运行过程中消耗的热量和电能,以及建筑物耗热量。

18. 建筑物耗热量指标(q_H)及耗冷量指标

建筑物耗热量指标是指在采暖期室外平均温度条件下,为保持室内计算温度,单位建筑面积在单位时间内消耗的、须由室内采暖设备供给的热量。单位:W/m²。

建筑物耗冷量指标是指按照夏季室内热环境设计标准和设定的计算条件,计算出的单位建筑面积在单位时间内消耗的需要由空调设备提供的冷量。

19. 空调年耗电量

按照夏季室内热环境设计标准和设定的计算条件,计算出单位建筑面积空调设备每年所要消耗的电能。

20. 采暖年耗电量

按照冬季室内热环境设计标准和设定的计算条件,计算出单位建筑面积采暖设备每年所要消耗的电能。

21. 空调、采暖设备能效比(EER)

在额定工况下,空调、采暖设备提供的冷量或热量与设备本身所消耗的能耗之比。

22. 空调度日数($CCD26$)

一年中,当某天室外日平均温度高于26 ℃时,将高于26 ℃的度数乘以1天,并将此乘积累加。

23.水力平衡度(HB)

水力平衡度指采暖居住建筑物热力入口处循环水量(质量流量)的测量值与设计值之比。

24.供热系统补水率(R_{mu})

供热系统在正常运行条件下,检测持续时间内系统的补水量与设计循环水量之比。

沙场练兵

一、填空题

1.能源是可产生_____或可做功物质的统称,是人类生存和发展的物质基础。

2.下列能源中:

①天然气;②沼气;③潮汐能;④电能;⑤柴油;⑥核能;⑦风能;⑧水能;⑨激光。其中,属于常规能源的是:_____,属于新能源的是:_____。

3.当今人类社会的三大能耗分别称为生产能耗、交通能耗和_____。

4.建筑节能的两条基本途径分别是_____和_____。

5.建筑节能的概念曾经历了3个发展阶段,目前我国即将进入第_____个阶段,即在建筑中提高能源利用率。

二、选择题

1.下列能源中,属于可再生能源的是(　　)。

A.煤炭　　　　　　B.天然气　　　　　　C.氢能　　　　　　D.核能

2.节能的三大途径是指技术途径、(　　)、结构途径。

A.管理途径　　　　B.宣传途径　　　　　C.社会途径　　　　D.其他途径

3.在建筑整个寿命期内使用能耗占建筑总能耗的(　　)。

A.95%　　　　　　B.85%　　　　　　　C.50%　　　　　　D.20%

4.建筑能耗是指建筑物使用过程中的能耗,其中(　　)等能耗约占建筑总能耗的2/3以上。

A.热水供应、空调、采暖　　　　　　B.采暖、空调、通风

C.电梯、空调、通风　　　　　　　　D.电梯、空调、通风

5.关于建筑节能的技术途径,下列说法中错误的是(　　)。

A.减少围护结构的能量损失　　　　　B.减少建筑使用能源使用

C.优化采暖系统节能设计　　　　　　D.提高终端用户用能效率

三、简述题

减少围护结构的能量损失是建筑节能技术的重要组成部分,请简述减少围护结构能量损失的主要环节及方法。

项目九 建筑选址与布局规划节能

　　建筑的规划设计是建筑节能设计的重要内容,规划设计从分析建筑物所在地区的气候条件、地理条件和环境条件出发,最大限度地利用自然环境资源,使建筑物在冬季最大限度地利用自然能来取暖,多获得热量并减少热损失;在夏季最大限度地减少得热和利用自然能来降温冷却,以达到节能效果。

　　居住建筑及公共建筑规划设计需要结合建筑选址、建筑布局、建筑朝向、建筑间距等方面进行,通过建筑的规划布局对上述因素进行充分利用、改造,形成有利于节能的居住条件。

【案例导入】

　　长沙市大泽湖·海归小镇研发中心(一期)项目是全国第四个正式获批的海归小镇。该项目位于长沙市望城区滨水新城大泽湖片区,为夏热冬冷地区,降水充沛,雨热同期。项目总建筑面积 67 825.61 m²,建设内容主要为 1 栋 5 层办公楼(2#)、1 栋三塔连体大跨度纯钢结构的 9 层办公楼(3#)、1 栋 6 层办公楼(4#);地下室及配套设备用房,建筑功能主要为办公。

　　设计以绿色低碳、智慧共生、可持续发展的理念,打造一座全装配式钢结构花园有氧办公基地。本项目绿建思维和理念贯穿全生命周期,突破设计层面的被动式、主动式绿建技术应用体系,对建造和运维过程提出节能低碳高要求,融合 BIM 技术、智能建造、绿色建造、孪生运维等技术,实现了真正意义上的超低能耗绿色节能建筑,彰显了长沙"海归小镇"先开区的现代性与科技性,可为节能建筑的发展起到示范性作用,助力实现"双碳"目标。

【知识目标】

了解节能建筑设计原则、建筑选址与布局对能源利用的影响、可再生能源和 Passivhaus 等节能技术的应用。

【技能目标】

1. 能利用软件模拟建筑选址与布局对能源利用的影响；
2. 掌握节能建筑设计工具和方法；
3. 熟练运用可再生能源和 Passivhaus 等节能技术。

【职业素养目标】

1. 具备环境保护意识；
2. 能与相关专业人员合作进行节能建筑设计；
3. 关注节能政策和法规的变化。

任务一 建筑选址节能

节能建筑的设计首先考虑充分利用建筑所在环境的自然资源条件，建筑所在位置的气候因素、地形条件、地质水文情况、当地建筑材料等，并在尽可能少用常规能源的条件下，遵循不同气候下、不同设计方法和建筑技术措施，创造出人们生活和工作所需的室内环境，以提高建筑节能的效果。

一、气候因素

我国疆土辽阔，各地区气候差异明显，因此建筑选址更需因地制宜。根据我国《民用建筑热工设计规范》（GB 50176—2016）中的气候分区，从建筑热工设计的角度出发，用每年最冷月（1 月）和最热月（7 月）的平均温度作为分区主要指标，累年日平均温度≤5 ℃和≥25 ℃的天数作为辅助指标，将全国划分为严寒、寒冷、夏热冬冷、夏热冬暖和温和 5 个气候区，主要城市所处气候分区见表 9-1。

表 9-1　主要城市所处气候分区

气候分区	代表性城市
严寒地区 A 区	海伦、伊春、海拉尔、满洲里、齐齐哈尔、哈尔滨、牡丹江、克拉玛依、佳木斯
严寒地区 B 区	长春、乌鲁木齐、四平、呼和浩特、抚顺、沈阳、张家口、酒泉、吐鲁番、西宁、银川、丹东
寒冷地区	兰州、太原、阿坝、北京、天津、大连、石家庄、德州、西安、拉萨、康定、济南、青岛、郑州、洛阳、宝鸡

续表

气候分区	代表性城市
夏热冬冷地区	南京、合肥、武汉、黄石、安康、上海、杭州、长沙、南昌、株洲、永州、桂林、重庆、达县、万州、涪陵、南充、宜宾、成都、贵阳、遵义、绵阳
夏热冬暖地区	福州、莆田、龙岩、梅州、柳州、泉州、厦门、广州、深圳、湛江、汕头、海口、南宁、北海
温和地区	昆明、攀枝花、蒙自、澜沧

严寒地区:必须充分满足冬季保温要求,一般可不考虑夏季防热。

寒冷地区:应满足冬季保温要求,而在部分地区,应兼顾夏季防热。

夏热冬冷地区:必须满足夏季防热要求,适当兼顾冬季保温。

夏热冬暖地区:必须满足夏季防热要求,一般可不考虑冬季保温。

温和地区:部分应考虑冬季保温,一般可不考虑夏季防热。

二、地形因素

建筑所处位置的地形地貌,如位于平地或坡地、山谷或山顶、江河或湖泊水系等,将直接影响建筑室内外热环境和建筑能耗的大小。

在严寒或寒冷地区,建筑宜布置在向阳、避风的地域,而不宜布置在山谷、洼地、沟底等凹形地域。这主要是考虑冬季冷气流容易在凹地聚积,形成对建筑物的"霜洞"效应,建筑物底层采暖能耗将会大大增加,如图9-1所示。

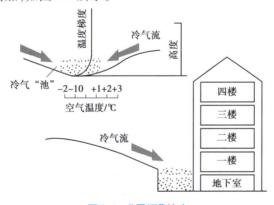

图 9-1 "霜洞"效应

对于夏季炎热地区而言,将建筑布置在山谷、洼地、沟底等凹形地域是相对有利的。因为在这些地方容易实现自然通风,尤其是在夏季的夜晚,高处凉爽气流会自然地流向凹地,把室内外的热量带走,在节约能耗的基础上改善了室内的热环境。

江河湖泊丰富的地区,由于地表水陆分布、地势起伏、表面覆盖植被等的不同,在白天受太阳辐射和夜间受长波辐射散热作用时,会产生水陆风而形成气流运动。在进行节能建筑设计时,可以充分利用水陆风以达到"穿堂风"的效果。这样不仅可以改善夏季室内热环境,还可以节约大量的空调能耗。

建筑物室外地面覆盖层及其透水性也会影响室外微气候环境,从而将直接影响建筑采暖和空调能耗的大小。建筑物室外如果铺砌为不透水的坚实路面,在降雨后,雨水在高温下很快蒸发到空气中,形成局部高温高湿闷热气候,这种情况会加剧空调系统的能耗。因此,在进行节能建筑规划设计时,建筑物周围应有足够的绿地和水面,严格控制建筑密度,尽量减少硬质地面面积,并尽量利用植被和水域减弱城市的热岛效应,以改善建筑物室外的微气候环境,如图9-2所示。

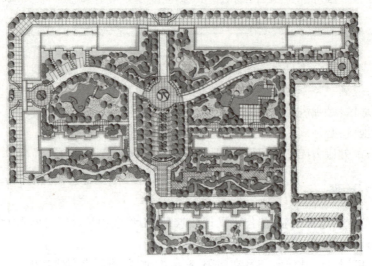

图9-2　小区绿化和水面设计改善建筑物微气候环境

综上所述,建筑物的选址节能原则可以概括为向阳、通风、减少能量需求。向阳是以满足冬季采暖为目的,利用阳光则是最经济合理的途径,因此节能建筑首先要遵循向阳的要求,如选择向阳平地或坡地争取日照。通风是为了满足建筑物冬季采暖要求的同时兼顾夏季致凉,利用通风使室内降温。减少能量需求是为了避免建筑微气候环境恶化而消耗能量,避免光洁硬地面的热反射,避免不利风向,避免雨雪堆积而导致积雪融化带走热量,造成建筑室外环境温度降低。

任务二　建筑布局规划节能

建筑布局是指从更加全面的角度,通盘考虑建筑的功能、使用、适用、美观等整体效果。建筑布局与建筑节能也是密切相关的,影响建筑规划设计布局的主要气候因素有日照、风向、风力、气温、雨雪等。在进行规划设计时,可通过建筑布局,形成优化微气候环境的良好界面,建立气候防护单元,以利于建筑节能。

一、建筑群布局设计

建筑群的布局一般可从建筑平面和空间两个方面来考虑。通过合理的建筑布局,可以改善风环境,从而达到节能的目的。

1. 平面布局

建筑群的布局方式一般有并列式、错列式、斜列式、周边式和自由式等,它们都各具特点,如图9-3所示。其中,并列式、错列式和斜列式统称为行列式。

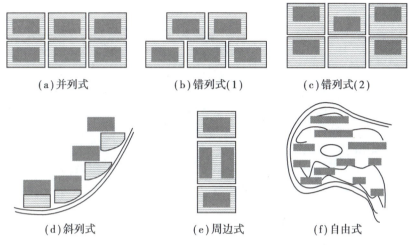

(a)并列式　　　　　(b)错列式(1)　　　　　(c)错列式(2)

(d)斜列式　　　　　(e)周边式　　　　　(f)自由式

图 9-3　建筑群的布局方式

①并列式:建筑物有规则地成排成行布置。这种方式能够争取最好的建筑朝向,使大多数房间能够获得较好的日照,并有利于通风,是目前我国城乡广泛采用的一种布局方式。

②错列式:利用山墙空间争取日照,从而避免"风影效应",这是建筑群常用的布局方式之一。

③斜列式:建筑可长可短,也可根据地形、地势和朝向等条件灵活布置,常用于受地形限制的区域。

④周边式:即建筑沿街道周边布置。这种布局方式虽然可以使小区内的空间比较集中开阔,但有相当多的居住房间得不到良好的日照,对自然通风也不利。因此,这种布局方式仅适用于北方严寒和部分寒冷地区。

⑤自由式:充分利用地形特点,采用多种平面形式及高低层和长短均不相同的体形组合,构成自由变化的布置形式,常用于地形复杂的区域。这种布局方式可以避免建筑物互相遮挡阳光,对日照及自然通风有利,是最常见的一种组团布置形式。

在工程实践中,只要环境条件允许,建筑师和规划师通常采用行列式和错列式的建筑布局方式。这样的建筑布局不仅形式优美、方法简单,而且容易满足建筑自然通风要求和日照要求。

2. 空间布局

空间布局同样也应注重建筑的自然通风,并合理地利用建筑地形。建筑的空间布局应采用"前低后高"和有规律的"高低错落"的处理方式。例如,利用向阳的坡地使建筑顺其地形的高低,逐一排列,一幢比一幢高;平地上的建筑则应采取"前低后高"的排列方式,使建筑逐渐加高,也可采用建筑之间"高低错落"的方式布局,使较高的建筑和较低的建筑错开布置。图9-4是上海市普陀区苏州河昌化路的天安阳光半岛小区建筑群,建筑群似山丘,高低竖立着相互交错的露台,宛如一座空中花园。

图 9-4　上海市普陀区苏州河昌化路的天安阳光半岛小区建筑群

3.建筑体形

在建筑选址确定后,应进行合理的建筑规划和体形设计,以适应恶劣的微气候环境。从建筑节能的角度出发,建筑物单位面积对应的外表面积越小,其外围护结构的热损失就越小,因此应将建筑物的体形系数控制在一个较低水平上。

体形系数是指建筑物和室外大气接触的外表面积与其所包围的体积的比值,其计算公式如下:

$$体形系数 = \frac{外墙总面积(m^2)+屋面面积(m^2)}{建筑体积(m^3)}$$

体形系数的数值大小与建筑物的能耗有直接关系。对于相同体积的建筑物而言,体形系数越大,说明单位建筑空间的热散失面积越大,则建筑物的能耗就越高。研究表明,体形系数每增大 0.01,其热能耗指标约增加 2.5%。因此,在建筑设计时应尽量控制建筑物的体形系数。

图 9-5 和表 9-2 所示为相同体积下不同建筑体形的体形系数。由图 9-5 和表 9-2 可知,通常情况下,宽的建筑比窄的建筑热损失少,高的建筑比矮的建筑热损失少,外表整齐的建筑比外表凸凹变化的建筑热损失少。

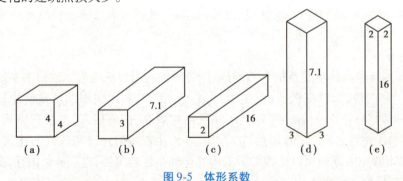

图 9-5　体形系数

表9-2　相同体积建筑的不同体形系数

立体的体形	表面积/m²	建筑体积/m³	体形系数
图9-5中(a)	80.0	64	1.25
图9-5中(b)	81.9	64	1.28
图9-5中(c)	104.0	64	1.63
图9-5中(d)	94.2	64	1.47
图9-5中(e)	132.0	64	2.01

从图9-5和表9-2中可以看出,在建筑体积一定的前提下,建筑的宽度、长度和总高的变化都会引起建筑物体形系数的变化。一般来说,控制或降低建筑物体形系数的方法主要有以下几点:

(1)减少建筑面宽,加大建筑幢深

通过减少建筑面宽、加大建筑幢深的手段,以加大建筑的基底面积,从而降低建筑的热损失。对体量在1 000~8 000 m²的建筑,当幢深从8 m增至12 m时,各类型建筑的耗热指标均大幅度降低,但当幢深超过14 m时,耗热指标却降低很少;当建筑面积较小(约2 000 m²以下)或层数较多(6层以上),而幢深超过14 m时,建筑耗热指标还可能增加。

(2)增加建筑物的层数

增加层数一般可加大体量,降低耗热指标。当建筑面积在2 000 m²以下时,层数以3~5层为宜,如果层数过多,则底面积会太小,将会造成与图9-5(e)所示类似的节能不利状况;当建筑面积为3 000~5 000 m²时,层数以5~6层为宜;当建筑面积为5 000~8 000 m²时,层数以6~8层为宜,8层以上建筑耗热指标还会继续降低,但降低幅度不大。

(3)建筑体形不宜变化过多

严寒地区节能型住宅的平面形式应追求平整、简洁,如直线形、折线形和曲线形。在节能规划中,对住宅形式的选择不宜大规模采用单元式住宅错位拼接,也不宜采用点式住宅或点式住宅拼接。这是因为错位拼接和点式住宅都将使建筑的外墙形成较长的临空长度,不利于节能。

二、建筑间距

建筑间距是指相邻两幢建筑物、构筑物外墙之间的水平距离。为满足日照、通风、防火等卫生和安全要求,建筑物之间必须留出一定的间距。间距过小,难以满足上述要求;间距过大,又会造成土地浪费和道路、管线长度的增加。因此,适宜的建筑间距是保证场地布局经济合理的必要前提。

1. 日照间距

日照间距是指前后两列房屋之间为保证后排房屋在规定的时间获得必需日照量而保持的一定距离。所谓必需日照量,即建筑的日照标准,是满足日照方面起码要求的最低标准。日照间距是以太阳在大寒日中午12时的高度角,以不遮挡后一排建筑一层窗台处(室内地面上0.9 m处)为准,如图9-6所示。

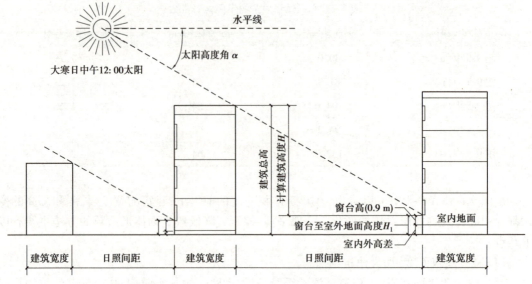

图9-6　日照间距

目前,我国根据不同类型建筑的日照要求制定了相应的日照标准。《城市居住区规划设计标准》(GB 50180—2018)对日照间距的规定如下:

①每套住宅至少应有一个居室能获得冬季日照。

②宿舍半数以上的居室应获得与住宅居室相等的日照标准。

③托儿所、幼儿园的主要生活用房,应能获得冬至日不小于3 h的日照标准。

④老年人住宅、残疾人住宅的卧室、起居室,医院、疗养院半数以上的病房和疗养室,中小学半数以上的教室应能获得冬至日不小于2 h的日照标准,见表9-3。

表9-3　住宅建筑日照标准

建筑气候区划	Ⅰ、Ⅱ、Ⅲ、Ⅶ气候区		Ⅳ气候区		Ⅴ、Ⅵ气候区
城区常住人口/万人	≥50	<50	≥50	<50	无限定
日照标准	大寒日				冬至日
日照时数	≥2		≥3		≥1
有效日照时间带 (当地真太阳时)	8～16时				9～15时
日照时间计算起点	底层窗台面(距室内地面0.9 m)				

2. 通风间距

当建筑垂直风向前后排列时,为了使后排建筑有良好的通风,前后排建筑之间的距离应为$(4～5)H$(H为前排建筑高度)。但从用地的经济性考虑,一般不可能选择这样的间距来满足通风要求。因此,为了使建筑物既具有良好的自然通风,又节约用地,应避免建筑物正面迎风,将建筑与夏季主导风向成30°～60°布置,使风先进入两房屋之间,再形成房屋的穿堂风,这样建筑间距缩小到$(1.3～1.5)H$,既满足要求,又较为经济,如图9-7所示。

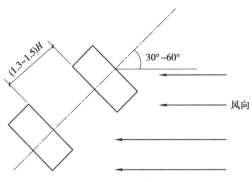

图9-7 穿堂风

3.防火间距

在相邻建筑之间保持一定距离的空间,当建筑物起火时,一方面可以起到防止火势蔓延的作用,另一方面是为了保证疏散及方便消防救火操作的需要。在确定防火间距时,要合理科学地规定不同建筑物与建筑物部分之间的防火要求,避免对土地的过多浪费。

在《建筑设计防火规范》(GB 50016—2014,2018 年版)中,根据建筑物的耐火等级,对建筑的防火间距进行了具体规定。对于低、多层建筑,其耐火等级分为四级;对于高层建筑,其耐火等级分为一、二两级。高层建筑裙房的耐火等级不应低于二级。在计算防火间距时,应按相邻建筑外墙的最近距离计算。当外墙突出的构件是可燃构件时,应从其突出部分的外缘算起。民用建筑之间的防火间距不应小于表9-4 的规定。

表9-4 民用建筑之间的防火间距　　　　　　　　　　　　　　　单位:m

建筑类别		高层民用建筑	裙房和其他民用建筑		
		一、二级	一、二级	三级	四级
高层民用建筑	一、二级	13	9	11	14
裙房和其他民用建筑	一、二级	9	6	7	9
	三级	11	7	8	10
	四级	14	9	10	12

三、建筑朝向

选择合理的建筑物朝向是一项重要的节能措施。现代住宅设计中,建筑朝向应根据住宅内部房间的使用要求、当地的主导风向、太阳的辐射、建筑周围的环境以及各地区的气候等因素来确定。一般来说,我国住宅最适宜的建筑朝向为坐北朝南,其次为南略偏东或西,坐西朝东较差,坐东朝西也是很差的朝向,最差的朝向为坐南向北。究其原因,主要是从日照和通风两个角度分析。

从日照情况看,东西向的建筑,上午晒东,下午晒西,阳光可深入室内,有利于提高日照效果。此外,我国大部分地方处于北半球,夏季太阳高度角大,太阳光线和南面垂直墙面的夹角很小,因而墙面上接受的太阳辐射热量和通过南向窗户照射到室内阳光的深度及时间都较少。冬季太阳高度角小,不论照射到墙面后被吸收的热量或照进房间的阳光深度都比夏季大。因此,冬季南向日照时数比其他朝向多,故有冬暖夏凉的效果。特别是我国南方地区,上导风向一般是南风或偏南风,南向房间又可获得有利的自然通风条件。各方位朝向情况如图9-8所示。

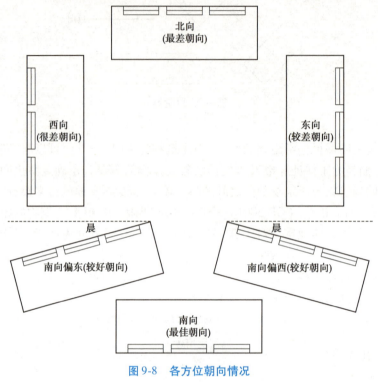

图9-8　各方位朝向情况

任务三　建筑环境绿化节能

建筑节能与建筑所处环境关系密切。绿化可有效地改善居住区的热环境,水面也具有调节热环境的功能。根据实测,夏季草地的平均表面温度比沥青地面低 7 ℃,比混凝土地面低4.4 ℃。沥青地面和混凝土地面等材料的蓄热系数和导热系数大,受太阳辐射后,地表温度升高,导致环境气温相应增加,不利于居住区的夏季防热。

由于树冠的大小和特征不同,所以无论是在调节微气候方面,还是在改善室外空气质量方面,都是乔木的效果最好,灌木次之,草地最差。故居住区绿化在保证绿化率的同时应尽可能多栽植乔木和灌木。可以充分利用各种条件进行绿化,如在部分人行道、室外停车场和部分路面,采用草地砖。在建筑的东、南、西侧栽植落叶乔木,可以在夏季起到遮阳降温的作用,尤其是东、西侧,在冬季落叶后对建筑的日照影响也不致过大。屋顶绿化和墙面绿化(主要是指攀缘植物)不但有助于改善居住区室外热微气候,而且对建筑也有极好的保温隔热效果。建筑绿化环境设计又分为平面环境设计和立体环境设计,平面绿化在建筑中有屋面绿化和地面绿化两种。

一、建筑屋面绿化

在自然界中,植物是利用太阳能通过光合作用和蒸腾作用等生理过程维持并复制自身。屋面植被对太阳能辐射的传导方式由原来的吸收光能、扩散热能改变为吸收利用光能、转化储存化学能,从而使城市建筑的隔热功能由被动的"隔"热改变为主动的"消"热。

屋面绿化不仅可以增加一部分植物种植面积,还可以使屋顶雨水的排放量减少到原来的1/3,其余2/3的雨水储存在屋顶后通过蒸发排放到空气中,调节城市气候,为提高城市热环境质量提供一个可行的工程技术措施。

二、建筑周边绿化

在建筑物室外种植乔灌草,产生一定的制冷效应,以尽量减少反射到房间的热量。依靠树木和潮湿绿地植被的呼吸作用,可以带走一定的热量,从而降低地面附近室外空气温度。此外,位置合理的植物还能够起阻挡或倒流作用,改变房屋周围和内部的气流流向,有规律地将净化后的空气引导进入建筑,增强室内风量和风速,可有效改善室内的空气质量。同时,树木的种植位置应根据树冠的高度和太阳高度角,与建筑保持适当的距离,避免正对窗的中心位置,尽量减少对通风、采光和视野的阻挡,如图9-9所示。

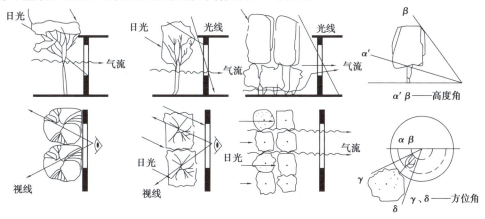

图9-9　树木种植位置与建筑保持的距离

三、建筑立面绿化

建筑立面绿化除明显具有改善小气候的作用外,植物与墙体结构以及与整个建筑物之间的相互辅助作用也是多方面的。

墙面的温度变化主要取决于它的朝向和颜色,朝西和朝南的深色墙面,夏季温度可达60 ℃左右;晴朗的冬季之夜,外墙面的温度可低至零下10 ℃左右,年温差约达70 ℃。温差变化和剧烈的热膨胀引起的应变会导致墙面开裂破坏。而墙面绿化可以反射和吸收太阳辐射热的70%左右,在夏季可以起到遮阳降温的作用,并保护墙面免受紫外线的照射,缩小墙面冬夏两季的温差。

立面绿化还可以起到防风作用。植物枝叶形成的绿荫可大大降低吹到墙面上的风速,减小背风向和迎风向墙面间的气压差,对冬季防风尤为重要。

案例精选

立体绿化建筑的典范——广州花都区自由人花园

广州自由人花园位于广州市花都区广花路和镜湖大道交汇处,总占地面积约 1 000 亩,总建筑面积达到 130 万 m^2。项目引入生态运动人居概念,倡导环保、运动、健康的现代时尚生活方式(图 9-10)。立体绿化工程为自由人花园 Shopping Mail 共 4 栋商业建筑的建筑外立面绿化工程,建筑五面绿化,立体绿化体量达 1.5 万 m^2,属单体垂直绿化项目世界之最。该项目已成为中国绿色建筑与节能专业委员会和新加坡建设局的"湿热气候区绿色建筑技术合作"示范项目。

项目立体绿化工程采用常绿、形态规整的观叶类植物作为主体,在侧面及大面积垂直面处加下垂叶式、针状叶形、线性叶形等形态野趣多姿的植物作为点缀,形成动静形态结合的植物群体,从而展现出建筑唯美的曲线效果。在室内立体花园的设计上,以富春山居图为蓝图模型,选用 33 种植物搭配完成。屋顶的天窗提供了充足的室内光照,为植物选择的多样性提供了保障。

图 9-10 广州自由人花园

沙场练兵

一、填空题

1. 根据我国《民用建筑热工设计规范》(GB 50176—2016),将全国划分为严寒、寒冷、夏热冬冷、_____ 和 _____ 5 个气候区。四川省大部分地区应处于 _____ 气候区。

2. 体形系数是指 _____ 与其所包围的 _____ 的比值。

二、选择题

1.根据《民用建筑热工设计规范》(GB 50176—2016),下列说法正确的是(　　　)。

A.对于严寒地区,必须充分满足冬季保温和夏季保温要求

B.对于寒冷地区,必须满足冬季保温和夏季防热要求

C.对于夏热冬暖地区,必须满足夏季防热要求,可不考虑冬季保温要求

D.对于温和地区,必须满足夏季防热要求,可不考虑冬季保温要求

2.从调节微气候和改善室外空气质量的角度分析,关于室外植物效果最佳的是(　　　)。

A.灌木　　　　　　B.乔木　　　　　　C.草地　　　　　　D.藤木

三、简述题

1.俗语云"有钱不住东南房",请你从日照和通风的角度解释其原因。

2.从节能角度分析,建筑物选址和布局应注意哪些方面?

3.建筑节能设计中,如何确定建筑物朝向与间距?

项目十　建筑围护结构节能设计

建筑规划设计的实践经验表明,强化对建筑各部位的节能构造设计,尤其是对墙体、门窗、屋顶、楼板等部位的造型、结构、材料、构造等方面设计的理论研究,可使建筑能够充分利用外部气候环境条件,从而达到节能和改善室内微气候环境的效果。

【案例导入】

厦门市建设局建筑废土配套管理房

厦门市建设局建筑废土配套管理房位于厦门市思明区,建筑占地面积615.33 m²,建筑面积1 794.51 m²,地下1层,建筑面积为876.13 m²。主要包括地下车库及建筑节能展示厅、渣土管控平台及配套管理用房等。

为了加强示范意义,厦门市建设局建筑废土配套管理房项目在外墙节能材料的选择上,与普通工程相比,非常有特色,即选择福建省当地典型的建筑材料,填充墙采用当地常用的外墙自保温技术,在建筑的每层楼采用不同的自保温砌块或砖,东西外墙采用适宜于夏热冬暖地区采用的无机保温砂浆进行保温隔热。具体各层围护结构的设计情况如下:

①建筑第一层外墙采用轻集料自保温技术。一层北侧厕所至⑤轴东围墙部分,采用石膏砌块作为建筑外墙。一层东向外墙采用30 mm厚的无机玻化微珠保温砂浆进行内保温,西向外墙采用30 mm厚无机保温砂浆进行内保温。

②建筑第二层外墙采用煤矸石烧结砖自保温技术。二层东向外墙采用30 mm厚无机玻化微珠保温砂浆进行内保温,而西向外墙则采用30 mm厚无机保温砂浆进行内保温。

③建筑第三层外墙采用加气混凝土砌块自保温技术。本项目采用的加气混凝土砌块砌筑的墙体传热系数小于1.0 W/(m²·K),热工性能优越。三层东向外墙采用30 mm厚无机玻化微珠保温砂浆进行内保温,西向外墙采用30 mm厚无机保温砂浆进行内保温。

本项目建筑外墙整体综合性能见表10-1。

表10-1　建筑外墙整体综合性能

热工特性	总体	东向	西向	南向	北向
面积 A/m²	446.33	106.49	114.19	108.35	117.30
百分比/%	60.68	64.16	65.59	55.65	58.43
传热系数 K/$[W·(m²·K)]^{-1}$	1.30	0.93	1.02	1.70	1.53

热工特性	总体	东向	西向	南向	北向
外墙平均热惰性指标 D	3.55	4.16	3.49	3.27	3.37
外墙平均传热系数 $K/[W \cdot (m^2 \cdot K)^{-1}]$	1.43	1.17	1.22	1.67	1.57

【知识目标】

1.理解建筑围护结构的基本概念和原理,包括墙体、屋顶、地板等部分的功能和特点;

2.了解建筑围护结构的节能设计原则,如隔热、保温、气密性、防水等方面的知识;

3.理解不同类型的节能围护材料,如外墙外保温系统、屋面保温材料、窗户和门的选材;

4.了解建筑围护结构的热工性能指标和评价方法,如 U 值、传热系数、太阳能透过率等。

【技能目标】

1.能根据建筑设计要求选择合适的节能围护材料和系统,以实现最佳的能源效率;

2.具备使用专业软件进行建筑围护结构的热工计算和模拟技能,以预测和优化能源消耗;

3.能进行建筑围护结构的施工监督和质量控制,确保设计效果得以实现。

【职业素养目标】

1.具备环保意识和责任心,推动绿色建筑和可持续发展的理念;

2.具备团队合作和沟通能力,与团队协作完成建筑围护结构节能设计工程;

3.关注行业发展动态,持续学习和更新知识,掌握最新的节能技术和标准;

4.具备解决问题和应对挑战的能力,能够在设计和施工过程中处理各种常见问题和突发情况;

5.具备批判思维和创新能力,提高建筑能源使用效率。

任务一　建筑物墙体节能设计

建筑围护结构主要包括墙体、门、窗和屋顶等。建筑围护结构联系着室内气候和室外气候,起遮风挡雨、阻隔严寒和酷暑、维持室内气候相对稳定的重要作用。在建筑围护结构的节能中,外墙的保温节能是建筑节能的重点。随着国家对能源与环境要求的不断提高,建筑围护结构的保温技术也在日益加强。

在实际的外墙保温工程中,墙体面层开裂问题已成为住户投诉较多的建筑通病之一,因此防裂是墙体保温体系要解决的关键技术。一旦墙体保温层或保护层开裂,不但满足不了设计的节能要求,甚至还会危及墙体安全。

总的来说,建筑物的外墙保温就像建筑物的外衣,既能防止外部阳光的辐射和冷空气的入侵,又能阻止室内热能的散发。

一、建筑物外墙保温设计

1. 建筑物外墙按使用材料分类

按主体结构使用的材料不同,外墙可分为单一材料保温墙体和单设保温层复合保温墙体两种。

1)单一材料保温墙体

常见的单一材料保温墙体包括加气混凝土保温墙体、多孔砖墙体、空心砌块墙体等,虽然这些材料具有一定的保温性能,但与保温砂浆、聚苯板等材料相比,其保温性能较差。

例如,要使加气混凝土砌块外墙的传热系数达到0.6,如果仅采用加气混凝土砌块这一种材料,则其墙体厚度应为 440 mm;如果采用聚苯板外墙外保温,则外墙总厚度只需 270 mm(外墙内抹灰 20 mm、加气混凝土砌块 200 mm、空气层 10 mm、聚苯板 30 mm、外墙饰面 10 mm)。因此,在实际工程中,使用单一材料保温墙体的情况较少。

2)单设保温层复合保温墙体

单设保温层复合墙体由于采用新型高效保温材料而具有更优良的热工性能,且结构层、保温层都可充分发挥各自材料的特性和优点,既不使墙体过厚,又可满足保温节能要求,还可以满足墙体抗震、承重及耐久性等多方面的要求。

在单设保温层复合保温墙体中,根据保温层在墙体中的位置不同,可分为外保温复合外墙、内保温复合外墙和夹心保温复合外墙 3 种,如图 10-1 所示。其中,夹心保温复合外墙在住宅建筑中很少应用。

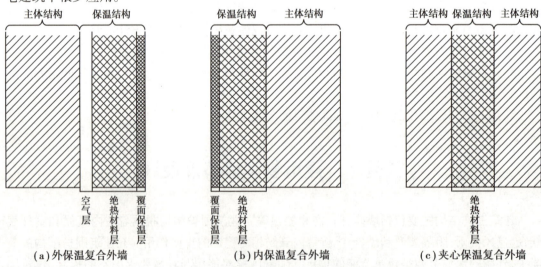

图 10-1　单设保温层复合保温墙体种类

（1）外保温复合外墙

外保温复合外墙是指在外墙外侧设置保温层和饰面。采用外保温对室内热稳定性有利,热桥易于处理,但施工较为复杂,外部罩面需认真处理以确保其稳定性和耐久性。

（2）内保温复合外墙

保温层设置在外墙的内表面,保温材料与砖墙或混凝土之间可设或不设空气层,其做法是在外墙内侧增加木质或轻钢龙骨,然后在龙骨内填充保温材料,表面覆以石膏板后加涂料饰面。

（3）夹心保温复合外墙

将外墙分为承重和保温两个部分,中间留 20 ~ 50 mm 空隙,以填充无机松散或块状保温材料,也可不填充材料（即设为空气层）。

2. 外保温复合外墙

外保温复合外墙中,保温隔热材料复合在建筑物外墙的外侧,并覆以保护层,从而有效地抑制了外墙与室外的热交换。

1）外保温复合外墙的特点

无论是外保温、内保温还是夹心保温外墙,都能提高冬天建筑外墙内表面的温度,使室内气候环境有所改善。但是,这 3 种保温类型中,外保温复合外墙的保温效果最好。对 50 mm 厚膨胀聚苯乙烯板保温层的测试对比表明,在采用同样厚度的保温材料下,外保温要比内保温减少约 15% 。

外保温复合外墙的优点,主要体现在以下 5 个方面：

①外保温复合外墙可以有效避免产生热桥。在常规的内保温做法中,钢筋混凝土楼板、梁、柱等处均无法进行保温处理,这些部位在寒冷的冬季会形成热桥现象。热桥不仅会造成额外的热损失,还会使外墙内表面潮湿、结露、发霉甚至滴水,而外墙外保温则不会出现这些问题。

②外墙外保温有利于保障室内的热稳定性。由于位于内侧的实体墙蓄热性能好,热容量比较大,室内能够储存更多热量,使太阳能辐射或间接采暖造成的室内温度变化减缓,室温较舒适。与此同时,也能使太阳能辐射热、人体散热、家用电器及炊事散热等因素产生的"自由热"得到较好地利用,有利于节能。

③外墙外保温有利于提高建筑结构的耐久性。室外气候变化引起的墙体内部温度变化发生在外保温层内,使得内部的主体墙冬季保温性能提高、湿度降低、温度变化较平缓、热应力大大减少,因此,主体墙产生裂缝、变形、破损的危险大大降低,使得墙体的耐久性得到加强。

④外墙外保温有利于既有建筑节能改造。在旧房进行改造时,如果在墙体内侧设保温层,那么室内有效使用面积必然会减少。此外,改造时,必然要搬动室内家具,甚至需要住户临时搬迁,且施工过程中还易造成施工扰民。如果采用外保温,不仅可以避免上述问题的产生,还可以使室内装修不致破坏。

⑤外墙外保温的综合经济效益高。虽然外保温工程每平方米造价比内保温相对高一些,但是只要技术选择适当,外保温比内保温可增加近 2% 的使用面积,再加上外保温外墙具有良好的热环境、长期节能等一系列优点,故外保温外墙的综合效益是十分显著的。

2）外保温复合外墙的构造要求

外保温复合外墙的保温层在室外,其构造必须满足水密性、抗风压性,以及耐受各种温湿度变化的要求,从而避免外墙产生裂缝。此外,还应使相邻部位（如门窗洞口、穿墙管等）之间,以及边角处、面层装饰等方面得到适当的处理。此外,外保温复合外墙的保温层仅限于增加外墙的保温效果,不会起到增加主体墙稳固性的作用。因此,外保温复合外墙不仅要满足建筑物的力学稳定性要求,还要满足承受垂荷载和风荷载的要求,要确保保温层经受撞击时牢固、可靠。

不同的外墙外保温体系在材料、构造和施工工艺方面存在一定的差异,图 10-2 所示为一种最具代表性的外墙外保温结构做法。

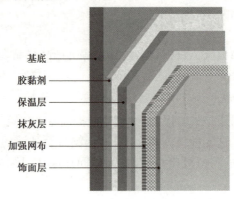

基底
胶黏剂
保温层
抹灰层
加强网布
饰面层

图 10-2　外墙外保温结构做法

（1）保温层的要求

外墙外保温体系的保温层应采用热导系数小的高效保温材料,其热导系数一般小于 0.05 W/(m·K)。根据设计计算出保温层的厚度,以满足节能标准对该地区墙体的保温要求。此外,保温材料应具有较低的吸湿率和较好的黏结性能。

外墙外保温体系中可采用的保温材料有膨胀型聚苯乙烯板（EPS）、挤塑型聚苯乙烯板（XPS）、岩面板、玻璃棉毡以及超轻保温浆料等。其中,以阻燃级膨胀型聚苯乙烯板的应用较为普遍。

（2）保温板的固定

不同材料的外墙外保温体系,其固定保温板的方法各不相同,有的将保温板黏结在基底上,有的将保温板钉固在基底上,也有的将二者结合使用。为了使保温板在胶黏剂固化期间稳定,有的体系用机械方法对保温板做临时固定,即一般用塑料钉钉固。

用膨胀聚苯乙烯板做现浇钢筋混凝土墙体的外保温层时,可先将保温板安设在模板内,通过浇筑混凝土加以固定。即在绑扎墙体钢筋后,将侧面交叉分布有斜插钢丝的聚苯乙烯板依次安置在钢筋层外侧,平整排列并绑扎牢固,待安装模板并浇筑混凝土后,该聚苯乙烯保温层即可固定在钢筋混凝土的墙面外侧。

保温层永久固定在基底上的机械件,采用膨胀螺栓或预埋筋之类的锚固件。一般常用钢制膨胀螺栓,并对其做相应的防锈处理。

（3）保温层的面层

保温板的表面层具有防护和装饰作用,其做法各不相同。薄面层一般采用聚合物水泥胶浆抹面,厚面层可采用普通水泥砂浆抹面,也可以在龙骨上吊挂板材或瓷砖覆面。不同外保温体系的面层厚度存在一定的差异,以满足不同的要求。

薄型抹灰面层是在保温层的所有外表面上涂抹聚合物水泥胶浆。直接涂覆在保温层上的为底涂层,厚度较薄(一般为 4~7 mm),内部常加加强材料。加强材料一般为玻璃纤维网格布、纤维或钢丝网,包含在抹灰层内部,与抹灰层结合成一体,其作用是改善抹灰层的机械强度,保证其连续性,分散面层的收缩应力与温度应力,防止面层出现裂纹。薄型抹面层的厚度一般在 10 mm 以内。

厚型抹面层是在保温层的外表面涂抹水泥砂浆,厚度为 25~30 mm,这种做法一般用于钢丝网架聚苯板保温层上(也可用于岩棉保温层上)。此外,有时还要在厚型抹面层的外表面喷涂耐候性、防水性和弹性良好的涂料,以保护面层和保温层。

3)常见的外墙外保温系统

(1)EPS 板薄抹灰系统

EPS 板(即膨胀聚苯板,如图 10-3 所示)薄抹灰外墙外保温系统,是一种以 EPS 板作为保温材料的保温体系。由于 EPS 板具有吸水率和透水率小、压缩强度大、质量小、保温隔热性能好、施工方便等特点,该产品现已广泛应用于民用住宅和公共建筑的外墙外保温工程。

EPS 板薄抹灰外墙外保温系统由 EPS 板保温层、薄抹面层和饰面涂层构成,EPS 板用胶黏剂固定在基层上,薄抹面层中满铺抗碱玻璃纤维网,该保温墙体的具体构造如图 10-4 所示。

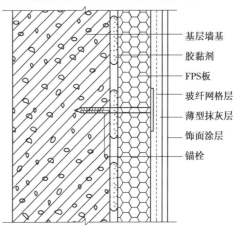

基层墙基
胶黏剂
FPS 板
玻纤网格层
薄型抹灰层
饰面涂层
锚栓

图 10-3 EPS 板   图 10-4 EPS 板薄抹灰外墙保温系统

EPS 板薄抹灰外墙外保温系统的施工工艺流程一般为:找平层施工及基面处理→拌制胶黏剂→粘贴 EPS 板→粘贴玻纤网格布→锚栓→拌制抗裂砂浆并粘贴玻纤网格布→抗裂砂浆抹面→补洞和变形缝处理→刮柔性腻子→涂料饰面→验收(图 10-5)。

①找平层施工及基面处理。EPS 板薄抹灰外墙外保温系统的基层墙体可以是混凝土墙体或各种砌体墙体。基层墙体的表面应清洁、无油污,并用 20 mm 厚 1∶3 的水泥砂浆进行找平层施工,找平层与基层墙体之间必须黏结牢固,无空鼓、脱层等现象。

②拌制胶黏剂。胶黏剂是将 EPS 板粘贴在基层上的一种专用黏结胶料,其拌制工作应由专人负责,采用先加水后加粉的机械搅拌方法。拌好的胶黏剂应静置 5 min 左右再进行搅拌后方可使用。

③粘贴 EPS 板。EPS 板的标准尺寸有 600 mm×900 mm 和 600 mm×1 200 mm 两种,非标准尺寸或局部不规则处可以现场裁切,但必须注意切口与板面垂直。EPS 板的粘贴方式有点框粘法和条粘法两种。

点框粘法:在 EPS 板周边涂抹黏结砂浆,中间部位均匀布点,点黏结面积与 EPS 板面积之比不得小于 40%。点框粘法适用于平整度较差的墙面。

条粘法:将黏结砂浆涂抹在膨胀聚苯板上后,应迅速将膨胀聚苯板粘贴在墙上,然后再用水平尺压平以保证平整度和黏结牢固。板与板之间要挤紧,板间不留间隙。接缝处应尽可能用切割成相应大小的膨胀聚苯板板条填补,不得涂抹黏结砂浆,每贴完一块应及时清除可能挤出的黏结砂浆。条粘法适用于平整度较好的墙面。

④锚栓。待 EPS 板黏结牢固(正常情况下可待 EPS 板黏结 48 h)后安装固定锚栓,即按设计要求的位置用冲击钻钻孔,锚深为基层内约 50 mm,钻孔深度约为 60 mm,然后用锤子将固定锚栓及膨胀钉敲入。锚栓和膨胀钉的顶部应与 EPS 板表面平齐或略敲入一些,以保证膨胀钉尾部进一步膨胀而与基层充分锚固。

⑤拌制抗裂砂浆并粘贴玻纤网格布。拌制好抗裂砂浆后,用抹面抹子将拌制好的抗裂砂浆均匀涂抹在膨胀聚苯板上,然后迅速贴上事先剪裁好的玻纤网格布,再用抹面抹子由中间向上、下两边将网格布抹平,使其紧贴底层抹面砂浆。

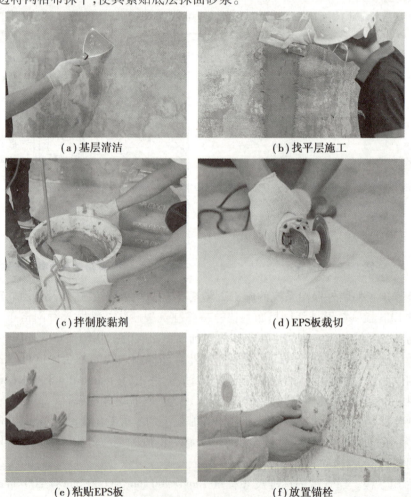

(a)基层清洁　　　　　　　　　(b)找平层施工

(c)拌制胶黏剂　　　　　　　　(d)EPS板裁切

(e)粘贴EPS板　　　　　　　　(f)放置锚栓

图 10-5　EPS 板薄抹灰外墙外保温系统的施工工艺流程

⑥抗裂砂浆抹面。底层抗裂砂浆干燥后再抹面层抗裂砂浆,抹面层的厚度以盖住网格布为准,这样就形成了具有保护保温层、防裂、防火、抗冲击作用的构造层。为了适应保温层因温度和湿度变化引起的体积和外形尺寸的变化,抹面层不仅要用抗裂水泥砂浆,还应在砂浆中掺入弹性乳液和助剂,从而使水泥砂浆的柔韧性得到明显提高。

⑦补洞和变形缝处理。对墙面上脚手架所留下的孔洞及损坏处应进行修补。此外,当基底墙体有变形缝时,保温层也相应地留出变形缝,以适应建筑物位移的要求。

⑧涂料饰面。待抗裂砂浆层干燥后,刮柔性腻子(水溶性材料)一遍以找平,腻子干燥后再进行饰面涂料施工。饰面涂料应选用高弹性水乳性涂料,其施工方法应与普通墙面工艺相同。

(2)胶粉 EPS 颗粒保温浆料外墙外保温系统

胶粉 EPS 颗粒保温浆料外墙外保温系统由界面层、胶粉 EPS 颗粒保温浆料层、抗裂砂浆薄抹面层和饰面层组成,其构造如图 10-6 所示。

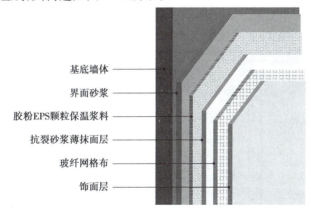

图 10-6　胶粉 EPS 颗粒保温浆料外墙外保温系统构造

胶粉 EPS 颗粒保温浆料由胶粉料和 EPS 颗粒组成。胶粉料由无机胶凝材料与各种外加剂在工厂采用预混合干拌技术制成。施工时加水搅拌均匀,抹在基层墙面上形成保温材料层,其设计厚度经计算应满足相关节能标准对该地区墙体的保温要求。胶粉 EPS 颗粒保温浆料宜分层抹灰,在常温情况下,每层操作间隔时间应在 24 h 以上,每层厚度不宜超过 20 mm。

胶粉 EPS 颗粒保温浆料外墙外保温系统与 EPS 板薄抹灰系统的施工工艺流程基本相同,其主要施工工艺为:基层处理→涂刷界面砂浆→弹控制线,挂基准线→做灰饼→抹 EPS 颗粒保温浆料→划分格线,开分格槽,粘贴分格条,滴水槽→抹抗裂砂浆,铺网格布→涂刷防水弹性底漆→刮柔性耐水腻子→涂刷弹性底层涂料→饰面处理→验收(图 10-7)。

①基层处理。基层墙体应清理干净,无油渍、浮尘,大于 10 mm 的部位应铲平和凿除。

②涂刷界面砂浆。界面砂浆应涂刷均匀,以保证保温浆料与墙体黏结牢固。

③弹控制线,挂基准线。根据建筑立面设计和外墙外保温技术要求,在外门窗处弹出水平、垂直控制线以及伸缩缝及装饰线条等,同时在外墙阴阳角及其他必要处挂出垂直基准线,弹出水平控制线。

④做灰饼。根据设计要求厚度制作灰饼,但因墙面基层平整度存在误差,故必须保证灰饼最薄处达到设计要求,具体可以采用探针测试的方法进行测试。

⑤抹 EPS 颗粒保温浆料。若保温浆料厚度为 50 mm,按照保温浆料每次抹灰不宜大于 25 mm 的要求及为了保证施工质量,在实际施工时分 3 次进行,第一遍抹灰厚度控制在 20 mm,第二遍抹灰厚度也控制在 20 mm,第三遍抹灰厚度为 10 mm。同时每遍同一部位的保温浆料施工时间间隔应控制在 24 h 以上。

⑥抗裂防护处理。玻纤网格布按楼层层间尺寸事先裁好,抗裂砂浆分两遍抹:第一遍 3 ~ 4 mm,玻纤网格布压入抗裂砂浆,搭接宽度阳角处不小于 200 mm,阴角处不小于 100 mm,先压一侧再压另一侧,严禁干搭,玻纤网格布表面要平整无褶皱,饱满度为 100%,随即抹第二遍抗裂砂浆平整,平整度允许偏差小于 4 mm,首层应贴两层网格布,第一层为加强型网格布,第二层为普通网格布,两层之间抗裂砂浆应饱满,严禁干贴。首层建筑物阳角处在双层玻纤网格布之间加专用金属护角,高度 2 m。

⑦涂刷弹性底层涂料。等抗裂层干燥后,开始滚刷弹性底层涂料,要求滚刷均匀、不透底,口角可用毛刷刷匀。

⑧饰面处理。同装饰工艺做法,需要注意的是,在胶粉 EPS 颗粒保温浆料外墙外保温系统中,如果饰面层不采用涂料而采用墙面砖时,需要用热镀锌钢丝网代替抗裂砂浆中的玻纤网格布,且热镀锌钢丝网需用塑料锚栓双向进行锚固,以确保砖饰面层与基层墙体有效连接。

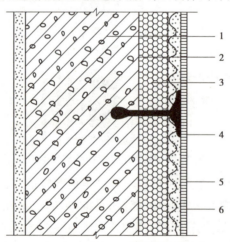

1—基层墙体;2—界面砂浆;3—胶粉 EPS 颗粒保温砂浆;4—抗裂砂浆复合热镀锌钢丝网(锚固件固定);
5—面砖黏结砂浆;6—饰面砖

(a)基层处理

(b)涂刷界面砂浆

（c）挂基准线

（d）做灰饼

（e）抹EPS颗粒保温浆料

（f）抗裂防护处理

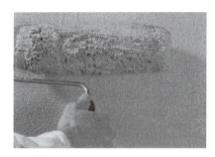
（g）涂刷弹性底层涂料

（h）饰面处理

图10-7　胶粉EPS颗粒保温外保温系统施工工艺流程图

（3）EPS板现浇混凝土外墙外保温系统

EPS板现浇混凝土外墙外保温系统是一种大模内置聚苯板保温系统,主要适用于浇筑混凝土高层建筑外墙的保温。EPS板现浇混凝土外墙外保温系统的具体做法是:将聚苯板(钢丝网架聚苯板)放置在要浇筑墙体的外模内侧,当墙体混凝土浇灌完毕后,外保温板就会与墙体浇筑在一起。

EPS板现浇混凝土外墙外保温系统具有施工简单、安全经济、省力省工、整体性好、可冬季施工等显著优点。在混凝土浇筑过程中,可能会引起较大的侧压力,导致保温板的压缩,从而影响保温效果。此外,在混凝土凝结过程中,下部的混凝土由于重力作用会向外侧的保温板挤压,待拆除模板后,具有一定弹性的保温板会向外挤出,对墙体外立面的平整度有所影响。

EPS板现浇混凝土外墙外保温系统可分为无网现浇系统和有网现浇系统两种。

①EPS板无网现浇系统:以现浇混凝土外墙作为基层,EPS板作为保温层。在施工时将EPS板置于外模板的内侧,并安装锚栓作为辅助固定件。在浇灌混凝土后,墙体与EPS板和

锚栓浇结为一个整体。这种 EPS 板的内表面(与混凝土接触的表面)沿水平方向开有矩形齿槽,外表面以抗裂砂浆薄抹面,再以涂料作为饰面层,薄饰面层中应满铺玻纤网格布,如图 10-8 所示。

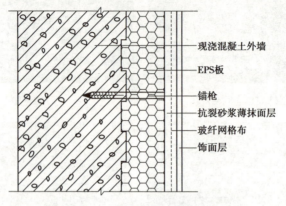

右侧标注(从上到下):
- 现浇混凝土外墙
- EPS板
- 锚枪
- 抗裂砂浆薄抹面层
- 玻纤网格布
- 饰面层

图 10-8　EPS 板无网现浇系统

ESP 板无网现浇系统的技术优点是施工速度快、抗裂性能高、可冬天施工、成本低廉、平整度较好、施工成套技术成熟。其施工流程如图 10-9 所示。

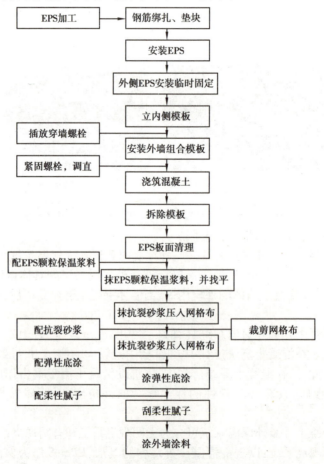

流程图文字:
- EPS加工 → 钢筋绑扎、垫块
- 安装EPS
- 外侧EPS安装临时固定
- 立内侧模板
- 插放穿墙螺栓 → 安装外墙组合模板
- 紧固螺栓,调直
- 浇筑混凝土
- 拆除模板
- EPS板面清理
- 配EPS颗粒保温浆料 → 抹EPS颗粒保温浆料,并找平
- 抹抗裂砂浆压入网格布
- 配抗裂砂浆 → 抹抗裂砂浆压入网格布 ← 裁剪网格布
- 配弹性底涂 → 涂弹性底涂
- 配柔性腻子 → 刮柔性腻子
- 涂外墙涂料

图 10-9　ESP 板无网现浇系统施工流程图

②EPS 板有网现浇系统:以现浇混凝土外墙作为基层,将 EPS 单向钢丝网架板置于外墙外模板内侧,并安装直径为 6 mm 的钢筋作为辅助固定件。在浇筑混凝土后,EPS 单向钢丝网架板挑头钢筋与混凝土结合为一体。EPS 单向钢丝网架板表面抹掺外加剂的水泥砂浆形成厚抹面层,外表面再做饰面层,如图 10-10 所示。

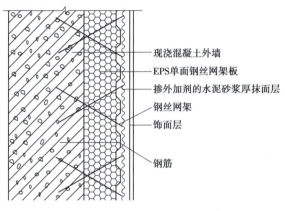

图 10-10　ESP 板无网现浇系统

EPS 有网架板现浇混凝土外墙外保温施工法,是住建部推广应用的新工艺新技术之一,该技术既能有效地解决混凝土外墙外保温的开裂问题,又提高了保温板与饰面层之间的黏结力。目前已得到较为广泛的应用,其主要施工工艺流程如图 10-11 所示。

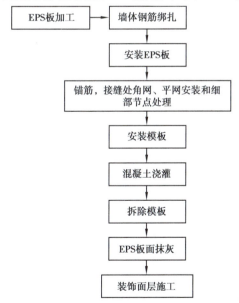

图 10-11　EPS 有网架板外墙外保温施工工艺流程图

3. 内保温复合外墙

外墙内保温是一种广泛采用的外墙保温形式,与外墙保温相比,内保温的优势在于安全性高、维护成本低、使用寿命长、便于外立面装饰装修、室温变化快等。由于保温层设计在内部,墙体无须蓄热,开启空调后可迅速变温达到设计温度,对于间歇性采暖的建筑,内墙保温比外墙外保温更节能。但是由于外墙内保温的节能效果不如外保温,因此外墙内保温系统在夏热冬暖和夏热冬冷的地区更为适用,在严寒和寒冷地区仅采用内保温很难满足节能要求。

在选用外墙内保温体系时,应考虑以下两点:一是充分估计热桥的影响,内外墙交接处不可避免地会形成热桥,因此必须采取有效的措施保证此处不结露;二是内保温易造成外墙或外墙表面出现温度裂缝,设计时需注意采取加强措施。

1)内保温复合外墙的墙体

内保温复合外墙由主体结构与保温结构两个部分组成。主体结构通常包括砖砌体、承重砌块砌体和混凝土墙等承重墙体,也可以是非承重的空心砌块或加气混凝土砌块墙体。保温结构由保温板和空气层组成。空气层的作用主要是防止保温材料变潮和提升外墙的保温能力。

内保温复合外墙中,保温材料复合在建筑物外墙内侧,同时以石膏板、建筑人造板或其他饰面材料覆面作为保护层,如图10-12所示。由于单一材料保温板兼有保温和面层功能,当采用单一材料保温板作为内保温墙体的保温材料时,无须再设面层。

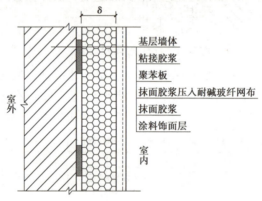

图 10-12　内保温复合外墙保温材料

(1)外墙内保温采暖房间墙体受潮措施

外墙内保温采暖房间中,外墙的内外两侧存在温度差,便形成了内外两侧水蒸气的压力差,水蒸气逐渐由室内通过外墙向室外扩散。由于主体结构墙的水蒸气渗透性能远低于保温结构,为了保证保温层在采暖期间内部不变潮,必须采取有效措施加以防范。

实际工程中采用的措施是在保温层与主体结构之间增加一个空气层。增加空气层不仅可以防潮,还可以解决传统隔气层在春、夏、秋季难以将室内潮气排向室外的难题,同时空气层还可以增加一定的热阻,且造价相对较低。

(2)周边热桥对外墙传热系数的影响

建筑物因抗震需要,外墙周边往往需要设置混凝土梁、柱,这些结构的保温隔热性能远低于主体墙体的部位,称为热桥部位。热桥部位必然使外墙传热损失增加。

二维温度场模拟计算表明,在370 mm砖墙条件下,周边热桥能够使墙体平均传热系数比主体部分传热系数增加10%左右;在240 mm砖墙内保温条件下,周边热桥能够使墙体平均传热系数比主体部位传热系数增加51%～59%;在240 mm砖墙外保温条件下,这种影响仅占2%～5%。因此,对于一般砖混结构的内保温和夹心保温墙体,若不考虑热桥,则耗热量计算结果将会偏小,或使建筑物达不到预期的节能效果。

内保温复合外墙在构造上不可避免地形成一些保温薄弱节点,这些地方必须加强保温措施,常见的保温薄弱部位有龙骨部位、内外墙交接处、外墙转角处和踢脚处等。要解决内、外墙交接处的热桥问题,保证交接处不结露,处理方法是保证有足够的热桥长度,并在热桥的两侧加强保温。

2)内保温复合外墙的构造形式

内保温复合外墙的保温层主要有以下3种构造形式:

(1)抹保温砂浆

在多孔砖墙、现浇混凝土墙等的内侧抹适当厚度的保温砂浆作为保温层。常用的保温砂浆有膨胀珍珠岩保温砂浆、聚苯颗粒保温砂浆等,要求施工时确保保温层厚度和质量,以免影响保温效果。

(2)粘贴型

在内墙面粘贴保温材料,粘贴的材料有阻燃型聚苯板、水泥聚苯板、纸面石膏聚苯复合板、纸面石膏岩棉复合板、纸面石膏玻璃棉复合板、饰面石膏聚苯板等。

(3)龙骨内填型

对一些保温要求高的建筑,为了达到更好的热工性能,在外墙的内侧设置木龙骨或轻钢龙骨骨架,然后将包装好的玻璃棉、岩棉等嵌入其中,表面再封盖石膏板,如图 10-13 所示。

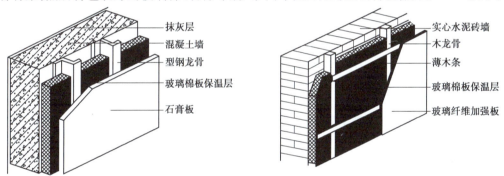

图 10-13 龙骨内填型

内保温复合外墙中常用的保温板有聚苯复合保温板、玻璃棉复合保温板、岩棉复合保温板、GRC 板、充气石膏保温板、水泥聚苯保温板等。在实际应用中,通常将上述保温板组合应用。

4.夹心保温复合外墙

夹心层保温复合外墙也称为中间保温外墙,是将保温材料置于统一外墙的内、外侧墙片之间的外墙节能技术。内、外侧墙片均可采用传统的黏土砖、混凝土空心砌块等。其墙体结构示意图如图 10-14 所示。

夹心保温复合外墙的结构包括以下 3 种:

(1)墙体结构层

墙体结构层是外围护结构的承重受力墙体部分,或框架结构的填充墙体部分。它可以是现浇或预制混凝土外墙、内浇外砌或砖混结构的外砖墙以及其他承重外墙(如承重多孔砖外墙)等。

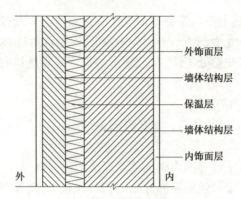

外饰面层

墙体结构层

保温层

墙体结构层

内饰面层

外　　内

图 10-14　夹心保温复合外墙墙体结构示意图

（2）保温层

绝热材料（即保温层、隔热层）是节能墙体的主要功能部分，采用高效绝热材料（导热系数值小）。

（3）覆盖保护层

覆盖保护层包括内饰面层和外饰面层。覆盖保护层的作用主要是防止保温层受到破坏，同时在一定程度上阻止室内水蒸气侵入保温层。

夹心保温复合外墙的内外层墙体具有保护保温层的作用，且夹心层绝热材料对防火要求不高，一般的绝热材料均可使用，但是内外墙连接件之间存在严重的热桥现象，抗震性也较差。此外，夹心保温墙的墙体较厚，比较适用于北方寒冷和严寒地区。

5.3 种外墙保温层设置方式的比较

（1）内表面温度的稳定性

外保温和夹心保温的做法，能大大减小室外温度波动对内表面温度的影响，内表面温度相对稳定。对一天中只有短时间使用的房间，使用内保温可使室内温度上升得比较快。

（2）热桥问题

内保温做法通常会在内外墙连接以及外墙与楼板连接等处产生热桥。夹心保温外墙也由于内外两层结构需要拉接而增加热桥耗热，而外保温做法在减少热桥方面比较有效。

（3）防止保温材料凝结水

外保温和夹心保温的做法，可防止保温材料由于蒸汽的渗透积累而受潮。内保温做法则保温材料有可能在冬季受潮。

（4）对承重结构的保护

外保温做法可避免主要承重结构受到室外温度的剧烈波动影响，从而提高其耐久性。

（5）既有房屋改造

为节约能源而增加旧房的保温能力时，采用外保温做法，在施工中不影响房间使用，同时也不占用室内面积，但施工技术要求高。

（6）饰面处理

外保温做法对外表面的保护层要求较高，因为受外界因素影响较大。内保温和夹心保温的外表面是由强度大的密实材料构成的，饰面层的处理比较简单。

总之，外保温做法优点较多，但内保温做法往往施工比较方便，夹心保温做法则有利于用松散填充材料作保温层。

二、楼梯间内墙保温设计

建筑节能外墙
外保温热工性能

楼梯间内墙是指住宅中楼梯间与住户单元间的隔墙,一些宿舍楼内的走道墙也包含在内。一般建筑设计中,楼梯间及走道内不采暖,此处的隔墙则成为由住户单元内向楼梯间传热的散热面,这些部位应采取保温节能措施。

节能测试表明,一幢多层的民用住宅,楼梯间采暖比不采暖耗热量要减少5%左右;开敞的楼梯间比设置门窗的楼梯间耗热量要增加10%左右。因此,有条件的建筑应在楼梯间内设置采暖装置,并做好门窗的保温措施,否则应按《严寒和寒冷地区居住建筑节能设计标准》(JGJ 26—2018)中的规定,对楼梯间内墙采取保温节能措施。

1. 承重砌体结构建筑楼梯间的保温设计

承重砌体结构的建筑,其楼梯间内墙多为240 mm厚砖或190 mm厚承重混凝土空心砌块。这类形式的建筑,其楼梯间内墙的保温层常设在靠近楼梯间一侧,保温材料多选用保温砂浆类产品或保温浆料系统。

图10-15所示为保温浆料系统,用于不采暖楼梯间隔墙的保温层构造做法。因保温层多由松散材料组成,施工时要注意对其外部保护层的处理,防止搬动大件物品时碰伤楼梯间内墙的保温层。图10-15中采用了双层耐碱网格布,来增强保护层的强度和抗冲击性。

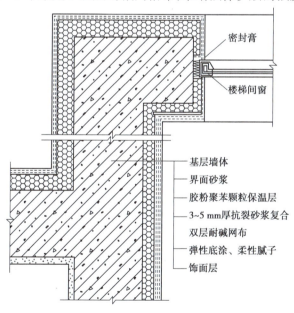

密封膏

楼梯间窗

基层墙体
界面砂浆
胶粉聚苯颗粒保温层
3~5 mm厚抗裂砂浆复合
双层耐碱网布
弹性底涂、柔性腻子
饰面层

图10-15　不采暖楼梯间隔墙保温层构造

2. 钢筋混凝土框架结构建筑楼梯间的保温设计

钢筋混凝土框架结构建筑,其楼梯间常与电梯间相邻,这部分通常为钢筋混凝土剪力墙结构,其他部分多为非承重填充墙结构。钢筋混凝土框架结构建筑楼梯间保温构造的做法可参考内保温外墙的做法。

任务二　建筑屋面节能设计

屋面是建筑物外围护结构的重要组成部分。有关资料统计,对于有采暖要求的一般居住建筑,屋面热损耗约占整个建筑热量总损耗的20%;而在夏季,当太阳直射时,屋面所接收的辐射热最多,造成室内外温差传热在冬季和夏季都大于其他各朝向外墙。因此,提高建筑物屋面的保温隔热性能,可有效减少能耗,改善顶层室内热环境。

屋面保温设计绝大多数为外保温构造,这种构造受周边热桥的影响较小。为提高屋面的保温性能,主要以轻质高效、吸水率低或不吸水的、可长期使用的、性能稳定的保温材料作为保温隔热层。保温层的厚度应考虑屋面保温种类、保温材料性能及构造措施,以满足相关节能标准对屋面传热系数限值的要求。

屋面节能设计可从屋面的构造形式、屋面的建筑形式和屋面的生态覆盖等方面来考虑。

一、构造式保温隔热屋面

构造式保温隔热屋面就是常说的板材式保温隔热屋面。这类建筑屋面通常在屋面构造中增加保温材料层,通过低传热系数和热惰性保温材料来阻挡外部热量进入及内部热量流失。根据保温隔热层的构造方法不同,构造式保温隔热屋面可大致分为传统的保温隔热屋面和倒置式保温隔热屋面两种。

1. 传统的保温隔热屋面

传统屋面的构造做法一般是保温隔热层在防水层的下面。这是因为传统屋面隔热保温层的选材一般为珍珠岩、水泥聚苯板、加气混凝土、陶粒混凝土、聚苯乙烯板等,这些材料普遍存在吸水率大的通病,致使保温隔热性能大大降低,无法满足隔热要求,因此,一定要将防水层做在保温层上面,防止水分的渗入。

此外,为了提高材料层的热绝缘性,最好选用导热性小、蓄热性大的材料。为了防止屋面荷载过大,不宜选用容量过大的材料。传统的保温隔热屋面适用于寒冷地区和夏热冬冷地区的新建和改造住宅的屋面保温。

2. 倒置式保温隔热屋面

倒置式保温隔热屋面是将传统屋面构造中的保温隔热层与防水层颠倒,即将保温隔热层设在防水层上面,从而避免了传统屋面在夏季防水层起鼓、冬季冷凝水积聚等诸多问题带来的防水层老化等问题,是一种具有多种优点的保温隔热效果较好的节能屋面构造形式,适用于寒冷地区和夏热冬冷地区的新建和改造住宅的屋面保温。

倒置式保温屋面的保温隔热层应采用吸水率低的材料,如聚苯乙烯泡沫板、泡沫玻璃、挤塑聚苯乙烯泡沫板等,且在保温隔热层上应用混凝土、水泥砂浆或干铺卵石作为保护层,以免保温隔热材料受到破坏。倒置式保温屋面的构造如图10-16所示,其上层的卵(碎)石也可换成30 mm厚的钢筋混凝土板。

倒置式保温屋面除具有良好的节能保温隔热性能外,还具有以下特点:

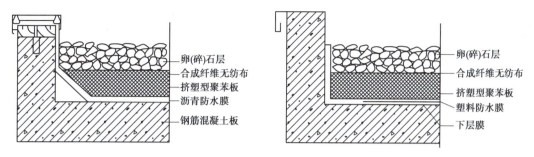

图 10-16　倒置式保温屋面的构造

①可以有效地延长防水层的使用年限。倒置式保温屋面防水层设在保温层之下,可以大大减轻防水层受大气、温度及太阳光紫外线的影响,使防水层能长期保持其柔软性、延伸性等性能,可以有效延长使用年限。

②施工简单,利于维修。倒置式保温屋面省去了传统屋面中隔汽层及保温层上的找平层,施工简单。在使用过程中,即使个别地方出现渗漏,只要几块保温板就可以进行处理,易于维修。

③可以调节屋面内表面温度。倒置式保温屋面的最外层多为钢筋混凝土板或卵(碎)石等保护层,这些材料的蓄热系数都比较大,在夏天可充分利用其蓄热能力强的特点调节屋面内表面温度,使其温度最高峰值向后延迟,以错开室外空气温度的最高值,有利于提高屋面的隔热效果。

二、建筑形式保温隔热屋面

通风隔热屋面是一种典型的建筑形式,其屋盖由实体结构变为带有封闭或通风的空气间层的双层屋面结构形式,如图 10-17 所示。

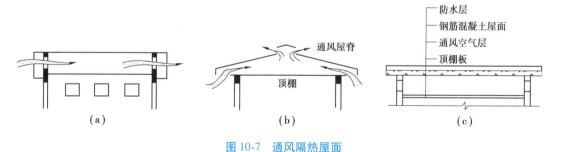

图 10-7　通风隔热屋面

从图 10-17 中可以看出,通风隔热屋面相当于在屋面设置了通风间层:一方面可利用通风间层的外层遮挡阳光,使屋面变成两次传热,避免太阳辐射热直接作用在内层围护结构上;另一方面可利用风压和热压(尤其是自然通风)带走夹层中的热量,从而减少室外热作用对内表面的影响。

为确保通风隔热屋面具有较好的隔热降温性能,在设计中应考虑以下问题:

①通风隔热屋面的架空层设计应根据基层的承载能力,构造形式要简单,架空板要便于生产和安装施工;

②通风隔热屋面基层上应有满足节能标准要求的保温隔热基层,一般应按相关节能要求

对传热系数和热惰性指标的限值进行验算；

③架空隔热板的位置应在保证使用功能的前提下，同时考虑利于板下部形成良好的通风状况，在施工过程中，应做好已完工防水工程的保护工作。

通风隔热屋面的构造方式较多，既可以用于平屋面，也可以用于斜屋面；既可以在屋面防水层之上组织通风，也可以在防水层之下组织通风；具有省料、质轻、材料层少、防雨、防漏、易维修等优点。在我国夏热冬冷地区，它的应用相当广泛。尤其是在气候炎热多雨的夏季，这种建筑屋面形式更能显示出它的优越性。

三、生态覆盖式保温隔热屋面

生态覆盖式保温隔热屋面是通过将生态材料覆盖在建筑屋面，利用覆盖物自身对周围环境变化时产生的相应反应来弥补建筑本身的不利能源损耗，其中以种植屋面和蓄水屋面较为典型。

1. 种植屋面

在屋面上种植植物，利用植物的光合作用将热能转化为生物能，利用植物叶面的蒸腾作用增加蒸发散热量，均可大大降低屋面的室外综合温度。与此同时，利用植物培植基质材料的热阻与热惰性，进一步达到隔热的目的。这种屋面温度变化小，隔热性能优良，已逐渐在广东、广西、四川、湖南等地广泛应用。

（1）种植屋面的种类及种植屋面的厚度

种植屋面分为覆土种植和无土种植两种。覆土种植：在钢筋混凝土屋面上覆盖种植土壤作为栽培基质，因土壤密度大，使屋面荷载增多，且土壤的保土性差，故现已很少使用。无土种植：采用蛭石、水渣、泥炭土、膨胀珍珠岩粉料或木屑代替土壤，其自重轻，隔热性能较土壤有所提高，且对屋面构造没有特殊要求，只需在檐口和走道板处注意防止蛭石或木屑等材料在雨水外溢时被冲走。

（2）种植屋面的构造层次

种植屋面的施工要求较为复杂，结构层采用整体浇筑或预制装配的钢筋混凝土屋面板，其构造层次自上而下依次为：种植基质层、隔离过滤层、排（蓄）水层、耐根穿刺防水层、卷材或涂膜防水层、找坡层（找平层）、保温隔热层、隔汽层、混凝土结构层，如图 10-18 所示。

2. 蓄水屋面

蓄水隔热屋面是在平屋顶上蓄积一定高度的水层，依靠水吸收大量太阳辐射热后蒸发散热，从而减少屋面吸收的热能，达到降温隔热的目的。此外，水层在冬季还有一定的保温作用。蓄水隔热屋面适用于夏热冬冷和夏热冬暖地区的住宅屋面防热。

蓄水屋面除具有隔热性能外，还具有以下主要特点：

①刚性防水层不出现干缩。长期置于水层下方的混凝土不但不会出现干缩，反而会有一定程度的膨胀。这避免了因干缩出现开裂性透水毛细管的可能性，所以刚性防水层不会产生渗漏。

②防水层的使用年限长，水层长期将防水层淹没，使混凝土防水层在水的养护下，减少由于温度变化引起的开裂和混凝土的炭化，使诸如沥青和嵌缝胶泥之类的防水材料在水层的保护下推迟老化过程，延长使用年限。

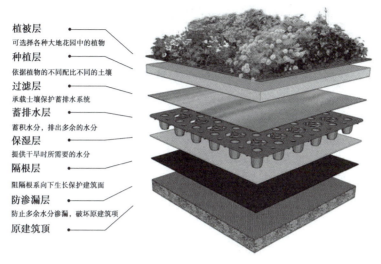

植被层
可选择各种大地花园中的植物
种植层
依据植物的不同配比不同的土壤
过滤层
承载土壤保护蓄排水系统
蓄排水层
蓄积水分，排出多余的水分
保湿层
提供干旱时所需要的水分
隔根层
阻隔根系向下生长保护建筑面
防渗漏层
防止多余水分渗漏，破坏原建筑顶
原建筑顶

图 10-18　种植屋面的构造层次

③密封材料使用寿命长。大面积刚性防水蓄水屋面的分格缝中要填充密封材料。密封材料在大气中主要受氧化作用和紫外线的照射，易于老化，耐久性降低。但使用时水下的密封材料由于与空气隔绝，不易老化，故可以延长使用寿命。

任务三　建筑外门窗节能设计

建筑外门窗是建筑物外围护结构的重要组成部分，是影响建筑热环境、造成建筑能耗过高的主要因素。据有关部门统计，传统建筑物通过门窗损失的能耗约占建筑总能耗的50%，而通过门窗缝隙损失的能耗占门窗总能耗的30%～50%。由此可见，加强建筑外门窗节能设计和管理，是改善室内热环境质量，提高建筑节能水平的重要环节。

一、建筑外门窗的基本要求

建筑外门窗的节能是指提高门窗的性能指标，特别是在冬季有效利用阳光，增加房间得热和采光，提高保温性能、降低门窗传热和空气渗透所造成的建筑能耗；在夏季采用有效的隔热及遮阳措施，降低透过门窗的太阳辐射热，以及室内空气渗透引起的空调负荷增加而导致的能耗增加。

建筑门窗是设置在墙洞中可以开启和关闭的建筑构件，它们的设计应满足以下要求：

①通行安全方面的要求。门是供人出入和联系室内外的通道，与交通安全密切相关。在设计时，应根据建筑物的性质、人流密度和交通要求等，来确定门的数量、位置、大小、开关方向和门窗等参数，使门能够适合人体和物资通行。

②采光和通风方面的要求。窗户的大小和构造形式直接关系建筑物的采光和通风。适当的窗户面积可取得较好的采光效果，因此应根据不同建筑物的采光要求选择合适的尺寸及形式。例如，按照玻璃面积与地面面积的比值，参照有关规范可估算出窗户的高度和宽度。

此外,在选择开窗位置时,还应考虑风向,尽量选择对通风有利的窗户形式和位置,以便获得空气对流,达到较好的通风效果和节能成效。

③围护方面的要求。门窗作为建筑物的围护构件,在设计时应考虑保温、隔热、隔声、防护等方面的问题。根据不同地区的特点,选择恰当的材料和构造形式能起到更好的围护作用。

④美观方面的要求。门窗多设置在建筑物的正立面,在设计建筑门窗时,除应满足不同地区的功能要求外,还应考虑建筑门窗的美观要求。

此外,建筑门窗设计应做到规格类型尽量统一,符合现行建筑模数协调统一的要求,以降低工程成本和适应建筑工业化生产的需要。

二、建筑外门节能设计

建筑外门是指住宅建筑的户门和阳台门。户门和阳台门一般必须具备防盗、保温和隔热等功能。表 10-2 为各类常用门的热工指标。

表 10-2　各类常用门的传热系数和传热阻

门框材料	门的类型	传热系数 /[W·(m²·K)⁻¹]	传热阻 /[(m²·K)·W⁻¹]
木材和塑料	单层实体门	3.5	0.29
	夹板门和蜂窝夹芯门	2.5	0.40
	双层玻璃门(玻璃比例不限)	2.5	0.40
	单层玻璃门(玻璃比例<30%)	4.5	0.22
	单层玻璃门(玻璃比例<30% ~60%)	5.0	0.20
金属	单层实体门	6.5	0.15
	单层玻璃门(玻璃比例不限)	6.5	0.15
	单框双玻璃门(玻璃比例<30%)	5.0	0.20
	单框双玻璃门(玻璃比例<30% ~70%)	4.5	0.22
无框	单层玻璃门	6.5	0.15

户门一般应采用金属门板,并在双层板间填充岩棉板、玻璃棉板、聚苯板等材料来提高保温隔热效果。阳台门有两种:一种是落地玻璃阳台门,这种门可按外窗的保温节能来处理;另一种是有门芯板和部分玻璃扇的阳台门,这种门的玻璃扇部分按外窗的保温节能来处理,门芯板采用菱镁板、聚苯板加芯型代替钢质门芯板。

在严寒地区,公共建筑的外门应设置门斗或旋转门,门斗是在建筑物出入口设置的具有分隔、挡风、御寒等作用的建筑过渡空间。在寒冷地区,公共建筑的外门应设置门斗或其他能减少冷风渗透的设施。在夏热冬冷和夏热冬暖地区,公共建筑的外门也应采取保温隔热措施,如设置双层门、采用低辐射中空玻璃门、风幕等。

三、建筑外窗节能设计

(一)窗户

窗户作为建筑围护结构的重要组成构件,除了需要满足视觉、采光、通风、日照及建筑造型等方面的要求,还应具有保温隔热、得热或散热作用。因此,外窗的大小、形式、材料和构造应兼顾各方面的要求,以取得整体的最佳效果。

窗户的传热系数和气密性是决定其保温节能效果优劣的主要指标。窗户的传热系数应按国家计量认证的质检机构提供的测定值采用,若无提供的测定值,则可按表10-3中的数值采用。

表 10-3　常用窗户的传热系数和传热阻

窗框材料	窗户类型	空气层厚度/mm	窗框窗洞面积比/%	传热系数/$[W \cdot (m^2 \cdot K)^{-1}]$	传热阻/$[(m^2 \cdot K) \cdot W^{-1}]$
钢、铝	单层窗	—	20~30	6.4	0.16
	单框双玻璃窗	12	20~30	3.9	0.26
		16	20~30	3.7	0.27
		20~30	20~30	3.6	0.28
	双层窗	100~140	20~30	3.0	0.33
	单层窗+单框双玻璃窗	100~140	20~30	2.5	0.40
木、塑料	单层窗	—	30~40	4.7	0.21
	单框双玻璃窗	12	30~40	2.7	0.37
		16	30~40	2.6	0.38
		20~30	30~40	2.5	0.40
	双层窗	100~140	30~40	2.3	0.43
	单层窗+单框双玻璃窗	100~140	30~40	2.0	0.50

注:①本表中的窗户包括一般窗户、天窗和阳台门上带玻璃的部分。

②当阳台门下部不作保温处理时,门肚板部分的传热系数应按表中值选用,做保温处理时应按计算值确定。

由表10-3可知,单层钢、铝窗的传热系数为6.4,而采用聚苯颗粒浆料保温层的黏土多孔砖墙的传热系数约为1.32,即单位面积的钢、铝窗的热损失为具有保温结构的多孔砖墙的近5倍。显然,窗户面积越大,对保温节能越不利。为了既保证窗的各项使用功能,又提高窗的保温节能性能,减少能源消耗,必须采取以下措施。

(二)设计合理的窗墙面积比和朝向

窗墙面积比是指窗户面积与窗户面积加上外墙面积的比值。窗户的传热系数一般大于同朝向外墙的传热系数,因此采暖耗热量也会随着窗墙面积比的增加而增加。窗墙面积比的确定需考虑多种因素,包括不同地区、不同朝向的墙面在冬季或夏季的日照情况、季风影响、室外空气温度、室内采光设计标准、通风要求、开窗面积的耗热量占建筑耗热量的比例等。

在采光和通风允许的条件下,控制窗墙面积比的节能效果比保温窗帘和窗板更有效,即窗墙面积比设计越小,热量损耗就越小,节能效果就越佳。能耗还与外窗的朝向有关,南、北朝向的太阳辐射强度和日照率高,窗户所获得的太阳辐射热多。在《严寒和寒冷地区居住建筑节能设计标准》(JGJ 26—2018)中,虽对窗墙面积比和朝向做了选择性的规定,但还应结合各地的具体情况进行适当调整。有专家提出:考虑起居室在北向时的采光需要,应为北向的窗墙面积比可取 0.3;考虑目前一些塔式住宅的情况,东、西向的窗墙面积比可取 0.35;考虑南向出现落地窗、凸窗的机会较多,南向的窗墙面积比可取 0.45。这样虽然增大了南向外窗的面积,但可充分利用太阳能的辐射热降低采暖能耗,达到既有宽敞明亮的视野又不浪费能源的目的。

(三)选择节能窗型

窗型是影响节能性能的关键因素。推拉窗的节能效果较差,因为其窗框滑轨在来回滑动时,上部有较大空间,下部有滑轮间有空隙,导致窗扇上下形成明显的对流交换。这种热冷空气的对流造成较大的热损失,此时,即使使用隔热型材作窗框,也难实现节能效果。平开窗的窗扇和窗框间一般有橡胶密封压条,在窗扇关闭后,密封橡胶压条压得很紧,几乎没有空隙,很难形成对流,热量流失主要是玻璃、窗扇和窗框型材本身的热传导、辐射散热和窗扇与窗框接触位置的空气渗漏,以及窗框与墙体之间的空气渗漏等。固定窗由于窗框嵌入墙体内,玻璃直接安装在窗框上,并采用胶条或者密封胶进行密封,空气很难通过密封胶形成对流,从而减少了热损失。在固定窗中,玻璃和窗框的热传导为主要热损失的来源,如果在玻璃上采取有效措施,就可以大大提高节能效果。因此,从结构上看,固定窗是最为节能的窗型。

(四)使用节能外窗材料

由于新型材料的发展,组成窗的主材(如框料、玻璃、密封件、五金附件以及遮阳设施等)技术进步很快,使用节能材料是门窗节能的有效途径。

(五)使用节能玻璃

节能玻璃通常是指隔热和遮阳性能良好的玻璃,使用这类玻璃后可大大减少住宅和办公大楼的耗电量,节省空调和暖气使用费。此外,在冬季,能有效减少室内热量的散失,在夏季,可以减少进入室内的阳光。建筑上常用的节能玻璃有吸热玻璃、镀膜低辐射玻璃、中空玻璃和真空玻璃等。

(六)窗框

窗框是墙体与窗的过渡层,是固定玻璃的支撑结构,需要有足够的强度和刚度。由于窗框直接与墙体接触,很容易成为传热速度较快的部位,因此窗框需要有良好的保温隔热能力,以免窗框成为整个窗户的热桥。

提高窗框保温隔热性能的措施主要有以下 3 种:一是选择传热系数较低的窗框,这样可以避免窗框成为热桥;二是采用传热系数小的材料截断金属框料型材的热桥,以制成断桥式框料,如图 10-19(a)所示;三是利用框料内的空气腔室来截断金属框扇的热桥,如图 10-19(b)所示。

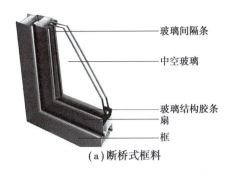

（a）断桥式框料　　　　　　　（b）框料内的空气腔室截断金属框扇

图 10-19　窗框

（七）密封材料

目前,钢塑门窗框的四边与墙体之间的空隙通常使用聚氨酯发泡体进行填充。此类材料不仅有填充作用,还有很好的密封保温和隔热性能。另外,应用得较多的密封材料还有硅胶、三元乙丙胶条。

其他部分的密封用密封胶条和毛条。胶条、毛条都起着密封、隔声、防尘、防冻、保暖的作用,其质量好坏直接影响门窗的气密性和长期使用的节能效果。密封胶条用于玻璃和扇及框之间的密封,在塑钢门窗中起水密、气密及节能的作用。密封胶条必须具有足够的拉伸强度,良好的弹性、耐温性和耐老化性,断面结构尺寸必须与塑钢门窗型材匹配。质量不好的胶条耐老化性差,经太阳长期暴晒,胶条老化后变硬,失去弹性,容易脱落,不仅密封性差,而且易造成玻璃松动,产生安全隐患。密封毛条主要用于框和扇之间的密封。毛条的安装部位一般在门窗扇、框扇的四周或密封桥(挡风块)上,增强框与扇之间的密封。毛条规格是影响推拉门窗气密性能和门窗开关力的重要因素。毛条规格过大或竖毛过高,不但装配困难,而且使门窗移动阻力增大,尤其是开启时的初阻力和关闭时的最后就位阻力较大;规格过小或竖毛条高度不够,易脱出槽外,使门窗的密封性能大大降低。毛条需经过硅化处理,质量合格的毛条外观平直,底板和竖毛光滑,无弯曲,底板上没有麻点。

（八）合理采用遮阳措施

夏热冬冷和夏热冬暖地区,夏季窗和透明幕墙的太阳辐射得热将会增大空调负荷,冬季会减小采暖负荷,因此应根据负荷的具体情况确定采取何种形式的遮阳方式。一般情况下,民用建筑的外窗、外卷帘或外百叶的活动遮阳效果较好。

但严寒地区不同于南方温暖地区,这一地区采暖能耗在全年建筑能耗中占主导地位,如果遮阳设施阻挡了冬季阳光进入室内,必然会增加冬季采暖能耗。因此,遮阳措施一般不适用于北方严寒地区。

任务四　玻璃幕墙节能设计

玻璃幕墙比传统墙体的保温隔热性能差很多,其热损失是传统墙体的 6~7 倍。因此,对玻璃幕墙进行节能设计具有重要意义。玻璃幕墙的传热方式有导热、对流、辐射及太阳光的透射。其节能设计就是要对这些环节的热交换加以控制,以增加玻璃幕墙的保温隔热性能。

玻璃幕墙的节能设计首先要注重玻璃幕墙材料本身的热工性能,应选用节能型材料;其次是采用一些特殊的构造做法控制热交换,以达到节能的目的;最后还可以借助一些辅助措施,以取得最佳的节能效果。

一、玻璃幕墙材料节能

玻璃幕墙材料节能是指在玻璃幕墙选材时选用节能型材料,包括节能玻璃和节能型材(玻璃幕墙的框架)。玻璃幕墙常用的节能玻璃有吸热玻璃、镀膜玻璃、中空玻璃、真空玻璃等。

玻璃幕墙的金属框架虽然在幕墙外表面占的比例较小,但多为铝合金或不锈钢材料,导热系数较大,热量容易损失。玻璃幕墙常用的节能型材有铝塑复合材料、断热铝型材等高热阻材料。为了提高金属框架的热阻,在保证材料力学性能的前提下,可选用断热桥型节能型材。如断热桥铝型材用隔热条将铝合金型材分隔成两个部分,以减少两部分之间的热传递,从而达到节能效果。

二、玻璃幕墙节能构造

玻璃幕墙的节能构造是指通过特殊的构造做法,提高玻璃幕墙的保温隔热性能。双层玻璃幕墙就是一种采用构造节能的玻璃幕墙。

双层玻璃幕墙由内、外两层玻璃幕墙组成,两层幕墙中间形成一个通道,还可以在两层幕墙上设置进风口和出风口。双层玻璃幕墙独特的夹层设计,使得其保温隔热性能有很大的提高。此外,在夹层设置遮阳构件,既能有效遮阳,又不破坏建筑外观。

双层通风玻璃幕墙是双层玻璃幕墙的进一步发展,分为封闭式内循环双层通风玻璃幕墙和敞开式外循环双层通风玻璃幕墙,如图10-20所示。前者是在内层玻璃幕墙上设置进风口和出风口,并通过电机强制抽风,空气完全为室内循环;后者在外层玻璃幕墙上设置进风口和出风口,为自然通风,节能效果更加明显。

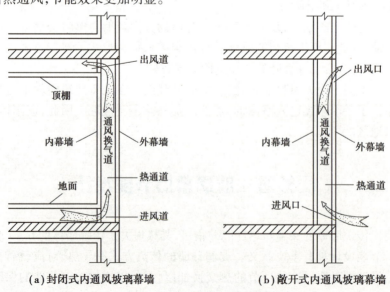

(a)封闭式内通风玻璃幕墙　　(b)敞开式内通风玻璃幕墙

图10-20　双层通风玻璃幕墙

敞开式外循环双层通风玻璃幕墙的工作原理为:夏天,进风口和出风口开启,内外两层幕墙中间的空气受到阳光照射被加热,由于"烟囱效应",气流会自下往上流动,从而带走通道内的热量,降低内侧幕墙的外表面温度,从而减少空调的制冷费用;冬天,进风口和出风口关闭,由于阳光的照射,内外两层幕墙间的空气温度升高,减少室内和室外的温差,提高内侧幕墙的外表面温度,从而降低室内的采暖费用。

三、辅助节能措施

玻璃幕墙的辅助节能措施可分为两个方面:一是为玻璃幕墙设置遮阳系统;二是利用密封材料增加玻璃幕墙的气密性等。为玻璃幕墙设置遮阳系统,可以有效减少太阳直射,从而避免室内过热,是夏季建筑防热的重要措施。常见的遮阳系统有遮阳板、遮阳百叶、遮阳格栅、遮阳卷帘、窗帘、遮阳植物等。

为增加玻璃幕墙的气密性,通常把玻璃与型材之间、玻璃与玻璃之间的缝隙用密封材料密封,常用的密封材料有橡胶密封条、硅酮耐候胶等。

总之,玻璃幕墙的节能设计要遵循科学性、适用性、经济性和安全性的原则,从材料节能、构造节能、辅助措施节能 3 个方面统筹考虑,选择合适的节能玻璃和节能型材,采用适宜的节能构造做法并辅以适当的辅助节能措施。

任务五　楼层地面节能设计

地面是楼板层和地坪的面层,是人们日常生活、工作和生产时直接接触的部分,在工程中属于装修范畴,也是建筑中直接承受荷载,经常受到摩擦、清扫和冲洗的部分。如果楼层底层与土壤接触的地面的热阻过小,地面的传热量就会很大,地表面就容易产生结露和冻脚现象。为减少通过地面的热损失、提高人体的热舒适性,必须分地区按相关标准对底层地面进行节能设计。

地面按其是否直接接触土壤分为两类:一类是不直接接触土壤的地面,在建筑上称为地板,又可分为接触室外空气的地板和不采暖地下室上部的地板,以及底部架空的地板等;另一类是直接接触土壤的地面。

一、地面保温设计

建筑地面分为周边地面和非周边地面两个部分。周边地面是指由外墙内侧起向内 2.0 m 范围内的地面,其余为非周边地面,如图 10-21 所示。在寒冷的冬季,采暖房间地面下土壤的温度一般都低于室内气温,特别是靠近外墙的地面比房间中间部位的温度低 5 ℃左右。若不采取保温措施,则外墙内侧墙面以及室内墙角部位会出现结露,在室内墙角附近地面有冻脚现象,并增大地面传热损失。

鉴于卫生和节能需要,我国采暖居住建筑相关节能标准规定:采暖期室外平均温度低于 -5 ℃的地区,建筑物外墙在室内地坪以下的垂直墙面,以及周边直接接触土壤的地面应采取保温措施;在室内地坪以下的垂直墙面,其传热系数不应超过《严寒和寒冷地区居住建筑节能设计标准》(JGJ 26—2018)中的规定。非周边地面一般不需要采取特别的保温措施。

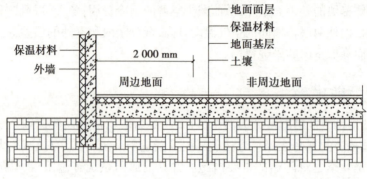

图 10-21 建筑地面

此外,夏热冬冷和夏热冬暖地区的建筑物底层地面,除保温性能需满足节能要求外,还应采取一些防潮措施,以减轻或消除梅雨季节由于湿热空气产生的地面结露现象。

二、地板的节能设计

采暖房间地板下面土壤的温度一般都低于室内气温,为了控制热损失和维持一定的地面温度,地板应有必要的保温措施。特别是靠近外墙的地板比中央部分的热损失大得多,故周边部位的保温能力应比中间部分更好。

采暖或空调居住建筑直接接触室外空气的地板(如过街楼地板)、不采暖地下室上部的地板及存在空间传热的层间楼板等,应采取保温措施,并使地板的传热系数满足相关节能标准的限值要求。保温层设计厚度应满足相关节能标准对该地区地板的节能要求。

由于采暖(空调)房间与非采暖(空调)房间存在温差,因此必然存在分隔两种房间楼板的采暖(制冷)能耗。对这类层间楼板也应采取保温隔热措施,以提高建筑物的能源利用效率。保温隔热层的设计厚度应满足相关节能标准对该地区层间楼板的节能要求。层间楼板保温隔热构造做法及热工性能也应满足有关规范要求。

在严寒和寒冷地区的采暖建筑中,接触室外空气的地板,以及不采暖的地下室上面的地板如不加保温,不仅增加采暖能耗,而且会因地面温度过低而严重影响使用者的健康。

案例精选

节能建筑的典范——清华大学超低能耗示范楼

清华大学超低能耗示范楼是北京市科委科研项目,这座"绿色"建筑集中使用了近百项国内外最先进的建筑节能技术,不仅展示了各种低能耗、生态化、人性化的建筑形式及先进的技术产品,而且在此基础上示范并推广系列的节能、生态、智能技术在公共建筑和住宅上的应用。

该楼总建筑面积约 3 000 m²,地下一层,地上四层,由办公室、实验室和辅助用房组成(图10-22)。建筑在设计之初,综合分析了北京地区的特定气候特点和周围地形条件后,大楼造型采用"C"字形,以提高能源利用效率。楼东侧墙上置大型遮阳装置,单片遮阳板长度可达

6 m,这些遮光板可以随着阳光的变化自动调节角度,折射阳光,保证大楼从早上6点到晚上
6点可12 h使用自然光。在冬天采暖时,不消耗能源就可以把房间温度维持在20 ℃左右。
到了夏天,通过关闭百叶窗可以减少热辐射,再加上房顶的冷水管道,不用空调也可以把温度
控制在20 ℃左右。最让人称奇的是,整座楼的供电系统是一套天然气发电机,没有中央空调
等设备,天花板上的网格就是制冷的"空调"。这些网格由许多"毛细管"组成,天气炎热时,
水通过这些管子就可以保持室内温度适宜。整座楼的三面都是真空玻璃窗。它的玻璃窗和
一般玻璃窗不同,一共有4层玻璃而且中间一层是真空的,形成暖瓶效应,让房间内冬暖夏
凉。整栋建筑的外形是"C"字形,中间环抱着一个绿色生态中庭,这是整个建筑的核心,被称
为"气候缓冲区"。中庭与建筑物内部其他区域的温差可以使空气流动,净化空气。为了使建
筑物室内能够最大限度地接受到光照并保证中庭花园有更大的空间,环境节能楼的楼层采取
层层退台的方式。

图 10-22　清华大学超低能耗示范楼

示范楼建筑围护结构导致负荷仅为常规建筑物的10%,冬季可基本实现零采暖能耗,考
虑办公设备、照明等系统在内,建筑物全年电耗仅是本市同类建筑物的30%。内部能源供应
系统回收废热,在冬季作为生活热水等的热源,在夏季则作为空调系统的能源。示范楼集成
了国内外科研单位、制造企业的近百项建筑节能和与绿色建筑相关的最新技术,有近十项产
品和技术为国内首次采用。

沙场练兵

一、填空题

1.复合保温墙体可以分为内保温复合外墙、外保温复合外墙和_____复合外墙。

2.保温性能通常是指在冬季室内外条件下,围护结构阻止_____传热,从而使室内保持
适当温度的能力。

3.现浇无网聚苯板复合胶粉聚苯颗粒EPS外墙外保温技术的优点是施工速度_____,且
成本_____。

4.阳光透过门窗的透明部分进入室内造成室内温度高于室外温度,这种现象通常被称为
_____效应。

5.为了避免夏季和冬季室外空气过多地向室内渗透,要求外窗具有良好的_____。

二、选择题

1.我国建筑热工设计分区共划分了( )个气候区。

A.3   B.4   C.5   D.6

2.胶粉聚苯颗粒找平层施工,第一遍和第二遍间隔时间应在( )h以上。

A.3   B.4   C.12   D.24

3.下列窗型中,节能效果最好的窗型是( )。

A.固定窗   B.推拉窗   C.平开窗   D.折叠窗

4.关于倒置式保温屋面的特点,下列说法错误的是( )。

A.倒置式保温屋面保温隔热性能良好

B.倒置式保温屋面可延长防水层的使用年限

C.倒置式保温屋面施工成本提高,施工难度复杂

D.倒置式保温屋面可调节屋面内表面温度

5.严寒地区建筑物周边无采暖管沟时,底层地面在外墙内侧( )m范围内宜采取保温措施,其传热阻不应小于外墙的传热阻。

A.0.30~0.50   B.0.40~0.60   C.0.80~1.20   D.0.50~1.00

三、简答题

1.与外墙内保温相比,外墙外保温具有哪些优势?

2.什么是窗墙面积比?窗墙面积比与建筑能耗的关系是什么?

3.降低窗的传热能耗的措施有哪些?

项目十一　建筑通风、采暖与空调节能技术

在现代建筑中,除建筑物本体外的其他设施都是为了实现建筑功能所必需的,这些设施统称为"建筑设备"。建筑物能耗最终由建筑设备来体现。一般而言,用于建筑环境控制的采暖、通风与空气调节系统是建筑物中能耗最大的建筑设备,也是建筑节能的重点之一。本项目主要阐述采暖、通风与空气调节的节能技术。

【案例导入】

山东某大学教学实验综合楼的供暖系统在取消了传统的集中供暖方式,减少一次能源利用的基础上,利用新型围护结构体系保证建筑的气密性,减少空气渗透带来的热量损失,同时利用可再生能源供暖,进一步降低供暖能耗,实现被动式低能耗建筑供暖能耗的需求。

教学实验综合楼整体包绕供暖体系,采用连续完整的气密层围护结构的构造和材料性能保证围护结构不出现结露发霉等问题影响建筑气密的耐久性。同时,在建筑构件与建筑外墙的连接处、外墙的孔洞等关键重点部位进行气密性细部设计,避免使用复杂的造型,以防止出现气密性难以处理的节点。

【知识目标】

了解建筑通风、采暖与空调系统的基本原理、设计标准和规范、节能技术和设备。

【技能目标】

掌握建筑通风、采暖与空调系统的设计、安装、调试和运行维护等技术。

【职业素养目标】

1.具备良好的职业道德和团队合作精神;
2.具备独立分析和解决问题的能力;
3.具备良好的沟通能力和服务意识。

任务一 建筑通风节能技术

通风是指室内外空气交换。自然通风由于不耗能,受到建筑节能和绿色建筑的特别推荐。采用自然通风方式的根本目的是取代(或部分取代)空调制冷系统。而这一取代过程有两点至关重要的意义:一是实现有效的被动式制冷,当室外空气温度、湿度较低时,自然通风可以降低室内温度,带走潮湿气体,达到人体热舒适要求;二是可以提供新鲜、清洁的自然空气(新风),满足人和大自然交往的需求,有利于人的生理和心理健康。

一、自然通风节能技术

自然通风是一种利用自然能量而不依靠空调设备来维持适宜的室内热环境的简单通风方式。其原理是利用室内外温度差所造成的热压或室外风力所造成的风压来实现通风换气。与复杂、耗能的空调技术相比,自然通风是能够适应气候的一项廉价而成熟的技术措施,其主要作用是提供新鲜空气、生理降温和释放建筑结构中蓄存的热量。

1. 自然通风原理

建筑自然通风是由于建筑物开口处(门、窗等)存在压力差而产生的空气流动。当入风口与出风口水平高度相同时,自然通风的动力主要是风压。例如,我国居住建筑大部分为南北向,且一个单元内设计有南、北两个朝向的外窗,夏季室内容易形成"穿堂风"。

利用热压的能量(即"烟囱效应")组织室内的自然通风是一项更能发挥建筑师创意的设计工作。热压的形成需要入风口与出风口具有一定的高度差和空气密度差,并且两个竖直通风口之间的温差大于这两个通风口之间室外温差时,烟囱效应才会把内部空气排出室外,如图 11-1 所示。

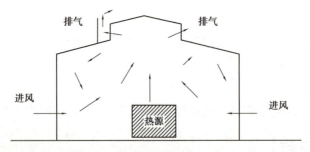

图 11-1 烟囱效应

利用热压烟囱效应的优点在于它不依赖自然风就可以进行,但缺点是强度比较弱,不能使空气快速流动。为了增强通风效果,应加大进出风口面积,加强进出风口温差,并延长进出风口间的垂直距离,使空气畅通无阻地从下部进风口向上部出风口流动。

2. 自然通风在空气调节领域的应用

自然通风方式适用于全国大部分地区的气候条件,常用于夏季和过渡(春、秋)季建筑物室内通风、换气以及降温,通常也作为机械通风的季节性、时段性的补充通风方式。对于夏季室外气温低于 30 ℃、高于 15 ℃的累计时间大于 1 500 h 的地区应考虑采用自然通风,当在大部分时间内自然通风不能满足降温要求时,可设置机械通风或空气调节系统。

3.改善建筑自然通风的方法

在建筑设计中,设计师应结合风压、热压通风的原理,设计出有利于自然通风的建筑形体,无论在体量、形式、平面布局、建筑细部等方面都应与自然通风紧密结合。

(1)建筑物开口的优化配置

建筑物开口的优化配置是指开口的尺寸、窗户的形式和开启方式以及窗墙比的合理设计。开口的配置直接影响建筑物内部的空气流动和通风效果。根据测定,当开口宽度为开间宽度的 1/3 ~ 2/3 时,开口大小为地板总面积的 15% ~ 25% 时,通风效果最佳。开口的相对位置对气流路线起决定作用,进风口与出风口应相对错开布置,这样可以使气流在室内改变方向,使室内气流分布更均匀,通风效果更好。

(2)穿堂风

穿堂风是自然通风应用中效果最好的方式。所谓穿堂风是指风从建筑迎风面的进风口吹入室内,穿过房间,从背风面的出风口流出。进风口和出风口之间的风压差越大,房屋内部空气流动阻力越小,通风越流畅。此时房屋在通风方向的进深不能太大,否则会使通风不畅。

(3)竖井通风

在建筑设计中,竖井空间的主要形式有纯开放空间和"烟囱"空间。常见的建筑设计中的中庭就是纯开放空间,其作用在于:一是提高建筑的采光;二是可利用建筑中庭内的热压形成自然通风。"烟囱"空间又称为风塔,由垂直竖井和几个风斗组成,在通风不畅的地区,可以利用高出屋面的风斗把上部气流引入建筑内部来加速建筑内部的空气流通。风斗的开口应朝向主导风向。

(4)通风隔热屋面

通风隔热屋面通常有两种方式:一种是在结构层上部设置架空隔热层,这种做法把通风层设置在屋面结构层上,利用中间的空气间层带走热量,达到屋面降温的目的,此外,架空板还保护了屋面防水层;另一种是利用坡屋顶自身结构,在结构层中间设置通风隔热层,也可得到较好的隔热效果。

(5)玻璃幕墙

双层(或三层)幕墙是目前生态建筑中普遍采用的一项先进技术,被誉为"会呼吸的皮肤"。它由内外两道玻璃幕墙组成,其通风原理是在两层幕墙之间留一个空腔,空腔的两端有可以控制的进风口和出风口。在冬季,关闭进出风口,双层玻璃之间形成一个"阳光温室",达到提高围护结构表面温度的目的;在夏季,打开进出风口,利用"烟囱效应"在空腔内部实现自然通风,使玻璃之间的热空气不断被排出,达到降温的目的。为了更好地实现隔热,通道内一般设置可调节的深色百叶窗。双层玻璃幕墙在保持外形轻盈的同时,能够很好地解决高层建筑中过高的风压和热压带来的风速过大而造成的紊流不易控制的问题及夜间开窗通风的安全问题,可加强围护结构的保温隔热性能,并能降低室内噪声。从节能角度来看,双层通风幕墙由于换气层的作用,相比单层幕墙,采暖时节能 42% ~ 52%,制冷时节能 38% ~ 60%。

二、置换通风节能技术

置换通风是一种通风效率高,可带来较高的室内空气品质,又有利于节能的有效通风方式。置换通风方式比混合通风方式更节能。有关资料统计,对高大空间,可节约制冷能耗20% ~50%。

1. 置换通风原理

置换通风以低速在房间下部送风的方式让气流以类似层流的活塞流的状态缓慢向上移动,气流到达一定高度后受热源和顶板的影响,发生紊流现象,产生紊流区,如图 11-2 所示。气流产生热力分层现象,出现两个区域:下部单向流动区和上部混合区。空气温度场在这两个区域具有非常明显的不同特性,下部单向流动区存在明显的垂直温度梯度,而上部紊流混合区温度场则比较均匀,接近排风的温度。

置换通风以浮力控制为动力,不同于传统的以稀释原理为基础的混合通风。这两种通风方式在设计目标上存在着本质差别。前者是以建筑空间为本,而后者是以人为本。与传统的混合通风系统相比,置换通风的节能特性体现在 3 个方面:控制目标是提高工作区的热舒适度,相比混合通风,所需供冷量少,可以减少空调冷负荷,节省空调能耗;通风效率高,与混合通风相比,在工作区达到同样空气品质的条件下,所需新风量小,新风负荷减少,空调能耗降低;采用小温差、低风速送风,送风温度较高,为利用低品位能源以及在一年中更长时间地利用自然通风冷却提供了可能性,从而达到节能的效果。

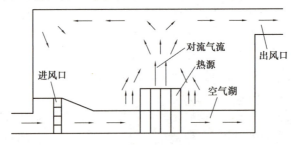

图 11-2　置换通风原理

2. 置换通风的应用

置换通风带来的热舒适性和通风效率,能够达到较高的室内空气品质,同时可以节约建筑能耗,目前,置换通风已在一些大型建筑物内开始应用。图 11-3 所示为某办公室的置换通风系统的布置及气流分布。图 11-4 所示为某会议室的置换通风系统布置及气流分布。图 11-5 所示为礼堂的置换通风空调系统及室内气流分布,观众席采用座椅下送风方式,空气处理机为带有混合、过滤、冷却去湿、风机、消声等功能的组合式空调箱;送排风机的电机为变频调速风机,过渡季节可实现全新风运行;回风采用侧送回风方式,排风由屋顶电动排烟窗排出。

三、排风热回收节能技术

空调系统的新风负荷在空调系统负荷中占有较大的比例,一般为 30% ~50%,在人员密集的公共建筑内可达 70% 以上,因此,降低新风处理系统的能耗成为空调节能中的重要一环。采用热回收装置,使新风与排风进行(冷)热量的交换,回收排风中的部分能量,减少新风负荷是空调系统节能的一项有力措施。有关数据显示,当显热热回收装置回收效率达到 70% 时,就可以使空调能耗降低 40% ~50%,甚至更多。排风热回收的应用很广,无论是居住建筑、办公建筑,还是商用建筑都可以使用,特别是对室内污染较大、空气品质要求较高、新风量要求很大,甚至是全新风的应用场合有着较为突出的节能效果。

图 11-3　某办公室的置换通风系统

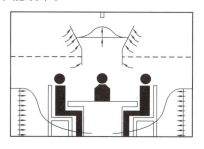

图 11-4　某会议室的置换通风系统

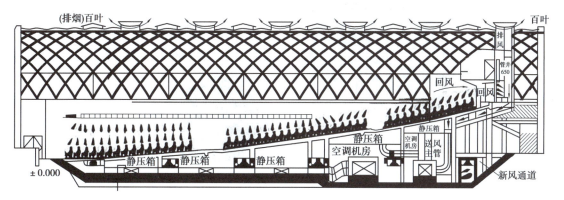

图 11-5　礼堂的置换通风空调系统及室内气流分布

1. 排风热回收原理

机组经冷凝器放出的热量通常被冷却塔或冷却风机排向周围环境中,对需要用热的场所(如宾馆、工厂、医院等)是一种巨大的浪费,同时给周围环境也带来一定的废热污染。

热回收技术就是通过一定的方式将冷水机组在运行过程中排向外界的大量废热回收再利用,作为用户的最终热源或初级热源。压缩机排出的高温高压气态制冷剂先进入热回收器,放出热量加热生活用水(或其他气液态物质),再经过冷凝器和膨胀阀,由蒸发器吸收被冷却介质的热量,成为低温低压的气态制冷剂,返回压缩机。排风热回收原理如图 11-6 所示。

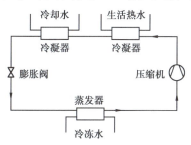

图 11-6　排风热回收原理

排风热回收装置主要有转轮式热回收器、液体循环式热回收器、板式显热热回收器、板翅式热回收器、热管式热回收器、溶液吸收式全热回收器。

（1）转轮式热回收器

转轮式热回收器的外形结构如图 11-7 所示。转轮式热回收器的核心部件是转轮,它以特殊复合纤维或铝合金箔作载体,覆以蓄热吸湿材料构成。将其加工成波纹状和平板状,然后按一层平板、一层波纹板相间卷绕成一个圆柱形的蓄热芯体。在层与层之间形成许多蜂窝状的通道,这就是空气流道,如图 11-8 所示。转轮固定在箱体的中心部位,通过减速传动机构传动,以 10 r/min 的低转速不断地旋转,在旋转过程中让以相逆方向流过转轮的排风与新风相互间进行传热、传湿,完成能量的交换过程。

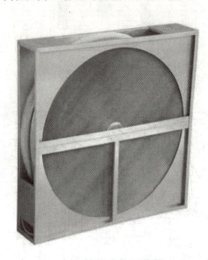

图 11-7　转轮式热回收器

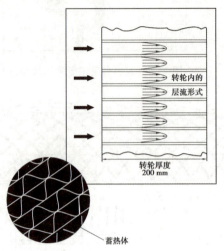

图 11-8　空气流道

（2）板式显热热回收器

板式显热热回收器的外形结构如图 11-9 所示,其工作流程如图 11-10 所示。当热回收器中隔板两侧气流之间存在温度差时,两者之间将产生热传递过程,从而完成排风和新风之间的显热交换。板式显热热回收器具有结构简单、设备费用低、初始投资少等优点,但只能回收显热,效率相对较低。

图 11-9　板式显热热回收器的外形结构

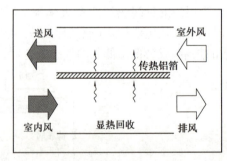

图 11-10　板式显热热回收器工作流程图

（3）板翅式全热回收器

板翅式全热回收器的工作原理如图 11-11 所示,与板式显热热回收器基本相同。板翅式全热回收器一般采用多孔纤维性材料(如经特殊加工的纸)作为基材。热回收器内部的高强度滤纸,厚度一般小于 0.10 mm,从而保证其良好的热传递,其温度效率与金属材料制成的热交换器几乎相等。滤纸经过特殊处理,纸表面的微孔用特殊高分子材料阻塞,以防止空气直接透过。热交换器的湿传递是依靠纸张纤维的毛细作用来完成的。当热回收器中隔板两侧气流之间存在温度差和水蒸气分压力差时,两者之间将产生热质传递过程,从而完成排风和新风之间的全热交换。

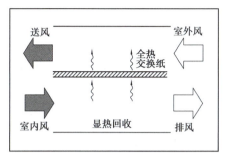

图 11-11　板翅式全热回收器的工作原理

2. 空调热回收系统的安装形式

对于热回收系统,常见的安装方式分为两种:一种是不设旁通的热回收系统(图 11-12),其特点是投资少、安装简便、占地省,但在不需要回收热量的过渡季节增加了风机能耗;另一种是设置旁通管的热回收系统(图 11-13),其特点是过渡季节新、排风经旁通管绕过热回收装置,不增加风机能耗,但系统复杂,机房面积增大,初始投资增加。

图 11-12　不设旁通的热回收系统　　　　图 11-13　设置旁通管的热回收系统

任务二　建筑采暖节能设计

供热是用人工方法通过消耗一定能源向室内供给热量,使室内保持生活、工作所需温度的技术、装备、服务的总称。为使室内保持生活、工作所需温度而建造的工程设施总称为供暖系统。供热系统主要由 3 个部分组成:热媒制备(热源)、热媒输送(供热管道)和热媒利用(散热设备)。供热系统能量消耗主要由燃料转化效率、输送过程损失和建筑散热组成。

我国幅员辽阔,地区气候差异巨大,冬季采暖方式也多种多样,常见的有城市集中式供暖、家庭燃煤锅炉供暖、地板辐射式采暖等。本任务主要讨论辐射式采暖的节能问题。

辐射供暖是利用建筑物内部的顶棚、墙、地面或其他表面进行的以辐射换热为主的供暖方式。它不单纯加热空气,还使周围物体吸收能量,温度升高,自然均匀地提高室内温度。地板辐射供暖系统因其良好的热舒适性得到了广泛应用。

一、辐射供暖分类及系统形式

按照施工方式的不同,地板供暖可分为湿式地板采暖和干式地板采暖两种类型。

图 11-14 所示为湿式地板采暖的构造。湿式施工需要浇灌混凝土填充层,混凝土不仅起保护、固定热水盘管的作用,还是传递热量的主要渠道,混凝土层能够使热量均匀分布,减少出现局部过热或过冷的情况。湿式施工安装工艺成熟,价格低廉,但施工繁琐,导热速度慢,地板厚度大。

图 11-15 所示为干式地板采暖构造。干式施工导热盘管周围无须铺设混凝土,而是将其固定在散热板的夹层内。干式地板采暖的特点是没有湿作业,节省占用空间高度,施工方便。与现行地面采暖的湿式做法相比,干式地板采暖结构的承重降低 40% ~50% 、节省 30% ~40% 的空间、减少 15% ~20% 的材料用量。干式地板采暖施工简单方便,也适用于装修取暖。随着技术的成熟,干式地暖将成为主流的取暖方式。

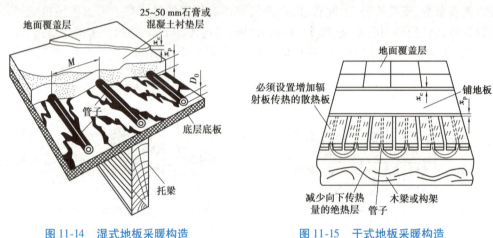

图 11-14　湿式地板采暖构造　　　　图 11-15　干式地板采暖构造

二、辐射供暖系统的节能特性

与传统对流采暖方式相比,辐射供暖是一种舒适、节能的采暖方式。其节能特性主要体现在以下方面:

①室内设计温度的降低使得采暖设计负荷降低。在保持同样的舒适感的前提下,地板辐射采暖的室内设计温度可比对流采暖降低 2 ~3 ℃,使得设计负荷减少。

②便于实现热量的"分户计量"。辐射采暖系统采用入户分环的系统形式,各房间环路相互独立,每户在入户的分水器进口处安装热量表,可以实现分户计量和分室控温,系统可根据需要适时调控,减少不必要的供热量浪费。

③低温度供水为低品位能源的使用创造了条件。辐射供暖的供水温度一般为 40 ~60 ℃,为利用低温热水(如热泵机组的供水)、废热等创造了条件。

④良好的蓄热能力会降低系统能耗。低温热水地板采暖具有较好的蓄热能力,适合作为间歇供暖系统,从而降低系统能耗。

三、低温热水地板辐射供暖系统的控制

为了取得最大的节能效果,室内温度必须能通过自动或手动途径进行设定、调节与控制,以促进行为节能的发展。地板辐射供暖系统室内温度的调控,一般有下列4种典型模式:

1. 模式1

模式1的控制示意图如图11-16所示,主要由房间温度控制器、电热执行机构、带内置阀芯的分水器等组成。其工作原理是:通过房间温度控制器设定和监测室内温度,将监测到的实际室温与设定值进行比较,根据比较结果输出信号,控制电热执行机构的动作,带动内置阀芯开启与关闭,从而改变被控房间环路的供水流量,保持房间的温度在设定温度内。该模式的特点是:一个房间温控器对应一个电热执行机构,感温灵敏,控制精度较高。

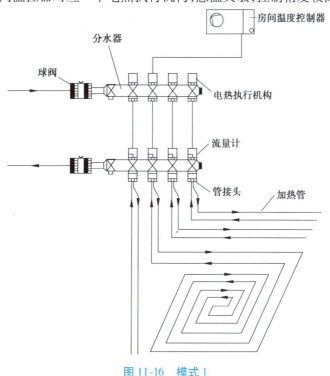

图 11-16　模式 1

2. 模式2

模式2的控制示意图如图11-17所示,主要由房间温度控制器、分配器、电热执行机构、带内置阀芯的分水器等组成。模式2与模式1基本类似,差异在于模式2的房间温度控制器同时控制多个回路,其输出信号不是直接至电热执行机构,而是到分配器,通过分配器再控制各回路的电热执行机构,带动内置阀芯动作,从而改变各回路的水流量,保持房间温度在设定温度内。该模式的特点是:投资较少、控制精度高、感受室温灵敏、安装方便、可以精确地控制每一个房间的温度,能够控制几个环路同时动作,适用于面积较大的房间。

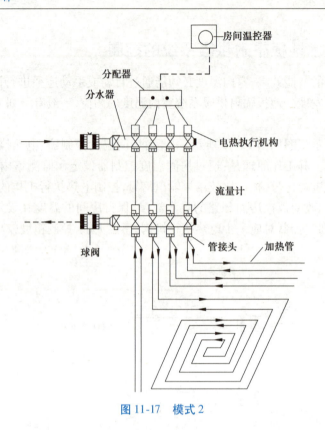

图 11-17　模式 2

3. 模式 3

模式 3 控制示意图如图 11-18 所示,主要由带无线发射器的房间温度控制器、无线电接收器、电热执行机构、带内置阀芯的分水器等组成。通过带无线发射器的房间温度控制器对室内温度进行设定和监测,将监测到的实际值与设定值进行比较,然后将比较后得出的偏差信息发给无线接收器(每隔 10 min 发送一次信息),无线接收器将发射器的信息转化为电热执行机构的控制信号,使分水器上的内置阀芯开启或关闭,对各个环路的流量进行调控,从而保持房间的温度在设定范围内。该模式的特点是:控制精度高、感受室温灵敏、安装简单、使用方便。此外,房间温控器无须外接电源,但投资较高,适用于房间控制温度要求较高的场所。

4. 模式 4

模式 4 控制示意图如图 11-19 所示,主要由自动式温度控制阀组成。在被控制温度房间的回水管路上,设置自动式温控阀组,通过温控阀组来设定室内温度,这是近年来应用得较多的一种控制方式。通常控制阀组有室内温度控制阀组(单独控制室内温度)、回水温度控制阀组(控制回水温度的最高限值)、同时控制室内温度与回水温度的阀组(对室内温度和最高回水温度同时进行控制)3 种典型类型。

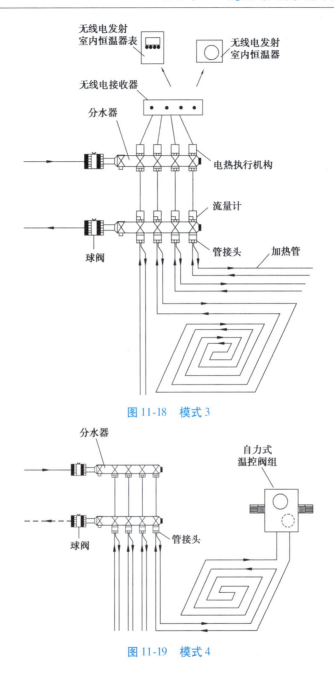

图 11-18　模式 3

图 11-19　模式 4

任务三　空调节能技术

　　空气调节简称空调,是用人为的方法处理室内空气的温度、湿度、洁净度和气流速度的技术。利用空调设备可使某些场所获得具有一定温度和一定湿度的空气,以满足使用者及生产过程的要求,改善劳动卫生和室内气候条件。

一、常规空调节能

制冷技术的发展使得目前分散空调方式中使用的空调器具有优良的节能特性，但在使用中空调器是否能耗低，还依赖用户是否能"节能"地使用，这主要包括正确选用空调器的容量大小、正确安装和合理使用 3 个方面。

1. 正确选用空调器的容量大小

空调器的容量大小要依据其在实际建筑环境中承担的负荷大小来选择，如果选择的空调器容量过大，则会造成在使用中频繁启停，室内温场波动大，致使电能浪费和初始投资过大；选择的空调器太小，又达不到使用要求。选用空调时，可根据房间面积大小来选用合适功率的空调器，房间面积与空调器功率的对应参考关系见表 11-1。

表 11-1　房间面积与空调器功率的对应参考关系表

房间面积/m²	空调功率/匹
<10	1 以下
10 ~ 18	1 ~ 1.5
18 ~ 25	1.5 ~ 2
25 ~ 35	2 ~ 2.5
35 ~ 45	2.5 ~ 3
>45	3 以上

2. 正确安装空调器

空调器的耗电量与空调器的性能有关。同时，也与合理的布置、使用空调器有很大的关系。图 11-20 所示为分窗式空调与分体式空调的正确安装方法，具体说明了空调器应如何布置，才能充分发挥其效率。

3. 合理使用空调器

合理使用空调器，虽然是节能途径的末端问题，但也同样重要。其包括以下两个方面：

（1）设定适宜的温度

室内温湿度的设定与季节和人体的舒适感密切相关。在夏季，环境温度为 22 ~ 28 ℃，相对湿度为 40% ~ 70% 并略有微风的环境中，人们会感到很舒适；在冬季，当人们进入室内，脱去外衣时，环境温度为 16 ~ 22 ℃，相对湿度高于 30% 的环境中，人们会感到很舒适。从节能的角度看，夏季室内设定温度每提高 1 ℃，一般空调器可减少 5% ~ 10% 的用电量。

（2）加强通风，保持室内健康的空气质量

在夏季，一些空调房间为降低从门窗传进的热量，通常是紧闭门窗。由于没有新鲜空气补充，房间内的空气逐渐污浊，长时间吸入会使人产生头晕乏力、精力不集中的现象，各种呼吸道传染性疾病也容易流行。因此，加强通风、保持室内正常的空气新鲜是空调用户必须注意的。一般情况下，可早晚比较凉爽时开窗换气，或在没有直射阳光时通风换气，或者选用具有热回收装置的设备来强制通风换气。

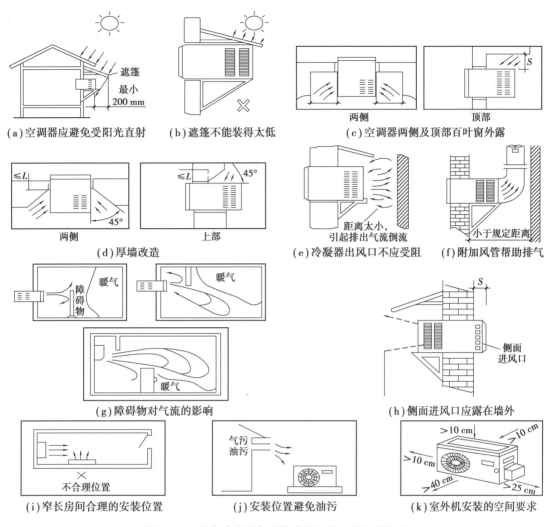

图 11-20　分窗式空调与分体式空调的正确安装方法

二、户式中央空调节能

户式中央空调主要是指制冷量在 8~40 kW(适用居住面积 100~400 m² 使用)的集中处理空调负荷的系统形式。空调用冷热量通过一定的介质输送到空调房间中去。户式中央空调产品可分为单冷型和热泵型两种。由于热泵系统的节能特性,以及在冬、夏两季都可以使用的优点,因此下面主要介绍热泵型。

1. 户式中央空调产品

(1)小型风冷热泵冷热水机组

小型风冷热泵冷热水机组属于空气-空气热泵机组。其室外机组靠空气进行热交换,室内机组产生空调冷水、热水,由管道系统输送到空调房间的末端装置。在末端装置处,冷、热水与房间空气进行热量交换,产生冷风、热风,从而实现房间的夏季供冷和冬季供暖。它属于一种集中产生冷水、热水,但分散处理各房间负荷的空调系统形式。

该种机组体积小,安放方便。由于冷、热管所占空间小,一般不受层高的限制。室内末端装置多为风机盘管,一般有风机调速和水量旁通等调节措施,因此该种形式可以对每个房间进行单独调节,而且室内噪声较小。该种机组的主要缺点是:性能系数不高,主机容量调节性能较差,特别是部分负荷性能较差。绝大多数产品均为启停控制,部分负荷性能系数更低,因而造成运行能耗及费用高;噪声较大,难以满足夜间对居室环境的要求;初期投资比较大。

(2)风冷热泵管道式分体空调全空气系统

风冷热泵管道式分体空调全空气系统利用风冷热泵分体空调机组为主机,属于空气-空气热泵。该系统的输送介质为空气,其原理与大型全空气中央空调系统基本相同。室外机产生的冷、热量,通过室内机组将室内回风(或回风与新风的混合气体)进行冷却或加热处理后,通过风管送入空调房间消除冷、热负荷。这种机组有两种形式:一种是室内机组为卧式,可以吊装在房间的楼板或吊顶上,通常称为管道机;另一种是室内机组为立式(柜机),可安装在辅助房间的走道或阳台上,通常称为风冷热泵。

这种系统的优点是:可以获得高质量的室内空气品质,在过渡季节可以利用室外新风实现的全新风运行,相对于其他几种户式中央空调系统,造价较低。其主要缺点是:能效比不高,调节性能差,运行费用高,如果采用变风量末端装置,会大大提升系统的初期投资;由于需要在房间内布置风管,要占用一定的使用空间,对建筑层高要求较高;室内噪声大,大多数产品的噪声在 50 dB 以上,需要采用消声措施。

(3)多联变频变制冷剂流量热泵空调系统

变制冷剂流量(Variable Refrigerant Volume,VRV)空调系统,是一种制冷剂式空调系统,它以制冷剂为输送介质,属于空气-空气热泵。该系统由制冷剂管路连接的室外机和室内机组成。室外机由室外侧换热器、压缩机和其他制冷附件组成,一台室外机通过管路能够向多个室内机输送制冷剂,通过控制压缩机的制冷剂循环量和进入室内各个换热器的制冷剂流量,可以适时地满足空调房间的需求。

VRV 系统不仅适用于独立的住宅,也可适用于集合式住宅。其主要优点是:其制冷剂管路小,便于埋墙安装;系统采用变频能量调节,部分负荷能效比高,运行费用低。其主要缺点是:初期投资高,是户式空调器的 2 ~ 3 倍;系统的施工要求高,难度大,从管材材质、制造工艺、零配件供应到现场焊接等要求都极为严格。

(4)热泵空调系统

水源热泵空调系统由水源热泵机组和水环路组成。根据室内侧换热介质的不同,有直接加热或冷却空气的水-空气热泵系统;机组室内侧产生冷热水,然后送到空调房间的末端装置,对空气进行处理的水-水热泵系统。

水源热泵机组以水为热泵系统的低品位热源,可以利用江河湖水、地下水、废水或与土壤耦换热的循环水。这种机组的最大特点是能效比高、节省运行费用。同时,它解决了风冷式机组冬季室外换热器的结霜问题,以及随室外气温降低,供热需求上升而制热能力反而下降的供需矛盾问题。水源热泵系统既可按成栋建筑设置,也可单家独户设置。其地下埋管可环绕建筑布置,也可布置在花园、草坪、农田下面;所采用塑料管(或复合塑料管)制作的埋管换热器,其寿命可达 50 年以上。水源热泵系统的主要缺点是:要有适宜的水源,有些系统冬季需要另设辅助热源;土壤源热泵系统的造价较高。

2.户式中央空调能耗分析

户式中央空调通常是家庭中最大的能耗产品,因此,在具有很高的可靠性的同时,必须具有较好的节能特性。多年的使用经验证明,热泵机组在使用寿命期间的能耗费用,一般是初期投资的 5～10 倍。能耗指标是考虑机组可靠性之后的首要指标。由于户式中央空调极少在满负荷下运行,故应特别重视其部分负荷性能指标。

机组具有良好的能量调节措施,不仅对提高机组的部分负荷效率、实现节能具有重要意义,而且对延长机组的使用寿命、提高其可靠性也有好处。前面介绍的几种户式中央空调产品中,除 VRV 系统需要采用变频调速压缩机和电子膨胀阀实现制冷剂流量无级调节外,其他机组控制都比较简单。机组具体的能量调节方法有以下几种:

①开关控制。目前的机组 90% 以上都采用这种控制方法,压缩机频繁启停,增加了能耗,且降低了压缩机的使用寿命。

②能量调节。20 kW 以上的热泵机组有的采用双压缩机、双制冷剂回路,能够实现 0%,50%,100% 的能量调节,两套系统可以互为备用,冬季除霜时,可以提供 50% 的供热量,但系统复杂、初期投资大。

③有的管道机采用多台并联压缩机及制冷剂回路,压缩机与室内机一一对应。

④管道机的室内机有高、中、低 3 挡风量可调。

另外,户式中央空调还需注意选择空气侧换热器的形状与风量,以及水侧换热器的制作与安装,以期达到最佳的节能效果。

三、中央空调系统节能

中央空调系统节能的途径与采暖系统相似,主要归纳为两个方面:一是系统自身,即在建造方面采用合理的设计方案并正确地进行安装;二是依靠科学的运行管理方法,使空调系统真正地为用户节省能源。

1.准确进行系统负荷设计

目前,在中央空调系统设计时,采用负荷指标进行估算,出于安全考虑,指标往往取得过大,负荷计算也不详尽,造成了系统的冷热源、能量输配设备、末端换热设备的容量都大大超过了实际需求,既增加了投资,在使用上也不节能。因此,设计人员应仔细地进行负荷分析计算,力求与实际需求相符。

计算机模拟表明,深圳、广州、上海等地区夏季室内温度低 1 ℃ 或冬季高 1 ℃,暖通空调工程的投资约增加 6%,其能耗约增加 8%。另外,过大的室内外温差也不符合卫生的要求。《夏热冬冷地区居住建筑节能设计标准》(JGJ 134—2010)规定,夏季室内温度取 26～28 ℃,冬季取 16～18 ℃。设计时,在满足要求的前提下,夏季应尽可能取上限值,冬季应尽可能取下限值。除室内设计温度外,合理选取相对湿度的设计值及温湿度参数的合理搭配也是降低设计负荷的重要途径,特别是在新风量要求较大的场合,适当提高相对湿度,可大大降低设计负荷,而在标准范围内(40%～65%),提高相对湿度设计值对人体的舒适性影响甚微。

新风负荷在空调设计负荷中占到空调系统总能耗的 30%,甚至更高。向室内引入新风的目的是稀释各种有害气体,保证人体的健康。在满足卫生条件的前提下,减小新风量,有显著的节能效果。设计的关键是要提高新风的效率和质量。利用热交换器回收排风中的能量,是减小新风负荷的一项有力措施。按照空气量平衡的原理,向建筑物引入一定量的新风,必然要排除基本上相同数量的室内风。显然,排风的状态与室内空气状态相同。如果在系统中设置热交换器,则最多可节约处理新风耗能量的70%~80%。日本空调学会提供的计算资料表明,以单风道定风量系统为基准,加装全热交换器后,夏季8月份可节约冷量约25%,冬季1月份可节约加热量约50%。排风中直接回收能量的装置有转轮式、板翅式、热管式和热回收回路式等。在我国,采用热回收以节约新风能耗的空调工程还不多见。

2. 冷热源节能

冷热源在中央空调系统中被称为主机,其能耗是构成系统总能耗的主要部分。目前,采用的冷热源形式主要有以下几种:

①电动冷水机组供冷和燃油锅炉供热,供应能源为电和轻油;

②电动冷水机组供冷和电热锅炉供热,供应能源为电;

③风冷热泵冷热水机组供冷、供热,供应能源为电;

④蒸汽型溴化锂吸收式冷水机组供冷、热网蒸汽供热,供应能源为热网蒸汽、少量的电;

⑤直燃型溴化锂吸收式冷热水机组供冷、供热,供应能源为轻油或燃气、少量的电;

⑥水循环热泵系统供冷、供热,辅助热源为燃油、燃气锅炉等,供应能源为电、轻油或燃气。其中,电动制冷机组(或热泵机组)根据压缩机的形式不同,又可分为往复式、螺杆式、离心式3种。

在这些冷热源形式中,消耗的能源有电能、燃气、轻油、煤等,衡量它们的节能性时,需要将这些能源形式全部折算成同一种一次能源,并用一次能源效率来进行比较。

3. 冷热源的部分负荷性能及台数配置

不同季节或在同一天中不同的使用情况下,建筑物的空调负荷是变化的。冷热源所提供的冷热量在大多数时间都小于负荷的80%,这里还没有考虑设计负荷取值偏大的问题。在这种情况下机组的工作效率通常要小于满负荷运行时的效率。因此,在选择冷热源方案时要重视其部分负荷效率的性能。此外,机组工作的环境热工状况也会对其运行效率产生一定的影响。例如,风冷热泵冷热水机组在夏季夜间工作时,因空气温度比白天低,其性能也要好于白天;水冷式冷水机组主要受空气湿度、温度影响,而风冷机组主要受地球温度影响,一般情况下,风冷机组在夜间工作更为有利。

根据建筑物负荷的变化合理地配置机组的台数及容量大小,可以使设备尽可能地满负荷高效地工作。例如,某建筑的负荷在设计负荷的60%~70%时出现的频率最高,如果选用两台同型号的机组,不如选3台同型号的机组,或一台70%、一台30%一大一小两台机组,因为后两种方案可以让两台或一台机组满负荷运行来满足该建筑物大多数时候的负荷需求。《公共建筑节能设计标准》(GB 50189—2015)规定,冷热源机组台数不宜少于2台,冷热负荷较大时也不应超过4台,为了运行时节能,单机容量大小应合理搭配。

采用变频调速等技术,使冷热源机组具有良好的能量调节特性,是节约冷热水机组耗电的重要技术手段。生活中的电源频率为50 Hz(220 V),是固定的,但变频空调因装有变频装置,就可以改变压缩机的供电频率。提升频率时,空调器的心脏部件压缩机便高速运转,输出功率增大;反之,当频率降低时,可抑制压缩机的输出功率。因此,变频空调可以根据不同的室内温度状况,以最合适的输出功率进行运转,以此达到节能的目的;同时,当室内温度达到设定值后,空调主机能够准确保持这一温度的恒定速度运转,实现"不停机运转",从而保证环境温度的稳定与舒适。

4. 水系统节能

空调中水系统的用电,在冬季供暖期占动力用电的 20% ~ 25%,在夏季供冷期占动力用电的 12% ~ 24%。因此,降低空调水系统的输配用电是中央空调系统实现节约用电的一个重要环节。我国的一些高层宾馆、饭店空调水系统普遍存在大流量小温差的不合理问题。冬季供暖水系统的供水、回水温差,较好情况为 8 ~ 10 ℃,较差情况只有 3 ℃;夏季冷冻水系统的供水、回水温差,较好情况也只有 3 ℃左右。根据造成上述现象的原因,可以从以下几个方面逐步解决,最终使水系统在节能状态下工作:

①确保各分支环路的水力平衡。对空调供冷、供暖水系统,无论是建筑物内的管路,还是建筑物外的室外管网,均需按设计规范要求认真计算,使各个环路之间符合水力平衡要求,在系统投入运行前必须进行调试。因此,在设计时必须设置能够准确进行调试的技术手段,例如,在各环路中设置平衡阀等平衡装置,以确保在实际运行中,各环路之间达到较好的水力平衡。

②设置二次泵。如果某个或某几个支环路与其余环路压差相差悬殊,则此环路就应增设二次循环水泵,以避免整个系统为满足少数高阻力环路的需要,而选用高扬程的总循环水泵。

③变流量水系统。为了系统节能,目前大规模的空调水系统多采用变流量系统,即通过调节二通阀改变流经末端设备的冷冻水流量来适应末端用户负荷的变化,从而维持供水、回水温差稳定在设计值;采用一定的手段使系统的总循环水量与末端的需求量基本一致;通过保持冷水机组蒸发器的水流量基本不变,维持蒸发温度和蒸发压力的稳定。

5. 风系统节能

在空调系统中,风系统中的主要耗能设备是风机。风机的作用是促使被处理的空气流经末端设备时进行强制对流换热,将冷水携带的冷量取出并输送至空调房间,用于消除房间的热湿负荷。被处理的空气可以是室外新风、室内循环风、新风与回风的混合风。风系统节能措施可从以下 3 个方面考虑:

①正确选用空气处理设备。根据空调机组风量、风压的匹配,选择最佳状态点运行,不宜过分加大风机风压,以降低风机功率。另外,应选用漏风量大及外形尺寸小的机组。国家相关标准规定,在 700 Pa 压力时的漏风量不应大于 3%。实测证明,漏风量为 5%,风机功率增加 16%;漏风量为 10%,风机功率增加 33%。

②注意选用节能性好的风机盘管。

③设计选用变风量系统。变风量系统是通过改变送入房间的风量来满足室内变化的负荷要求,用减小风量来降低风机能耗。

由于变风量系统通过调节送入房间的风量来适应负荷的变化,在确定系统总风量时,还可以考虑一定的使用情况,所以能够节约风机运行能耗和减少风机装机容量,系统的灵活性较好。变风量系统属于全空气系统,它具有全空气系统的一些优点:可以利用新风消除室内负荷,没有风机盘管凝水问题和霉变问题。变风量系统存在的缺点:在系统风量变小时,有可能不能满足室内新风量的需求,影响房间的气流组织;系统的控制要求高,不易稳定;投资较高等。这些都要求设计者在设计时周密考虑,才能达到既满足使用要求又节约能源的目的。

案例精选

不结冰的水池——国家大剧院景观水池

国家大剧院位于人民大会堂西侧,总建筑面积 220 000 m²。室外设置露天景观池,景观池面积约 35 000 m²,储水量 15 000 m³,水深 400 mm,如图 11-21 所示。剧院外侧的水池面积较大,这么大的水面要想在寒冷的冬天保证不结冰,仅依靠传统的锅炉加热技术既污染环境又增加运行成本。为解决景观水池"保鲜"和"节能"问题,经多方求证,最后决定采用中央液态冷热源环境系统。

图 11-21　国家大剧院景观水池

中央液态冷热源环境系统是将单井循环换热地能采集系统技术与成熟的热泵技术相结合的系统成套设备。浅层地能是在太阳辐射和地心热产生的大地热流的综合作用下,存在于地壳下近表层数百米内的恒温带中的土壤、砂岩和地下水里的低品位的可再生能源。该系统充分利用了浅层地能作为冷热源,极大地节省了能耗。

景观水池的加热和冷却系统的实质是一个热泵系统,它将地下水抽取上来与景观水进行水-水换热,即夏季通过换热器将景观水获得的太阳辐射热散放到地下井中,从而使景观水降温,冬季把地下水中的热量提取出来,加热景观水,形成一个冬储夏用、夏储冬用的生态冷却加热循环系统。

沙场练兵

一、填空题

1. 自然通风是一种利用_____能量而不依靠空调设备来维持适宜的室内热环境的简单通风方式。

2. 建筑自然通风是由于建筑物的开口处存在_____而产生的空气流动。

3. 供热系统主要由热媒制备、_____、_____3 个部分组成。

二、选择题

1. 关于改善建筑物自然通风的措施中,下列说法错误的是(　　)。

A. 善于利用穿堂风

B. 采用隔热屋面

C. 尽量减小窗墙面积比

D. 安装三层玻璃幕墙

2. 关于混合通风系统和置换通风的节能特性，下列说法错误的是(　　)。

A. 置换通风系统比传统混合通风系统更加节约空调能耗

B. 在相同空气品质要求下，置换通风效率更高

C. 在相同空气品质要求下，置换通风能耗更高

D. 在相同环境条件下，置换通风可利用时间更长

3. 关于湿式地板采暖和干式地板采暖的特点，下列说法正确的是(　　)。

A. 湿式地板采暖成本低廉，施工简单，导热效率高

B. 干式地板采暖成本低廉，施工简单，导热效率高

C. 湿式地板采暖成本低廉，施工复杂，导热效率低

D. 干式地板采暖成本低廉，施工复杂，导热效率低

4. 下列关于空调器安装的说法，错误的是(　　)。

A. 空调器应避免阳光直射

B. 空调器遮篷不能装得太低

C. 空调冷凝器排风口附加风管帮助排气

D. 空调器安装位置应避免油污

三、简答题

1. 简述自然通风的类型及原理。

2. 变频技术在空调系统和风机中的应用应包括哪些方面？

项目十二　建筑采光与照明节能技术

　　作为无污染、可再生的能源,利用自然光进行昼光照明对节能减排有着不可忽视的作用和意义。在我国,照明用电量约占发电量的13%,并且主要以低效照明为主,照明终端用电具有很大的潜力。同时,照明用电属于高峰用电,照明节电具有节约能源和缓解高峰用电压力的双重作用。

【案例导入】

绿建新硅谷采光照明严苛之选——中国建筑材料科学研究总院(合肥)技术中心

　　中国建筑科学研究总院(合肥)技术中心位于包河区大圩镇南淝河路与黄河路交叉口,项目总面积约11.27万 m²。为了满足绿色建筑的要求,中建材技术中心的部分照明系统选择节能环保的导光管日光照明系统。其中,使用部分主要为地库,使用的导光管照明系统为索乐图330DS系列。在很多地下停车库都可见导光管的身影。索乐图导光管采光系统能够高效传输自然光,并且在地下空间中实现日间持续稳定的自然采光和日光照明,照明效果优越。系统运作过程不涉及耗电,可有效减少白天因停电引起的安全隐患和用电引起的火灾隐患。自然光的温和过度,可以减少驾驶者驶入地库时的黑洞效应,大大降低驾驶者出现瞬间失明的现象,消除了更多的安全隐患。

【知识目标】

1.了解建筑采光与照明的基本原理和概念;

2.掌握不同光源(如自然光、LED 灯等)的特点和效果;

3.了解建筑采光与照明设计中的相关标准和规范;

4.了解不同材料和设备对光的传递和反射的影响。

【技能目标】

1.能进行建筑采光与照明需求的分析和评估;

2.具备进行光环境模拟和照明设计的能力;

3.能选择合适的光源、灯具和控制系统,以实现高效的照明效果和能源利用;

4.能运用建筑信息模型和光学仿真软件进行采光与照明优化。

【职业素养目标】

1.关注环境保护和可持续发展,将节能和环保理念融入设计中;

2.追求创新和技术进步,不断学习和更新建筑采光与照明节能技术;

3.具备良好的沟通和协调能力,能够与建筑师、电气工程师等团队成员合作,共同完成项目;

4.具备责任心和专业道德,遵守职业规范和法律法规,确保设计的安全性和可靠性。

任务一　自然采光与建筑节能

一、自然采光对建筑节能的作用和意义

自然光环境是人类视觉工作中最舒适、最亲切、最健康的环境。自然光还是一种清洁、超低耗能的光源,利用自然光进行照明有着不可忽视的作用和意义:

①自然采光减少了对电光源的需求,相应地减少了电力消耗和相关的污染,节能环保。

②自然采光没有光电能量转换过程,而是直接把太阳光导入室内需要照明的地方,自然采光时太阳能的利用效率较高。

③自然光是取之不尽、用之不竭的巨大的洁净、安全的能源,且具有照度均匀、持久性好、光色好、眩光的可能性少等特点。

④自然采光有利于人们的身心健康,提高视觉功效。

⑤自然采光有助于改善工作、学习和生活环境,提高人们的工作效率。利用自然采光,无论是对生态环境、经济发展还是对人类的健康都有着积极有益的作用,它拥有最小的能耗和长远的经济效益。

二、建筑自然采光发展现状与发展方向

目前,人们对自然光利用率低的原因主要是利用自然光节能、环保的意识薄弱。另外,自然采光在建筑设计上会相对复杂费时,不如安装人工光源方便、省事,但一天中自然光线变化在室内营造的自然光环境是其他任何光源所无法比拟的。

用自然光代替人工光源照明,可大大减少空调负荷,有利于降低建筑物能耗。另外,新型采光玻璃(如光敏玻璃、热敏玻璃等)可以在保证合理的采光量的前提下,在需要时将热量引入室内,在不需要时将自然光带来的热量挡在室外。

自然光的稳定性差,特别是直射光会使室内照度在时间上和空间产生较大波动,设计者要注意合理地设计房屋的层高、进深与采光口的尺寸,注意利用中庭处理大面积建筑采光问题,并适时地使用采光新技术。

充分利用自然光,为人们提供舒适、健康的自然光环境,当传统的采光手段已无法满足要求时,新的采光技术的出现主要是解决以下 3 个方面的问题:

①解决大进深建筑内部的采光问题。由于建设用地的日益紧张和建筑功能的日趋复杂,建筑物的进深不断加大,仅靠侧窗采光已不能满足建筑物内部的采光要求。

②提高采光质量。传统的侧窗采光,随着与窗距离的增加,室内照度显著降低,窗口处的照度值与房间最深处的照度值之比大于 5:1,视野内过大的照度对比容易引起视觉疲劳及眩光。

③解决自然光的稳定性问题。自然光的不稳定性一直都是自然光利用中的难点,通过日光跟踪系统的使用,可最大限度地捕捉太阳光,在一定时间内保持室内较高的照度值。

三、利用自然采光的建筑节能技术和方法

建筑利用自然光的方法概括起来主要有被动式采光法和主动式采光法两种。被动式采光法是通过或利用不同类型的建筑窗户进行采光的方法。主动式采光法是利用集光、传光和散光等设备与配套的控制系统将自然光传送到需要照明部位的方法,这种采光方法完全由人控制,人处于主动地位,故称为主动式采光法。

1. 利用有利的朝向

由于直射阳光比较有效,因此朝南的方向通常是进行自然采光的最佳方向。无论是在每一天还是在每一年里,建筑物朝南的部位获得的阳光都是最多的。在采暖季节,这部分阳光能提供一部分采暖热能,同时控制阳光的装置在这个方向也最能发挥作用。

对自然采光最佳的第二个方向是北面,因为这个方向的光线比较稳定。尽管来自北面的光线数量比较少,但比较稳定。这个方向也很少遇到直接照射阳光带来的眩光问题。在气候炎热的地区,朝北的方向甚至比朝南的方向更有利。另外,在朝北的方向也不必安装可调控光遮阳的装置。

对自然采光最不利的方向是东面和西面,不仅因为这两个方向在每一天中只有一半的时间能被太阳照射,而且因为这两个方向日照强度最大的时候是在夏天而不是在冬天。然而,最大的问题还在于,太阳在东方或者西方时,在天空中的位置较低,因此会带来非常严重的眩

光和阴影遮蔽等问题。从建筑物的方位来看,最理想的楼面布局通常都是窗户朝南或朝北。确定方位的基本原则如下:

①如果冬天需要采暖,应采用朝南的侧窗进行自然采光。

②如果冬天不需要采暖,可以采用朝北的侧窗进行自然采光。

③用自然采光时,为了不使夏天太热或者带来严重的眩光,应避免使用朝东和朝西的玻璃窗。

2. 采用有利的平面形式

建筑物的平面形式不仅决定了侧窗和天窗之间的搭配是否可能,而且决定了自然采光口的数量。一般情况下,在多层建筑中,窗户往深 4.5 m 左右的区域能够被日光完全照亮,再往里 4.5 m 的地方能被日光部分照亮。在长方形的布局里,没有日光完全照不到的地方,但仍然有大面积的地方只能部分被日光照到,而有中央天井的平面布局,能使房间里所有地方都被日光照到。当然,中央天井与周边区域相比的实际比例,要由实际面积决定。建筑物越大,中央天井就应越大,而周边的表面积越小。

现代典型的中央天井,其空间都是封闭的,其温度条件与室内环境非常接近。因此,有中央天井的建筑,即使从热量的角度考虑,仍然具有较大的日光投射角。中央天井底部获取光线的数量,由中央天井顶部的透光性、中央天井墙壁的反射率,以及其空间的几何比例(深度和宽度之比)等一系列因素决定。使用实物模型是确定中央天井底部得到日光数量的最好方法。当中央天井空间太小,难以发挥作用时,它们常常被当作采光井,可以通过天窗、高侧窗(矩形天窗)或者窗墙来照亮中央天井,如图 12-1 所示。

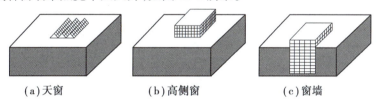

(a)天窗　　　　(b)高侧窗　　　　(c)窗墙

图 12-1　具有自然采光功能的中央天井的几种形式

3. 采用天窗采光

一般来说,单层和多层建筑的顶层可以采用屋顶上的天窗进行采光,也可以利用采光井。建筑物的天窗有两个重要的好处。首先,它能使相当均匀的光线照亮房间中相当大的区域,如图 12-2(a)所示,而来自窗户的昼光只能局限在靠窗 45 m 左右的地方,如图 12-2(b)所示。其次,水平的窗口比竖直的窗口获得的光线多得多。但是,开天窗也有弊端,来自天窗的光线在夏天比在冬天更强,而且水平的玻璃窗难以将其遮蔽。因此,在屋顶通常采用平天窗、侧窗、矩形天窗或者锯齿形天窗等形式的竖直玻璃窗,如图 12-2(c)所示。

锯齿形天窗可以把光线反射到背对窗户的室内墙壁上。墙壁可以充当大面积、低亮度的光线漫射体。被照得通体明亮的墙壁,视觉上会往后延伸,使房间看起来比实际更加宽敞、更令人赏心悦目。另外,从窗户直接照射进来的天空光线或者阳光的眩光问题,也可得到解决。图 12-3 是来自美国麻省理工学院的建筑师完成的位于加州索诺玛 hendee-borg 别墅的设计方案,住宅采用锯齿形的屋顶天窗,可以捕捉到每天不同时间段阳光的品质,锯齿的角度经过精确计算得出。天窗横跨整个建筑,为室内带来了全天均匀而柔和的自然天光。

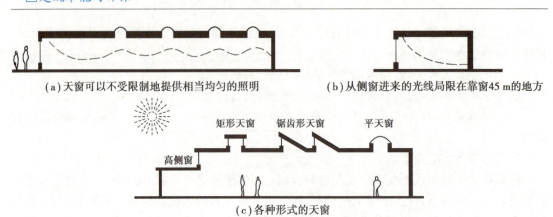

(a)天窗可以不受限制地提供相当均匀的照明　　　(b)从侧窗进来的光线局限在靠窗45 m的地方

矩形天窗　锯齿形天窗　平天窗

高侧窗

(c)各种形式的天窗

图 12-2　天窗采光的优点

图 12-3　美国 hendee-borg 别墅锯齿形天窗设计

　　2019 年 9 月底投入使用的北京大兴国际机场(图 12-4),是利用顶部采光达到节约照明能耗的一个很好的例子,该机场航站楼设计达到了功能性和艺术性的完美结合,航站楼内60% 的区域可以实现自然采光,贯穿整个 600 m 的 5 条走廊,每年可减少二氧化碳排放 2.2 万 t,相当于种植 119 万棵树,节约 8 850 t 标煤。

4. 采用有利的内部空间布局

　　开放的空间布局对日光进入房间深处非常有利。用玻璃隔板分隔房间,既可以营造声音上的个人空间,又不至于遮挡光线。如果还需要营造视觉上的个人空间,可以把窗帘或活动百叶帘覆盖在玻璃上,亦或者使用半透明的材料。也可以选择只在隔板高于视平线以上的地方安装玻璃。

图12-4　北京大兴国际机场航站楼

5.颜色

在建筑物的内外都使用浅淡的颜色,可以使光线更多、更深入地反射到房间里,同时使光线成为漫射光。浅色的屋顶可以极大地增加高侧窗获得光线的数量。面对浅色外墙的窗户,可以获得更多的阳光。在城市地区,浅色墙面尤其重要,它可以增加较低楼层获得日光的能力。

室内的浅淡颜色不仅可以把光线反射到房间深处,还可以使光线漫射,以减少阴影、眩光和过高的亮度比。顶棚是反射率最高的地方。地板和较小的家具是最无关紧要的反光装置,因此即使具有相当低的反射率(涂成黑色)也无妨。反光装置的重要性依次为:顶棚、内墙、侧墙、地板和较小的家具。

四、自然采光新技术

目前,新的采光技术层出不穷,利用光的反射、折射或衍射等特性,将自然光引入,并且传输到需要的地方。以下介绍4种先进的采光系统。

1.导光管

人们对导光管的研究已有很长一段历史,至今仍是照明领域的研究热点之一。最初的导光管主要传输人工光,20世纪80年代以后开始扩展到自然采光。

用于采光的导光管主要由3个部分组成,即用于收集日光的集光器;用于传输光的管体部分;用于控制光线在室内分布的出光部分。集光器有主动式和被动式两种:主动式集光器通过传感器的控制来跟踪太阳,以便最大限度地采集日光;被动式集光器则是固定不动的。有时会将管体和出光部分合二为一,一边传输,一边向外分配光线。垂直方向的导光管可穿过结构复杂的屋面及楼板,把自然光引入每一层直至地下层。为了输送较大的光通量,导光管的直径一般都大于100 mm。由于自然光的不稳定性,还需给导光管加装人工光源作为后备光源,以便在日光不足时作为补充。导光管采光适合自然光丰富、阴天少的地区使用。目前,结构简单的导光管在一些发达国家已经开始广泛使用。

2.光导纤维

光导纤维是20世纪70年代开始应用的高新技术,最初应用于光纤通信,20世纪80年代开始应用于照明领域,目前光纤用于照明的技术已基本成熟。光导纤维采光系统一般由聚光部分(图12-5)、传光部分和出光部分(图12-6)3个部分组成。聚光部分把太阳光聚在焦点上,对准光纤束。其用于传光的光纤束一般用塑料制成,直径在 10 mm 左右。光纤束的传光原理主要是光的全反射原理,光线进入光纤后,经过不断地全反射传输到另一端。在室内的输出端装有散光器,可根据不同的需要使光按照一定规律分布。对于一幢建筑物来说,光纤可采取集中布线的方式进行采光。将聚光装置(主动式或被动式)放在楼顶,同一聚光器下可以引出数根光纤,通过总管垂直引下,分别弯入每一层楼的吊顶内,按照需要布置出光口,以满足各层采光的需要,如图 12-7 所示。

图 12-5　置于楼顶的光导纤维聚光器

图 12-6　光导纤维照明

3.采光隔板

采光隔板是在侧窗上部安装一个或一组反射装置,使窗口附近的直射阳光经过一次或多次反射进入室内,以提高房间内部照度的采光系统。房间进深不大时,采光隔板的结构十分简单,仅是在窗户上部安装一个或一组反射面,使窗口附近的直射阳光经过一次反射到达房间内部的顶棚,利用顶棚的漫反射作用,使整个房间的照度和照度均匀度均有所提高,如图12-8 所示。

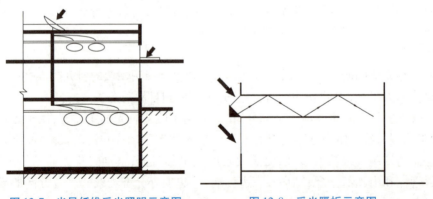

图 12-7　光导纤维采光照明示意图　　图 12-8　采光隔板示意图

4.导光棱镜窗

导光棱镜窗是利用棱镜的折射作用改变入射光的方向,使太阳光照射到房间深处。导光棱镜窗的一面是平的,另一面带有平行的棱镜,可以有效地减少窗户附近直射光引起的眩光,提高室内照度的均匀度。同时,由于棱镜窗的折射作用可以在建筑间距较小时获得更多的阳光,如图 12-9 所示。

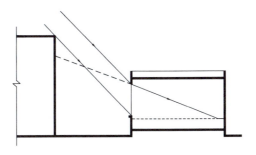

图 12-9　导光棱镜采光示意图

光是构成建筑空间环境的重要因素。随着人们对环境、资源等问题的日益关注,建筑师开始重视自然光的利用。新的采光技术与传统的采光方式相结合,不但能提高房间内部的照度和整个房间的照度均匀度,而且可以减少眩光和视觉疲劳,从而创造以人为本、健康、舒适、节能的自然光环境。

任务二　建筑照明节能

照明是一个将电能转换成光能做功的过程。照明节能是指在不降低视觉要求的条件下,力求减少照明系统中的能量损失,更有效地利用电能。

一、建筑照明设计的基本原则

建筑照明设计的基本原则是通过优化设计达到"实用、安全、经济、美观"的目标,即在必须保证有足够照明数量和质量的前提下,做到安全用电和照明节能,其具体的基本原则包括以下方面:

1. 实用性
室内照明应保证规定的照度水平,以满足工作、学习和生活需要。照明设计应从室内整体环境出发,全面考虑光源、光质、投光方向和角度,使室内活动的功能、使用性质、空间造型、色彩陈设等与其相协调,以取得整体环境的宜居效果。

2. 安全性
一般情况下,线路、开关、灯具的设置都需有可靠的安全措施。例如,分电盘和分线路一定要有专人管理,电路和配电方式要符合安全标准,不允许超载。在危险的地方要设置明显标志,以防止漏电、短路等造成火灾和其他伤亡事故的发生。

3. 经济性
照明设计的经济性有两个方面含义:一是采用先进技术,充分发挥照明设施的实际效果,尽可能地以较少的投入获得较大的照明效果;二是在确定照明设计方案时,要符合我国当前在电力供应、设备、材料等方面的生产水平。

4. 美观性
照明装置还具有装饰房间、美化环境的作用。室内照明有助于丰富空间,营造一定的环境气氛。合理的照明设计可以增加空间的层次和深度,光影变化能活化静态空间,营造出美的意境和氛围。因此,在室内照明设计时应正确选择照明方式、光源种类、灯具造型及体量,同时还应处理好颜色和光的投射角度,以取得改善空间感,增强环境的艺术效果。

二、建筑照明节能的评价标准

节能工作从设计到最终实施,都应有相应的节能评价标准。我国采用单位功率密度(Lighting Power Density,LPD,单位为 W/m^2)来评价建筑物的照明节能效果,并规定了各类建筑的各种房间的单位功率密度限值。要求在建筑照明设计中,在满足作业面标准值的同时,通过选择高效节能的光源、灯具与照明电器,使房间的照明功率密度不超过限值。

《建筑照明设计标准》(GB 50034—2013)中对住宅建筑中每户照明功率密度限值都作了明确规定,见表12-1。该标准中,居住建筑的照明功率密度是按每户计算的,除居住建筑外其他类建筑的 LPD 均为强制性条文,这样既保证了照明质量,又确保了在照明器件的采用上达到高效节能。该标准还对办公建筑、商店建筑、旅馆建筑、医疗建筑等建筑照明功率密度限值作了具体规定,读者可查阅该标准。

表 12-1 住宅建筑每户照明功率密度值限值

房间或场所		参考平面及其高度	照度标准值/lx	照明功率密度/(W·m^{-2})	
				现行值	目标值
起居室	一般活动	0.75 m 水平面	100	6	5
	书写、阅读		300*		
卧室	一般活动	0.75 m 水平面	75		
	床头阅读		150*		
餐厅		0.75 m 餐桌面	150		
厨房	一般活动	0.75 m 水平面	100		
	操作台	台面	150*		
卫生间		0.75 m 水平面	100		
公共车库	停车位	地面	20	4.0	
	行车道	地面	30	3.0	

注:*表示宜用混合照明,即由一般照明与局部照明组成的照明。

三、建筑照明节能的技术措施

建筑照明系统的节能技术措施一般包括照明光源、照明灯具、照明电器附件和照明系统的控制等方面。

1. 选用优质高效的节能光源

光源的选择是照明系统节能的一个非常重要的环节。采用高效长寿的光源是技术进步的趋势,也是实现照明节能的首要因素,更是工程中设计选用先进光源最容易实现的步骤。

表12-2为几种常见典型光源的性能。

表 12-2 几种常见典型光源的性能

光源类型	光效/(lm·W⁻¹)	寿命/h	显色指数
白炽灯	9~34	1 000	99
高压汞灯	39~55	10 000	40~45
荧光灯	45~103	5 000~10 000	50~90
金属卤化物灯	65~106	5 000~10 000	60~95
高压钠灯	55~136	10 000	<30
LED 灯	80~100	50 000	>80
电磁感应灯	>80	60 000	>80

从表12-2得出这5种常见光源的特点如下：

（1）白炽灯

光效最低，相对能耗最大，寿命最短，因此应尽量减少其使用量。一般情况下，多数场所应禁止选用白炽灯，或在无特殊需要的情况下，不选用150 W以上的大功率白炽灯。如果确实需要白炽灯，宜选用光效较高的双螺旋白炽灯、充氖白炽灯、涂反射层白炽灯或小功率的高致卤钨灯，如图12-10所示。

（2）高压汞灯

高压汞灯是玻壳内表面涂有荧光粉的高压汞蒸汽放电灯，灯光呈白色，光线柔和、结构简单、成本和维修费用低廉，具有光效高、寿命长、省电经济等特点，适用于道路照明、室内外工业照明、商业照明等，如图12-11所示。

（3）荧光灯

常用的荧光灯有细管荧光灯和紧凑型荧光灯两种。细管荧光灯具有结构简洁、节省原材料、体积小、质量小、成本低、节省能源、寿命更长及易于实施等优点；紧凑型荧光灯在达到同样光输出的前提下，耗电量为白炽灯的1/4，现已成为政府部门和居民日常使用的节能产品，如图12-12所示。

图 12-10 白炽灯

图 12-11 高压汞灯

图 12-12 荧光灯

（4）金属卤化物灯

在高压汞灯的基础上添加各种金属卤化物制成的第三代光源，是一种接近日光色的节能光源,具有发光效率高、显色性能好、寿命长等特点,适用于工业照明、城市亮化工程照明、商业照明、体育场馆照明和道路照明等,如图 12-13 所示。

(5)高压钠灯

使用时发出金白色光,具有发光效率高、耗电少、寿命长、透雾能力强和不锈蚀等优点,主要适用于道路照明、泛光照明、广场照明、工业照明等。高显色高压钠灯主要用于体育馆、展览厅、娱乐场、百货商店和宾馆等场所的照明,如图 12-14 所示。

(6)LED 光源

半导体照明是 21 世纪最具发展前景的高技术领域之一,它具有高效、节能、安全、环保、寿命长、易维护等显著特点,被认为是最有可能进入普通照明领域的一种新型第四代"绿色"光源。白光 LED 可应用于建筑照明领域,替代白炽灯、荧光灯、气体放电灯,如图 12-15 所示。

图 12-13　金属卤化物灯

图 12-14　高压钠灯

图 12-15　LED 光源

(7)电磁感应灯

电磁感应灯是继传统白炽灯、气体放电灯之后,在发光机理上有突破的新颖光源,它具有高光效、长寿命、高显色、光线稳定等特点。电磁感应灯是由高频发生器、功率耦合线圈、无极荧光灯管组合而成的,而且不用传统钨丝,可以节约大量资源。由于无极启动点燃,可避免电极发射层的损耗以及对荧光粉的损害而产生的寿命短的弊端,使其使用寿命大幅提高,同时也不存在因灯丝损坏而造成的整个灯报废的问题。它的使用寿命长达 10 年以上,用电量不超过荧光灯的 50%,功率为 25～350 W,电磁感应灯可实现 30%～100% 的连续调光功能。

2. 选用高效灯具及节能器件

灯具的效率直接影响照明质量和能耗。在满足眩光限制要求的前提下,照明设计中应特别注意选择直接型灯具。其中,室内灯具的效率不宜低于 70%,室外灯具的效率不宜低于55%。要根据使用环境的不同,采用控光合理的灯具,如多平面反光镜定向射灯、蜗蝻翼配光灯具、块板式高效灯具等。

在选用灯具时,应注意选择光通量维持率高的灯具,如二氧化硅保护膜、防尘密封式灯具等。此外,反射器应采用真空镀铝工艺,反射板应采用蒸镀银反射材料和光学多层膜反射材料,同时选用利用系数高的灯具。表 12-3 列出了传统型灯具的效率指标。

表 12-3　传统型灯具的效率指标

灯具出光口形式	开敞式	保护罩（玻璃或塑料）		格栅
		透明	棱镜	
灯具效率/%	70	70	55	65
紧凑型荧光灯/%	55	50		45
小功率金属卤化物灯筒灯/%	60	55		50
高强度气体放电灯/%	75	—		60

在各种气体放电灯中，均需要电器配件如镇流器等。以前的 T12 荧光灯中使用的电感镇流器需要消耗约 20% 的电能，而电能的电感镇流器的耗电量不到 10%，相比之下，电子镇流器的耗电量更低，只有 2%～3%。由于电子镇流器工作在高频，与工作在工频的电感镇流器相比，需要的电感量小得多。电子镇流器不仅耗能低、效率高，而且还具有功率因数校正的功能，功率因数高。电子镇流器通常还增设有电流保护、温度保护等功能，在各种节能灯中应用得非常广泛，节能效率显著。

3. 提高照明设计质量精度

能源高效的照明设计或具有能源意识的设计是实现建筑照明节能的关键环节，通过高质量的照明设计可以创造高效、舒适、节能的建筑照明空间。目前我国建筑设计院主要承担建设项目的一般照明设计，这类照明设计主要包括一般空间照明供配电设计、普通灯具选型、灯具布置等工作。由于照明质量、照明艺术和环境不像供配电设计那样需严肃对待设计建筑安全和使用寿命等设计问题，故电器工程师考虑较少，这样就造成了照明设计中随意加大光源的功率和灯具的数量或选用非节能产品，产生能源浪费。一些专业公司承包大型厅堂、场馆及景观照明的设计，虽然比较好地考虑了照明艺术和环境，但由于自身力量不足或考虑的侧重点不一样，有时设计得十分片面，出现了如照度不符合标准、照明配电不合理、光源和灯具选型不妥等现象。

要解决好上述问题，应加强专业照明设计队伍的业务建设，提高照明设计人员的质量意识和能源意识。国际著名的专业照明设计模拟软件如 Lumen Micro、AGI32、DIALux 等，都含有国际上几十家灯具公司的产品数据库，能进行照明设计、计算及场景虚拟现实模拟，并输出完整的报表，误差在 7% 以内。使用这些先进的设计工具，可以提高设计质量的精度，从建筑照明的最初设计环节实现能源的高效利用。

4. 采用智能化照明

智能化照明是智能技术与照明的结合，其目的是在大幅度提高照明质量的前提下，使建筑照明的时间与数量更加准确、节能和高效。

智能化照明的组成包括智能照明灯具、调光控制及开关模块、照度及动静等智能传感器、计算机通信网络等单元。智能化照明系统可实现全自动调光、更充分利用自然光、照度的一致性、智能变换光环境场景、运行中节能、延长光源寿命等功能。

适宜的照明控制方式和控制开关可达到节能的效果。控制方式上，可根据场所照明要求，使用分区控制灯光；灯具开启方式上，可充分利用自然光的照度变化，决定照明点亮的范围。还可使用定时开关、调光开关、光电自动控制开关等。公共场所照明、室外照明可采用集中控制、遥控管理方式，或采用自动控光装置等。

5.可再生能源的利用

建筑人工照明的能源可以利用自然界中的可再生能源，如太阳能、风能等。这些可再生能源清洁、用之不竭，对缓解能源紧张十分有效。

（1）对太阳能的利用

人工照明对太阳能的利用主要是光伏效应照明法，即利用太阳能电池的光电特性，先将太阳光转化为电能，再将电能输送到照明器，转化为光线进行照明。光伏发电是利用太阳能及半导体电子器件有效地吸收太阳光辐射能，并使之转变成电能的直接发电方式，是当今太阳能发电的主流。光伏发电具有清洁、环保、无污染的优势，整个过程没有火力发电排放的温室气体和大量粉尘，是真正的环保绿色能源。同时，这种方法供电方式相对简单，规模不影响发电效率。

（2）对风能的利用——"风光互补"

人工照明同样可以使用风力发电提供的电能。风能作为一种无污染、可再生能源，有着巨大的发展潜力，尤其是沿海岛屿、交通不便的边远山区。风光互补发电照明系统是一个很好的风能利用系统。风力、太阳能光伏发电互补供电照明系统（又称"风光互补照明系统"），是利用风力发电机和太阳能电池将风能和太阳能转化为电能用于照明的装置，两个发电系统在一个装置内互为补充，为照明提供了更高的可靠性，具有广泛的推广利用价值。该照明系统具有不需挖沟埋线、不需输变电设备、不消耗市电、安装任意、维护费用低、低压无触电危险、使用洁净可再生能源等优点，是真正的环保节能高科技，它代表着未来绿色照明的发展方向。

（3）人工照明与自然采光的综合运用

建筑室内人工照明和自然采光的结合不仅可以节省大量的照明用电，而且对改善室内光环境质量有着重要的技术经济意义。人工照明和自然采光综合运用的目的是在白天将自然光与人工光舒适、合理地协调起来，形成良好的室内视觉舒适度和人工照明。

案例精选

黑科技——导光管助力杭州亚运自然之光赋能亚运节能科技"索定未来"

第19届亚运会于2023年9月23日至10月8日在杭州举行，据了解，不论是在亚运体育馆、亚运村还是亚运公园，都能看到一颗颗晶莹剔透的玻璃状圆顶。这便是亚运节能照明黑科技——导光管采光系统（图12-16）。曾在2008年奥运会柔道馆成功应用的采光技术，如今又出现在了这座亚运城的每一处。在精益求精推进亚运场馆建设、全力以赴确保赛事顺利举行的同时，时刻秉持"绿色、智能、节俭、文明"的办会理念。奥体"亚运三馆"中的游泳馆便是将这三点集成一体。

建筑虽为钢结构，却飘逸灵动。进入馆内，最让人印象深刻的，便是场馆顶部布满的灯光矩阵。你能明显感觉到它与传统电力照明的不同，又能感受到有一种似曾相识的舒适。这便是导光管的魅力。

图 12-16　导光管助力杭州亚运

导光管日光照明系统通过反射率高达99.7%的光导管将自然光均匀地洒到场馆内,保证优质照明条件的同时,促进人体多巴胺分泌,助力运动员在比赛场上发挥到极致。管道可去除热量与眩光,防止其他因素对比赛的干扰。该系统在绿色节能方面同样有不凡的表现,减少场馆全年80%的电能损耗与二氧化碳的排放。

杭州亚运会的主转播机构为中央广播电视总台。根据以往的经验,转播需要克服的最大难题便是场馆内灯光的频闪。而此次与以往不同,场馆顶部布满的黑科技灯光矩阵无眩光、无频闪,结合运用5G网络传输、4K/8K信号制作等技术,突出"智能亚运"特色,以此向全世界观众呈现杭州亚运会开闭幕式、赛事精彩盛况以及丰富多彩的体育文化。

除游泳馆、篮球馆外,导光管分别在亚运城的临安文体中心,拱墅区亚运公园,绍兴奥林匹克中心,杭州亚运会媒体村等处均有安装。导光管日光照明将与亚运之城共同实现高效与专业的邂逅,自然与舒适的融合。给即将在这座亚运之城汇聚的运动员和观众带来最高质量的自然光照明体验,以自然之光赋能亚运之城。

沙场练兵

一、选择题

1. 建筑物的位置一般以(　　)为宜,以取得较好的采光条件。

A. 东南方向　　　　B. 正南方向　　　　C. 正东方向　　　　D. 西南方向

2. (　　)是装设在围护结构上的建筑配件,用于采光、通风或观望等。

A. 窗　　　　　　　B. 门　　　　　　　C. 露台　　　　　　D. 阳台

3. 关于教室自然采光的要求,下列说法正确的是(　　)。

A. 只要课桌照度足够即可

B. 只要黑板照度足够即可

C. 教室内照度分布均匀

D. 采光窗应在右侧

4.光线的来源有两种,即自然采光和(　　)。

A.人工照明　　　　B.艺术照明　　　　C.装饰照明　　　　D.技术照明

5.关于照明节能,下列措施不应采用的是(　　)。

A.应用优化照明设计方法

B.采用节能照明装置

C.改进及合理选择照明控制

D.减少照明灯具

6.关于道路照明和户外照明节能的措施,下列说法正确的是(　　)。

A.户外照明和道路照明均宜采用高压钠灯

B.道路照明宜采用分散控制

C.户外照明宜采用自动控制

D.道路照明宜采用午夜节能控制方式

二、简述题

1.什么是自然采光?

2.试分析影响教室自然采光的主要因素及改进方法。

项目十三　可再生能源在建筑中的应用

非可再生能源储量有限,终会枯竭,并且矿物燃料是温室气体的主要来源,也是导致环境污染和自然灾害的主要原因。因此,开发和利用可再生能源,寻找替代能源势在必行。在各种可再生能源中,太阳能是最重要的基本能源,我国具有丰富的可再生能源,随着技术的进步、生产规模的扩大和政策机制的不断完善,预计在未来10年内,太阳能热水器、风力发电、太阳能光伏发电、地热供暖和地热发电等可再生能源的利用技术将逐步具备与常规能源竞争的能力,有望成为替代能源。

【案例导入】

朗诗南京零碳办公总部

朗诗南京零碳办公总部在建筑设计、遮阳设计、系统设计、智能化设计等方面均按照高标准等级设计,兼顾了低碳节能、舒适健康等方面的要求。同时在屋面、立面和连廊等区域大面积铺设光伏板,在降低建筑物能耗水平的基础上,利用建筑自身光伏产能,实现建筑运行阶段产能大于用能,从而实现"零碳"。

本项目采用独立式置换新风系统。在能源端,采用地源热泵搭配冷水机组,通过水温稳定的地埋管循环水实现免费供冷供热,具有运行效率高、成本低的特点。在末端方面,建筑外区采用花箱式新风一体式空调器,内区采用冷梁换热技术,以实现较好的室内温度控制。在整体系统设计中,添加了小系统可以兼顾加班模式,从而有效避免大马拉小车的现象。

朗诗南京零碳办公总部(外部)

朗诗南京零碳办公总部(内部)

【知识目标】

1. 理解不同类型的可再生能源,如太阳能、风能、地热能等;
2. 掌握可再生能源在建筑领域的应用原理和技术;
3. 了解可再生能源设备和系统的工作原理及组成部分。

【技能目标】

1. 能进行建筑可再生能源需求和资源评估;
2. 能选择合适的可再生能源设备和材料,进行系统配置和布局;
3. 能进行可再生能源系统的性能模拟、优化和评估。

【职业素养目标】

1. 关注环境保护和可持续发展,将可再生能源应用融入建筑设计中;
2. 追求创新和技术进步,不断学习和更新可再生能源技术和市场趋势;
3. 具备良好的沟通和协调能力,能够与建筑师、电气工程师等团队成员合作,共同完成项目;
4. 具备责任心和专业道德,遵守职业规范和法律法规,确保可再生能源系统的安全性和可靠性。

任务一　太阳能在建筑节能中的应用

太阳能是太阳发出的、以电磁辐射形式传递到地球表面的能量,经过合理地转换可将其转换为热能和电能。太阳能具有取之不尽、用之不竭、洁净环保等优点,被认为是最好的可再生能源。但是,太阳能具有分散性、间断性和不稳定性等缺点,这使得人们在利用太阳能时,必须要考虑投资成本和综合效益。

太阳能建筑的发展大致可分为 3 个阶段:第一阶段为被动式太阳能建筑,它是一种完全通过建筑物结构、朝向、布置,及相关材料的应用进行集取、储存和分配太阳能的建筑;第二阶段为主动式太阳能建筑,它是一种由太阳能集热器与风机、泵、散热器等组成的太阳能采暖系统,或与吸收式制冷机组成的太阳能空调及供热系统的建筑;第三阶段为太阳能光伏发电技术,它为建筑物提供采暖、空调、照明和用电,称为"零能耗房屋"。

深圳:城市建设绿色转型 重点推进公共建筑节能改造

一、被动式太阳能建筑

被动式太阳能建筑是指在不采用任何其他机械动力的情况下,根据当地的气候条件,通过建筑朝向和周围环境的合理布置、内部空间和外部形体的巧妙处理,充分利用建筑自身的构造和材料的热工性能,以热量自然交换(如辐射、对流、传导)的方式使建筑物既能在冬季保持、采集、蓄存和分配太阳能,从而解决建筑的采暖问题,又能在夏季遮蔽太阳辐射、逸散室内热量而降温,从而达到冬暖夏凉、节省能源的目的。

被动式太阳能建筑设计的基本理念是控制阳光和室外空气在恰当的时间进入建筑并储存和分配热空气,其设计应遵循以下原则:

①要有有效的绝热外壳和足够大的集热表面;

②室内布置尽可能多的储热体;

③主次房间的平面位置应合理。

被动式太阳能建筑的最大优点是构造简单、造价低廉、节能显著、维护管理方便,但室内温度波动较大,热舒适度差。被动式太阳能建筑具有明显的节能优势,在我国发展很快,现已进入普及阶段,并开始以提高室内舒适度为目标,向太阳能住宅小区、太阳村、太阳城方向发展。

被动式太阳能采暖建筑的类型有很多。按照传热过程的区别,被动式太阳能建筑可分为两大类:一是直接受益式,指阳光透过窗户直接进入采暖房间;二是间接受益式,指阳光不直接进入采暖房间,而是先照射到集热部件上,再通过导热或空气循环将太阳能送入室内。

1. 直接受益式太阳能建筑

直接受益式太阳能建筑是利用建筑南向的透光窗直接进行采暖的一种方式,是对太阳能的直接利用。其工作原理为:南向房间的室内墙壁、地板、顶板等,在受到阳光直接照射后吸收太阳的辐射热量,并将热量储存在建筑构件自身;当夜晚环境温度低于这些构件的表面温度时,它们储存的热量会通过辐射、对流和传导向周围释放,从而实现室内的采暖。图 13-1 所示为利用南向房间的外窗和高侧窗吸收太阳辐射热量时的工作原理示意图。

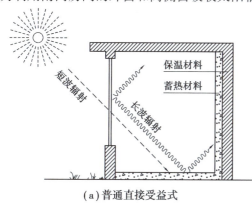

(a)普通直接受益式　　　　　　　　(b)高侧面直接受益式

图 13-1　直接受益式

在直接受益式采暖过程中,建筑本身就是一个热量收集、存储、分配的综合体。直接受益式太阳能建筑的采暖方式简单,采暖效率也较高,非常适合冬季需要采暖且晴天多的地区。采用这种方式不需要额外增设特殊的集热装置,投资较小,管理也较为方便,并且与一般建筑的外形无多大差异,建筑的艺术处理也比较灵活,是最容易推广的一种被动式采暖措施。

但当缺乏太阳辐射时,如果建筑本身的保温性、气密性较差,则容易产生室内采暖温度不稳定、温度变化快等问题。为此,利用增设可调节的保温窗帘或窗户盖板来增强透光面的夜间保温性,是解决这个问题的有效措施。

由此可见,直接受益式太阳能建筑的南向外窗、高侧窗和天窗面积,以及建筑内蓄热材料的数量是这类建筑设计的关键。采用上述形式除了要遵循节能建筑设计的平面要求外,还应特别注意以下几点:

①建筑朝向在南偏东 30°和南偏西 30°以内,有利于冬季采暖和避免夏季过热;

②根据热工要求确定窗口面积、玻璃种类、玻璃层数、开窗方式、窗框材料和构造;

③合理确定窗格划分,确保窗的密闭性;

④最好与保温窗帘、遮阳板等结合,以确保冬季夜间和夏季的使用效果。

2. 间接受益式太阳能建筑

间接受益式太阳能建筑的集热形式主要有特朗伯集热墙、水墙、充水墙和附加阳光间等。

（1）特朗伯集热墙

特朗伯集热墙是一种无机械动力消耗和传统能源消耗,仅依靠墙体的独特构造设计为建筑供暖的集热墙体。它是由法国太阳能实验室主任 FelixTrombe 教授及其合作者首先提出并实验成功的,故通称为 Trombe wall(特朗伯墙)。特朗伯墙在冬、夏两季,以及白天、夜晚的工作运行原理和要求均有所差别。

冬季白天有太阳时,在集热墙与外层玻璃之间出现温室效应,薄片间层的空气被加热,通过集热墙顶部与底部的通风孔可以向室内对流供暖,如图 13-2(a)所示。

在夜间,依靠集热墙本身的蓄热可向室内辐射供暖,即特朗伯墙上、下处的通风孔关闭,在玻璃和墙体之间设置绝热窗帘或百叶,以防止墙体向室内辐射传热的同时也向室外辐射散热,如图 13-2(b)所示。墙体向室内辐射的热量使得靠近墙体内表面的空气温度升高,被加热的气流同室内气流通过对流向室内供暖。

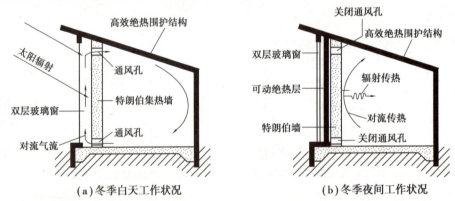

（a）冬季白天工作状况　　　　　　（b）冬季夜间工作状况

图 13-2　特朗伯集热墙在冬季的工作原理

夏季白天,在集热墙和玻璃之间设置绝热窗帘或百叶帘等绝热层,绝热层外表面用浅色或铝箔以尽可能地反射太阳辐射。玻璃窗顶部和底部的通风孔均开启,玻璃与绝热层之间的空气受太阳辐射加热上升,由顶部通风孔流出,冷空气则由底部通风孔进来,在此空气间层保持空气流动,避免温室效应造成的热空气在间层处聚积,如图 13-3(a)所示。

夏季夜间,玻璃上、下通风孔依然保持开启,但此时将墙体外挂的活动绝热窗帘等绝热层移开,使特朗伯墙的墙体向室外辐射散热。墙体冷却后可继续从室内吸收热量,同时打开集热墙的上下两个开口,室外的冷空气从下口进入室内,室内热空气从上口排出,从而使得夜间室外的冷空气同室内热空气交换,如图13-3(b)所示。

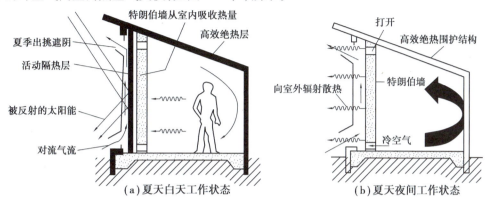

图13-3　特朗伯集热墙在夏季的工作原理

（2）水墙

所谓水墙,是指以钢桶或薄壁塑料管盛水作为储热物质的墙体。水的比热为4.18 J/(g·℃),它是其他一般建筑材料(如砖、混凝土、木材等)比热的5倍左右,因此,储存同样多的热量,用水比用混凝土或砖等建筑材料的质量要小,这一特点使得水墙成为建筑节能研究的重点,受到很多国家的关注。

图13-4所示是早期美国某住房试验的太阳能水墙。水盛于钢桶内(钢桶外表有黑色吸热层),并将钢桶置于向阳单层玻璃窗后。玻璃窗外设有绝热盖板,通过滑轮用手柄可操作其上下。冬季白天将绝热盖板打开并放平作为反射板,将太阳辐射能反射到钢桶水墙上去,增加吸热;冬季夜晚,关上绝热盖板以减少热损失。夏季则相反,白天关上绝热盖板,以减少进热;晚上则打开绝热盖板,以便向外辐射降温。

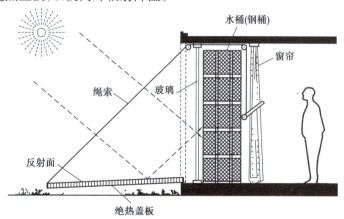

图13-4　太阳能水墙工作示意图

水墙是用钢桶或薄壁塑料管盛水作为储热物质的墙体,与现砌的特朗伯集热墙相比,其优点是投资少、体积一定时储热容量较多;缺点是维修费较高、向墙内侧传热的延迟性较小。由于水具有对流性,因此与实心墙体相比,太阳能水墙的室内温度波动较大。

（3）充水墙

充水墙是采用向混凝土空心墙体内充防水塑料袋(水充注在塑料袋内)的办法制成的集

热墙,兼有水的储热容量大和固体材料无对流传热两个方面的集热优势,这种水墙称为载水特朗伯墙或载水墙。

充水墙系统的工作状况如图13-5所示。这种墙体近一半体积是水,与实心混凝土墙相比,储热量增加约50%,比用混凝土墙空腔造价要少,又由于5%的断面是混凝土,故比金属管充水墙传热过墙的时间延迟较长,墙内侧温度波动较小。

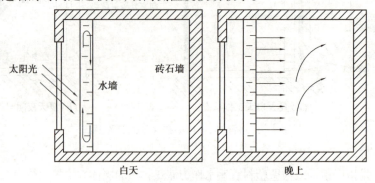

图13-5 太阳能充水墙工作示意图

由于储热容量增大,就能从太阳获取更多需要的热量。目前,这种设想还需从技术和经济两个方面进一步研究,混凝土技术方面可能存在的问题是外侧表面与其相邻的混凝土——水内表面之间会产生较陡的温度梯度,最大温差可能达33 ℃。

(4)附加阳光间

附加阳光间又称为附加温室式太阳房,是指在建筑的南侧附建一个玻璃温室,阳光间与室内空间之间由墙相隔,隔墙上开有门、窗或通风孔洞等,以便空气流通,如图13-7所示。另外,隔墙内或室内地板分布有蓄热物质,以储存热量。

从向室内供热来看,其工作原理完全与特朗伯集热墙相同,它是直接受益式和特朗伯集热式的组合。白天,阳光间的采暖主要通过空气对流来实现,阳光透过玻璃使阳光间内空气变热,经加热的空气通过隔墙上的门窗、孔洞等以对流方式进入室内空间,为室内提供热量,如图13-6(a)所示;夜晚,阳光间可以作为室内外空间的缓冲区,降低室内房间向室外的热损失,如图13-6(b)所示。这种利用强制对流和对流环路的方式,可以把热量转移到无直接日照的房间,以提高室内环境温度,为太阳能的利用开辟了新的思路。

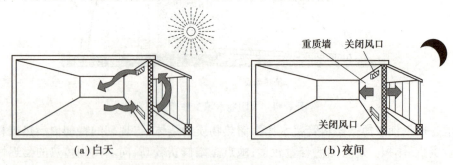

图13-6 附加阳光间工作原理示意图

附加阳光间除最好能在墙面全部设置玻璃外,还应在毗连主房坡顶部分加设倾斜的玻璃。这样做可以大大提高集热量,但倾斜部分的玻璃擦洗比较困难。另外,在夏季,如无适当的隔热措施,阳光间内的气温通常会很高。在冬季,由于玻璃墙的保温能力非常差,如无适当的附加保温措施,日落后的室内气温将会大幅度下降。以上问题,必须在设计时予以充分考虑,并应提出解决这些问题的具体措施。

3. 被动式太阳能建筑热工设计要点

为使被动式太阳能建筑较好地满足使用要求,并且使其初始投资和投入使用后的年运行费用减少,维护管理方便,在设计过程中应遵循以下要点:

①详细了解拟建被动式太阳能建筑的服务对象、使用特点、使用单位的管理水平及投资建造单位对太阳能建筑的设计要求和投资数量等。

②收集建筑设计中所需要的当地气象资料,如当地的太阳辐射资料、阴晴天的比例、空气温湿度、风向、风速、风力等资料,以及与确定气象资料有关的其他资料,如当地的经度、纬度、地形、地貌等。

③合理选择太阳能建筑的建设地点、朝向和房屋间距,确定其是否能充分利用太阳能,以达到冬暖夏凉的先天条件。

④外部形状和房间的安排。南墙是太阳能建筑的主要集热部件,面积越大,其所获得的太阳能就越多。因此,太阳能建筑最好采用东西延长的长方形,墙面上不要出现过多的凸凹变化,内部房间的安排应根据具体用途和要求确定,将主要房间(如住宅的卧室、起居室和学校的教室等)安排在朝阳面,辅助房间(如厨房、卫生间、教室的走廊等)安排在北面。

⑤墙体结构的确定。墙体结构是太阳能建筑的重要组成部分,除要具有一般普通房屋墙体的功能外,还应具有集热、储热和保温功能。

⑥门窗是太阳能建筑获得太阳能的重要集热部件,同时又是主要的失热部件。因此,在进行太阳能建筑设计时,门处最好设置门斗或双层门;在设计集热窗时,在满足抗震要求的前提下,应尽量加大南窗面积,减少北窗面积,取消东西窗,且应采用双层窗或多层窗,有条件的用户最好采用塑钢窗。

⑦空气集热器是设在太阳能建筑的南窗下或南窗间墙上,用于获取太阳能的装置,用透明盖板(如玻璃或其他透光材料)进行覆盖。

⑧太阳能建筑的空气通道由上下通风口、夏季排气口、吸热板、保温板等部分组成。

⑨屋顶是房屋热损失最大的地方,一般占整个房屋热损失的30%~40%,设计中应引起足够的重视。屋顶基本上有两种类型:一种是平屋顶;另一种是坡屋顶。

⑩被动式太阳能建筑的地面具有储热和保温功能。由于地面散失热量较少,仅占房屋总散热量的5%左右,因此被动式太阳能建筑的地面与普通房屋的地面会稍有不同。

二、主动式太阳能建筑

采用高效太阳能集热器和机械动力系统来完成采暖、降温或热水供应的过程中,系统运转需要消耗一定的电能,这样的系统称为主动式太阳能系统,采用该系统设计的建筑称为主动式太阳能建筑。一般来说,主动式太阳能建筑能够较好地满足住户的生活需求,可以保证室内的采暖和热水供应,甚至还可以满足制冷空调的需求。

主动式太阳能建筑是由集热器、管道、散热器、风机或循环泵,以及储热装置等组成的强制循环太阳能采暖系统,或者是将上述设备与吸收式制冷机组成太阳能空调系统。但是,上述这些设备的购买对一个家庭来说是一种"额外"消费,其具有一次性投资大、设备利用率低、需要消耗一定的能源、所有的热水集热系统都需要设置防冻措施等缺点,使得主动式太阳能建筑难以被广泛应用。

目前,主动式太阳能在为住宅房屋提供热水方面已取得了很好成绩,在南方某些地区,还可以利用太阳能热泵采暖或制冷。

1. 太阳能热水系统

太阳能热水系统是一种利用太阳能集热器收集太阳辐射能并将水加热的装置,是目前太阳能应用发展中最具经济价值、技术最成熟且已经商业化的一项应用产品。根据太阳能热水系统的实际用途,有为小容量家庭使用的太阳能热水系统和供大型浴室、集体住宅及商务使用的大容量的太阳能热水系统。

太阳能热水系统由集热器、蓄热水箱、循环管道、支架、控制系统及相关附件组成,其工作原理如图 13-7 所示。目前使用最多的是集热器和蓄热水箱分离安装的系统。

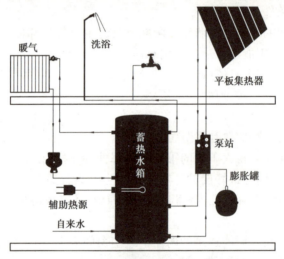

图 13-7 循环式太阳能热水系统工作原理

2. 太阳能采暖系统

太阳能采暖系统利用集热器进行太阳能低温集热,然后通过热泵将热量传递到采暖热媒(如空气、热水等)中去。按太阳能的利用方式不同,太阳能采暖系统又分为直接式和间接式。其中,直接式是指集热器加热的热水直接被用来供暖;间接式是指集热器加热的热水并不直接用于供热,而是通过热泵将该热水的温度再次提高后再用于供暖,故又称为太阳能热泵采暖。

冬季太阳辐射量较小,环境温度较低,使用热泵可以直接收集太阳能进行采暖,即将太阳能集热器作为热泵系统中的蒸发器,换热器作为冷凝器,这样就可以得到较高温度的采暖热媒。

太阳能热泵采暖系统的特点是花费少量电能就可以得到几倍于电能的热量,同时还可以有效地利用低温热源,减少集热面积,这是太阳能采暖的一种有效手段。若与夏季制冷相结合,其优点将更加突出。目前我国北方地区已开始逐步采用太阳能采暖系统。

三、太阳能光伏建筑

太阳能光伏发电可直接将太阳光转化成电能。光伏发电虽然应用范围涉及各行各业,但影响最大的是建材与建筑领域。21世纪初开始,随着光伏技术的成熟和成本的下降,各国开始将太阳能光伏应用于建筑领域。

1. 光伏发电原理

"光伏发电"是将太阳光的光能直接转换为电能的一种发电形式,其发电原理是"光生伏打效应"。如图13-8所示,普通的晶体硅太阳能电池由两种不同导电类型(N型和P型)的半导体构成,可分为两个区域:一个正电荷区,一个负电荷区。当阳光投射到太阳能电池时,内部产生自由的电子-空穴对,并在电池内扩散,自由电子被P-N结扫向N区,空穴被扫向P区,在P-N结两端形成电压,当用金属线将太阳能电池的正负极与负载相连时,在外电路就形成了电流。太阳能电池的输出电流受自身面积和光照强度的影响,面积较大的电池能够产生较强的电流。

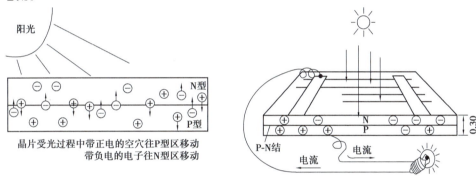

图13-8　光伏发电原理

2. 光伏发电系统的组成

太阳能光伏发电系统是利用光伏电池板直接将太阳辐射能转化成电能的系统,主要由太阳能电池板、电能储存元件、控制器、逆变器以及负载等部件构成,如图13-9所示。

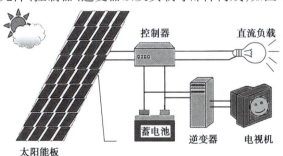

图13-9　光伏发电系统示意图

(1)太阳能电池板

太阳能电池板(图13-10)是太阳能光伏系统的关键设备,大多数由半导体材料制造,发展至今,种类繁多,形式各样。

图 13-10　太阳能电池板

（2）电能储存元件

由于太阳能辐射随天气阴晴变化不定，光伏电站发电系统的输出功率和能量随时在波动，使得负载无法获得持续而稳定的电能供应，电力负载与电力生产量之间无法匹配。为解决上述问题，必须利用某种类型的能量储存装置将光伏电池板发出的电能暂时储存起来，并使其输出与负载平衡。

目前，光伏发电系统中使用得最普遍的能量储存装置是蓄电池组，将白天转换来的直流电储存起来，并随时向负载供电；夜间或阴天时再释放出电能。蓄电池组还能在阳光强弱相差过大或设备耗电突然发生变化时起到一定的调节作用。

（3）控制器

在运行中，控制器用来报警或自动切断电路，以保证系统负载正常工作。

（4）逆变器

逆变器的功能是将直流电转变成交流电。

3. 建筑光伏应用

在建筑物上安装光伏发电系统的初衷是利用建筑物的光照面积发电，既不影响建筑物的使用功能，又能获得电力供应。建筑光伏应用一般分为建筑附加光伏（Building Attached Photovoltaic，BAPV）和建筑集成光伏（Building Integrated Photovltaic，BIPV）两种。

建筑附加光伏是把光伏系统安装在建筑物的屋顶或者外墙上，建筑物作为光伏组件的载体，起支承作用；建筑集成光伏是指将光伏系统与建筑物集成为一体，使之成为建筑结构不可分割的一部分，如果拆除光伏系统则建筑本身不能正常使用。

建筑光伏的应用具有以下几种形式：

（1）光伏系统与建筑屋顶相结合

光伏系统与建筑屋顶相结合，日照条件好，不易受到遮挡，可以充分接收太阳辐射；光伏屋顶一体化建筑，由于综合使用材料，可以节约成本。

（2）光伏与墙体相结合

多、高层建筑外墙是与太阳光接触面积最大的外表面。为合理地利用墙面收集太阳能，将光伏系统布置在建筑物的外墙上。这样既可以利用太阳能产生电力，满足建筑的需求，还可以有效降低建筑墙体的温度,从而降低建筑物室内空调的冷负荷。图 13-11 所示为光伏组件附着于墙面。

图 13-11　光伏组件附着于墙面

（3）光伏幕墙

光伏幕墙是由光伏组件与玻璃幕墙集成的,具有优美的外观和特殊的装饰效果,不额外占用建筑面积,赋予建筑物鲜明的现代科技和时代特色。图 13-12 为汉能集团总部光伏薄膜幕墙。

图 13-12　汉能集团总部光伏薄膜幕墙

（4）光伏组件与遮阳装置相结合

太阳能电池组件可以与遮阳装置结合,一物多用,既可以有效地利用空间,又可以提供能源,在美学与功能两个方面都达到了完美的统一,如停车棚等,如图 13-13 所示。

图 13-13　太阳能光伏车棚

任务二　热泵技术在建筑节能中的应用

一、热泵的基本原理

热泵是一种利用高位能使热量从低位热源流向高位热源的节能装置。顾名思义,热泵就像泵一样,可以将不能直接利用的低位热能(如空气、土壤、水中所含的热能、太阳能、工业废热等)转换为可以利用的高位热能,从而达到节约部分高位能(如煤、燃油、油、电能等)的目的。

由此可见,热泵的定义涵盖了以下几点:

①热泵虽然需要消耗一定量的高位能,但所供给用户的热量却是消耗高位能与吸收低位热能的总和。也就是说,应用热泵,用户获得的热量永远大于所消耗的高位能。因此,热泵是一种节能装置。

②热泵可设想为如图13-14所示的节能装置(或称节能机械),由动力机和工作机组成热泵机组。利用高位能推动动力机(如汽轮机、燃气机、燃油机、电机等),然后再由动力机驱动工作机,以向用户供热(如制冷机、喷射器)运转,工作机像泵一样,把低品位热能输送至高品位。

③热泵既遵循热力学第一定律,在热量传递与转换的过程中,遵循着守恒的数量关系;又遵循着热力学第二定律,热量不可能自发地、不付代价地、自动地从低温物体转移至高温物体。热泵定义中明确指出,热泵是利用高位能拖动,迫使热量从低温物体传递到高温物体。

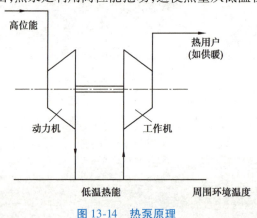

图 13-14　热泵原理

二、热泵的分类

常见的热泵按照驱动功能的不同可分为4种形式,分别为机械压缩式热泵、吸收式热泵、蒸汽喷射式热泵和热电热泵。常用的空调冷热源主要有空气、地表水、地下水和太阳能等。根据热源的不同,主要有以下几种分类形式:

1. 空气源热泵

空气源热泵系统是根据逆卡诺循环原理,采用电能驱动,通过传热工质有效吸收自然界空气中的热能,并将吸收回来的热能提升至可用的高品位热能并释放到水中的设备。在不同的工况下,热泵热水机组每消耗 1 kW 电能就从低温热源中吸收 2~6 kW 的免费热量,节能效果十分显著。热泵热水机组由压缩机、蒸发器、膨胀阀、冷凝器等部件组成。其工作原理是通过压缩机做功,使工质产生物理变相(气态—液态—气态),利用这一往复循环相变过程不断吸热和放热,由吸热装置吸取免费的热量,经过换热器使冷水升温,制取的热水通过水循环系统送至用户,其原理如图 13-15 所示。

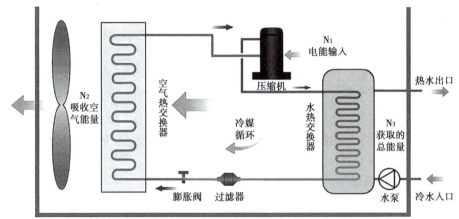

图 13-15　空气-水式空气源热泵装置原理示意图

空气源热泵系统与其他热泵系统最主要的区别在于热源方面。空气源热泵系统的热源是空气,这种热源形式利用最方便,但由于空气温度随季节变化很大,冬季环境温度的昼夜变化很大,环境温度降低时系统则因为蒸发冷凝温差增加,供热量反而减小;在夏季,天气炎热时室内需要的冷量也就越大,系统会因为冷凝温度的上升,制冷量反而减小。因此,满足最恶劣状况的要求进行热泵系统设计、生产、选型,是空气源热泵系统的基本要求。一般来讲,除寒冷地区的单供暖系统外,按照夏季冷负荷选择的机组能够满足冬季的供暖要求。在室外供暖计算温度很低的寒冷地区,空气源热泵的蒸发温度下降很低。压缩机在高压比下工作,必然导致压缩机的容积效率、指示效率下降。这样热泵的制热能力和制热性能系数都将下降,因此在这些地区最好采用双级压缩的热泵系统,或者采用超低温数码涡旋蒸汽地板辐射供暖系统。

2. 水源热泵

水源热泵技术是利用地球表面浅层水源如地下水、河流和湖泊中吸收的太阳能和地热能而形成的低温低位热能资源,并采用热泵原理,通过少量的高位电能输入,实现低位热能向高位热能转移的一种技术。

地球表面浅层水源如深度在 1 000 m 以内的地下水、地表的河流、湖泊和海洋中,吸收了太阳进入地球的相当的辐射能量,并且水源的温度一般都比较稳定。水源热泵机组的工作原理就是在夏季将建筑物中的热量转移到水源中。由于水源温度低,所以可以高效地带走热量。而冬季,则从水源中提取能量,由热泵原理通过空气或水作为载冷剂提升温度后送到建筑物中。通常水源热泵需要消耗 1 kW 的能量,而用户可以获得 3 kW 以上的热量或冷量。

水源中央空调系统由末端(室内空气处理末端等)系统、水源中央空调主机(又称为水源热泵)系统和水源水系统 3 部分组成。为用户供热时,水源中央空调系统从水源中提取低品位热能,通过电能驱动的水源中央空调主机(热泵)"泵"送到高温热源,以满足用户供热需求;为用户供冷时,水源中央空调将用户室内的余热通过水源中央空调主机(制冷)转移到水源中,以满足用户制冷需求。以热泵的供热工况为例,其系统原理图如图 13-16 所示。用户(室内末端等)系统由用户侧水管系统、循环水泵、水过滤器、静电水处理仪、各种末端空气处理设备、膨胀定压设备及相关阀门配件组成;水源中央空调主机系统由压缩机、蒸发器、冷凝器、膨胀阀、各种制冷管道配件和电器控制系统等组成;水源水系统由水源取水装置、取水泵、水处理设备、输水管网和阀门件等组成。当热泵系统需要转换到制冷工况时,可通过阀门切换来实现,即使水源水进入冷凝器,蒸发器的冷冻循环水仍然接入用户系统。

水源热泵根据对水源的利用方式不同,可分为闭式系统和开式系统两种。闭式系统是指在水源侧为一组闭式循环的换热套管,该组套管一般水平或垂直埋于地下或湖水、海水中,通过与土壤或海水换热来实现能量转移。开式系统是指从地下抽水或地表抽水后经过换热器直接排放的系统。由于水源热泵的热源温度全年较为稳定,一般为 10～25 ℃,其制冷、供热系数可达 3.5～4.4,其运行费用仅为普通中央空调的 50%～60%,因此,近年来,水源热泵空调系统发展得较快,水源热泵市场也日趋活跃。

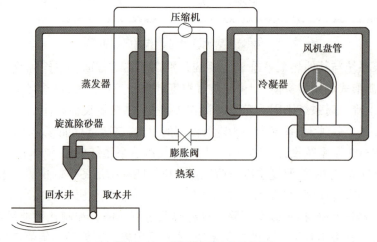

图 13-16　水源热泵原理示意图

3. 地源热泵

地源热泵系统主要由地源热泵机组、土壤型换热器、膨胀水箱、循环水泵、室内风管、水管等组成,如图 13-17 所示。地源热泵机组有水-水和水-空气两种形式。地源热泵机组与空气源热泵不同的是主机无须放在室外,地源热泵机组可安装在卫生间吊顶内、储藏室或室内其他隐蔽处。

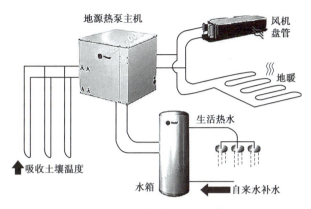

图 13-17　地缘热泵原理示意图

案例精选

"光伏+交通"新突破——深圳地铁 6 号线采用光伏发电系统

2020 年 8 月,深圳地铁 6 号线高架车站采用分布式太阳能光伏发电顺利并网成功。深圳地铁 6 号线光伏发电系统的总装机容量约为 2.3 MW,在地铁车站大规模应用分布式光伏发电技术在国内城市轨道交通中尚属首例,如图 13-18 所示。

图 13-18　深圳地铁 6 号线采用光伏发电系统

地铁 6 号线全线 72% 为高架线路,20 座地铁车站中有 15 座为高架车站,其中,12 座高架车站在站台钢结构屋面上安装了高光电转换效率的单晶硅光伏发电板,发电板将太阳能转化的电能经直流电缆输至站台层光伏设备室的光伏逆变器,再进行交直流转换,逆变为 380 V 交流电,经交流并网柜后并入地铁车站变电所 0.4 kV 低压开关柜。光伏发电系统所产生的电能供给地铁车站照明、空调、电扶梯等车站所有低压用电负荷。

按照设计,6 号线光伏发电系统每年平均发电量约 234 万 kW·h,可满足高架车站约 30% 的动力照明用电需求。在 25 年的设计寿命期内预计可发电 5 856 万 kW·h,减排 225 872 t,实现纯经济收益(扣除前期投资及运营维护成本后)约 5 047 万元。

沙场练兵

一、填空题

1. 太阳能是太阳发出的能量,将其转换成_____能和_____能,供人类生产和生活应用。

2. 太阳能水墙主要是利用了水的_____远大于混凝土等建材这一特性而制成的。

3. 光伏发电系统中,将太阳能转化为电能的装置是_____。

4. 热泵是一种利用_____使热量从低位热源流向高位热源的节能装置。

二、简答题

1. 太阳能在建筑中的应用方式有哪些?

2. 热泵的工作原理是什么? 它为什么具有节能效益?

项目十四　建筑节能检测及绿色建筑评价

　　建筑节能检测可以为标准制定、节能设计、施工验收等提供技术支持,为制定建筑节能设计标准提供技术依据,为节能建筑设计提供误差修正和计算依据,为施工过程控制和质量验收提供质量保证,对建筑物使用能耗进行检验和评价,因此,建筑节能检测是保证节能建筑的工程质量和实现节能减排的重要手段。在全球气候变暖、资源短缺的危急情况下,发展环境友好型建筑成为实现资源环境可持续发展的必然趋势。绿色建筑改变了建筑业高投入、高消耗、高污染、低效率的模式,在建筑的全寿命周期内,最大限度地节约资源、保护环境和减少污染,为人们提供健康、适用和高效的使用空间,做到人及建筑与环境的和谐共生,持续发展。

【案例导入】

沈阳建筑大学示范中心

　　沈阳建筑大学示范中心以"被动式技术优先,主动式技术辅助"为设计原则,全面展示了被动式低能耗建筑设计理念和绿色建筑集成技术的系统结合,实现了严寒地区超低能耗绿色建筑的设计目标。

　　打造高性价比、高装配率、高节能率的节能建筑,用智能管控系统对中心室内外环境、建筑电耗和水耗、智能照明等逐时记录;采用装配式施工方式,达到同样的保温标准,建造成本比装配式钢筋混凝土造价低 15% ~ 25%,建筑预制装配率达 60% ~ 75%。减少空调及暖通能耗约 83.4%,运行阶段减少 71.6% 的碳排放。

沈阳建筑大学示范中心

【知识目标】

1. 掌握建筑节能检测的基本原理和方法；
2. 了解建筑节能技术的应用领域和发展趋势；
3. 了解建筑能耗计量和分析的方法；
4. 了解绿色建筑的概念、标准和认证机制。

【技能目标】

1. 能进行建筑节能检测和能耗分析；
2. 具备制订建筑节能改善方案的能力；
3. 能运用节能技术和设备,提高建筑能效和室内环境质量；
4. 能进行绿色建筑评价和认证工作,如 LEED、BREEAM 等。

【职业素养目标】

1. 关注环境保护和可持续发展,将节能和环保理念融入设计和建设中；
2. 追求创新和技术进步,不断学习、更新建筑节能和绿色建筑技术；
3. 具备良好的沟通和协调能力,能与建筑师、机电工程师等团队成员合作,共同完成项目；
4. 具备责任心和专业道德,遵守职业规范和法律法规,确保建筑节能检测和绿色建筑评价的准确性和可靠性。

任务一   建筑节能检测

一、建筑节能检测的内容

建筑节能检测根据检测场合可以分为实验室检测和现场检测,分别包含建筑结构材料、保温隔热材料、建筑构件的实验室计量检测和建筑构件、建筑物、供热、供冷系统的现场计量检测。实验室检测部分由于有完善的检测标准、规程,设备固定、试验条件易于控制等有利条件,相对容易完成。对于现场检测,由于我国地域广阔、地形复杂、气候差异很大,同一个时间从南方到北方可能经历四季变化的特征,因此实施建筑节能的技术措施不同,应用的节能材料不同,验收和检测的项目不同,技术指标也不同,采用的方法就不同。如严寒地区和寒冷地区,建筑节能主要考虑节约冬季采暖能耗,兼顾夏季空调制冷能耗,采用高效保温材料和高热阻门窗作建筑物的围护结构,以求达到最佳的保温效果,这类工程节能验收的主要内容是检测墙体、屋面的传热系数;夏热冬暖地区,建筑节能主要考虑夏季空调能耗,采取的技术措施是为了提高围护结构的热阻,以求达到最佳的隔热性能,这类工程节能验收的主要内容是维护结构传热系数和内表面最高温度;夏热冬冷地区,则既要考虑节约冬季采暖能耗又要降低夏季空调能耗,建筑节能的检测更加复杂。同时,同一气候地区的建筑物又有几种形式,检测内容也不同。此外,现场检测由于起步较晚,技术上的积累和经验较少,现场条件复杂不易控制,是当前建筑节能检测工作的重点内容。

另外,建筑节能检测根据建筑性质又可以分为居住建筑检测和公共建筑检测两种。居住建筑和公共建筑在进行建筑节能检测时,分别执行《居住建筑节能检测标准》(JGJ/T 132—2009)和《公共建筑节能检测标准》(JGJ/T 177—2009)的有关规定,此外还应参照《建筑节能工程施工质量验收规范》(GB 50411—2019)的相关要求。

1. 居住建筑节能检测内容

①室内平均温度;

②外围护结构热工缺陷;

③外围护结构热桥部位内表面温度;

④围护结构主体部位传热系数;

⑤外窗窗口气密性能检验;

⑥外围护结构隔热性能;

⑦外窗外遮阳设施;

⑧室外管网水力平衡度;

⑨补水率检验;

⑩室外管网热损失率;

⑪锅炉运行效率;

⑫耗电输热比。

2. 公共建筑节能检测内容

①建筑物室内平均温度、湿度检测;

②非透光外围护结构热工性能检测;

③透光外围护结构热工性能检测;

④建筑外围护结构气密性检测;

⑤采暖空调水系统检测;

⑥空调风系统性能检测;

⑦建筑物年采暖空调能耗及年冷源系统能效系数检测;

⑧供配电系统检测;

⑨照明系统检测;

⑩监测与控制系统性能检测。

二、建筑节能检测的基本参数

在建筑节能检测中,要对温度、压力、流量、热流密度、热量等基本参数进行检测和控制。本节主要介绍这几个基本参数的测量方法及原理。

1. 温度的测量

温度是用来表征物体冷热程度的物理量。建筑物室内平均温度、小区室内平均温度和检测持续时间内室外平均温度是建筑物能耗的基本参数。

温度检测仪表是利用物体在温度发生变化时其某些物理量(如几何尺寸、压力、电阻、热电势和辐射强度等)也随之变化的特性进行测量的。它通过感温元件,将被测对象的温度转换成其他形式的信号传送给温度显示仪表,然后由显示仪表将被测对象的温度显示或记录下来。

温度检测方法根据感温元件和被测介质接触与否可以分为接触式测温法和非接触式测温法。

接触式测温法主要包括根据物体受热后膨胀的性质制成的膨胀式温度检测仪表,即利用物体热胀冷缩的物理性质测量温度。如利用固体的热胀冷缩现象制成的双金属片温度计;利用液体热胀冷缩现象制成的玻璃管水银温度计和酒精温度计;利用气体热胀冷缩制成的压力表式温度计;根据导体和半导体电阻值随温度变化的原理制成的热电阻温度检测仪表,如电阻温度计;根据热电效应的原理制成的各种热电偶温度检测仪表和传感器,如热电高温计。非接触式测温法是利用物体的热辐射效应与温度之间的对应关系,对物体的温度进行检测。这种测温法是以黑体辐射测温理论为依据。辐射式测温法主要有测温法、色温法和全反射温度法,如光学高温计、红外热像仪等。

此外,还有其他的一些测温方法,如超声波技术、激光技术、射流技术、微波技术等用于温度测量。

2. 压力的测量

目前,压力的测量方法有很多,按照信号转换原理的不同,一般可分为以下4种。

(1)液柱式压力测量

该方法是根据流体静力学原理,将被测压力转换成液柱高度差进行测量。一般采用充有水或水银等液体的玻璃U形管或单管进行小压力、负压和差压的测量。

(2)弹性式压力测量

该方法是根据弹性元件受力变形的原理,将被测压力转换成弹性元件的位移或力进行测量。常用的弹性元件有弹簧管、弹性膜片和波纹管。

(3)电气式压力测量

该方法是利用敏感元件将被测压力直接转换成各种电量进行测量,如电阻、电容量、电流和电压等。

(4)活塞式压力测量

该方法是根据液压机液体传送压力的原理,将被测压力转换成活塞面积上所加平衡砝码的重力进行测量。它普遍被用作标准仪器对压力测量仪表进行检定,如压力校验台。

3. 流量的测量

由于流量测量对象的多样性和复杂性,流量测量的方法繁多。流量测量方法可以按不同原则划分,至今并未有统一的分类方法。按照不同的测量原理,流量测量方法主要分为差压式、速度式和容积式3种。

差压式流量测量是通过测量流体流经安装在管道中敏感元件所产生的压力差,它以输出差压信号来反映流量的大小,如节流变压降式、均速管式、楔形、弯管式以及浮子流量测量等。速度式流量测量是通过测量管道内流体的平均速度,以输出速度信号来反映流量的大小,如涡轮式、涡街式、电磁式和超声波式等。

容积式流量测量的方法是让流体以固定的、已知大小的体积逐次从机械测量元件中排放流出,计数排放次数或测量排放频率,即可求得其体积累积流量,如椭圆式、腰轮式、刮板式和活塞式等。

4.热流量的测量

热流量是指一定面积的物体两侧存在温差时,单位时间内通过导热、对流、辐射等方式传递的热量。通过物体的热流量与两侧温度差成正比,与物体厚度成反比,并与材料的导热性能有关。单位面积的热流量为热流通量,稳态导热通过物体的热流通量不随时间改变,其内部不存在热量蓄积;不稳态导热通过物体的热流通量与内部温度分布随着时间而发生变化。

为了实现建筑节能和控制的要求,需要掌握各种设备的热量变化情况,如直接测量热流量的变化和分布等。热流检测仪表是建筑节能检测中不可缺少的测量工具。目前,正在深入研究和使用的热流计,以传导热流计和辐射热流计为主。常见的热流计有辅壁式热流计、温差式热流计、探针式热流计和辐射式热流计等。

5.热量的测量

传统的热量测量方法是用流量计测量流体的流量,用温度计测量流体的进出温度,然后再用热量计算公式进行计算。热量表的出现很好地解决了传统测量方法的不足。热量表是测量计算热量的仪表,它将流量表、温度计、数据处理系统有机地结合在一起。热量表工作时,在一定的时间内,其热量与进出水管的温差、流过热水的体积成正比。流过热水的体积通过流量计测出,并通过变送器传给数据处理系统,进出水管的温差通过安装在管道上的配对温度计测出,并传给数据处理系统,数据处理系统根据流过的流体体积和温差进行时间积分,计算出热量消耗并显示和记录。

热量表的具体工作原理是:将一对温度传感器分别安装在通过载热流体的上行管和下行管上,流量计安装在流体入口或回流管上,流量计发出与流量成正比的脉冲信号,一对温度传感器给出表示温度高低的模拟信号,而积算仪采集来自流量和温度传感器的信号,利用积算公式计算出热交换系统获得的热量。

三、建筑节能的检测方法

围护结构的传热系数和外窗窗口气密性分别影响着通过围护结构的传热耗能量和空气渗透耗能量,进而影响建筑的整体能耗。对于建筑物来说,其是否节能最终还需要通过采暖耗热量和空调耗冷量两个指标进行衡量。本任务主要根据相关标准介绍围护结构主体部位传热系数、外窗窗口气密性、采暖耗热量和空调耗冷量4个参数的现场检测方法。

1.围护结构主体部位传热系数检测

围护结构传热系数是表征围护结构传热量大小的一个物理量,是围护结构保温性能的评价指标,也是隔热性能的指标之一,以下是现有围护结构传热系数现场检测方法及其检测原理。

（1）热流计法

热流计是建筑能耗测定中的常用仪表,该方法采用热流计及温度传感器测量通过构件的热流值和表面温度,通过计算得出其热阻和传热系数。

其检测基本原理为:在被测部位布置热流计,在热流计周围的内外表面布置热电偶,通过导线把所测试的各部分连接起来,将测试信号直接输入微机,通过计算机进行数据处理,可打印出热流值和温度读数。当传热过程稳定后,开始计量。为使测试结果准确,测试时应在连续采暖(人为制造室内外温差也可)稳定至少7天的房间中进行。

以下为《围护结构传热系数检测方法》(GB/T 34342—2017)规定的检测条件:

①检测时,室外风力不应大于5级,宜避开雨雪天气。

②当室外空气平均温度不大于25 ℃时,可仅用热箱装置进行检测;当室外空气平均温度大于25 ℃时,应使用热箱装置和冷箱装置联合检测。检测时,室内外空气平均温差应控制在13 K以上,且逐时最小温差应高于10 K。

③围护结构被测区域的外侧表面应避免阳光直射,墙体检测时宜选择北墙或东墙。

④被测围护结构房间面积不宜大于20 m²;检测时,房间门窗应全部关闭,保持室内空气温度达到设定值。

⑤被测围护结构的有效尺寸宜大于2 200 mm×2 400 mm,热箱边缘距离热桥部位应大于600 mm,宜用红外热像仪对待测部位内侧表面拍摄红外热像图,选择构造相同、无热工缺陷部位作为被测区域。

(2)热箱法

热箱法是测定热箱内电加热器所发出的全部通过围护结构的热量及围护结构冷热表面温度。

其基本检测原理是:用人工制造一个一维传热环境,被测部位的内侧用热箱模拟采暖建筑室内条件并使热箱内和室内空气温度保持一致,另一侧为室外自然条件,维持热箱内温度高于室外温度8 ℃以上,这样被测部位的热流总是从室内向室外传递,当热箱内加热量与通过被测部位的传递热量达到平衡时,通过测量热箱的加热量得到被测部位的传热量,经计算得到被测部位的传热系数。

(3)红外热像仪法

其基本检测原理是:当室内外空气存在温差时,在围护结构中就会发生热量传递,热量总是从温度较高的一侧传向较低的一侧。根据一维稳态导热理论,若围护结构没有内热源存在,其吸收的热量将等于放出的热量,即其热流密度相等。

2. 外窗窗口气密性检测

(1)检测方法

在检测开始前,应在首层受检外窗中选择一樘窗进行检测系统附加渗透量的现场标定。附加渗透量不得超过总空气渗透量的15%。在检测装置、现场操作人员和操作程序完全相同的情况下,当检测其他受检外窗时,检测系统本身的附加渗透量可直接采用首层受检外窗的标定数据,而不必另行标定。每个检验批检测开始时均应对检测系统本身的附加渗透量进行一次现场标定。环境参数(室内外温度、室外风速和大气压力)应进行同步检测。

(2)检测仪器及装备

窗口整体气密性检测过程中应采用的主要仪表是差压表、空气流量表和环境参数(温度、室外风速和大气压力)检测仪表,分别应满足以下要求:

①差压表的不确定度应不超过2.5 Pa。

②空气流量测量装置的不确定度按测量的空气流量不同应分别满足以下要求:当空气流

量不大于 3.5 m³/h 时,不准确度不应大于测量值的 10%;当空气流量大于 3.5 m³/h 时,不准确度不应大于测量值的 5%。

③室内外温度用热电偶检测,用数据记录仪记录,仪器仪表的要求同前所述;室外风速用热球风速仪测量;大气压力用气压计检测。

(3)检测对象的确定

①应以一个检验批中住户套数或间数为单位随机抽取,确定检测数量。

②对于住宅,一个检验批中的检测数量不宜超过总套数的 3%;对于住宅以外的其他居住建筑,不宜超过总间数的 0.6%,但不得少于 3 套(间)。当检验批中住户套数或间数不足 3 套(间)时,应全额检测。

③每栋建筑物内受检住户或房间不得少于 1 套(间),当多于 1 套(间)时,则应位于不同的楼层。当同一楼层内受检住户或房间多于 1 套(间)时,应依据现场条件朝向不同确定受检住户或房间。每个检验批中位于首层的受检住户或房间数量不得少于 1 套(间)。

④应从受检住户或房间内所有外窗中综合选取一扇作为受检窗,当受检住户或房间内外窗的种类、规格多于一种时,应确定一种有代表性的外窗作为检测对象。

⑤受检窗应为同系列、同规格、同材料、同生产单位的产品。

⑥不同施工单位安装的外窗应分批进行检验。

(4)检测条件

建筑物外窗窗口整体气密性能的检测应在室外风速不超过 3 m/s 的条件下进行。

(5)检测步骤

①检查抽样确定被检测外窗的完好程度,不存在明显缺陷,连续开启和关闭受检外窗 5 次,受检外窗应能工作正常。核查受检外窗的工程质量验收文件,并对受检外窗的观感质量进行检测。若不能满足要求,则应另行选择受检外窗。

②在确认受检外窗已完全关闭后,安装检测装置。透明薄膜与墙面采用胶带密封,胶带宽度不得小于 50 mm,胶带与墙面的粘接宽度应为 80 ~ 100 mm。

③检测开始时对室内外温度、室外风速和大气压力进行检测。

④每樘窗正式检测前,应向密闭腔(室)中充气加压,使内外压差达到 150 Pa,稳定至少 10 min,其间应采用目测、手感或微风速仪对胶粘处进行复检,复检合格后可转入正式检测。

⑤利用首层受检外窗对检测装置的附加渗透量进行标定,受检外窗窗口本身的缝隙应采用胶带从室外进行密封处理,密封质量的检查程序和方法应符合第④条的规定。

⑥按照图 14-1 中的减压顺序进行逐级减压,每级压差稳定作用时间不少于 3 min,记录逐级作用压差下系统的空气渗透量,利用该组检测数据通过回归方程求得在减压工况下,压差为 10 Pa 时,检测装置本身的附加空气渗透量。

⑦将首层受检外窗室外侧的胶带揭去,然后重复第⑥条的操作,计算压差为 10 Pa 时受检外窗窗口的总空气渗透量。

⑧每樘外窗检测结束时,应对室内外温度、室外风速和大气压力进行检测并记录,取前后两次检测的平均值作为环境参数的检测最终结果。

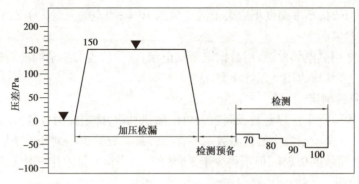

图 14-1　外窗窗口气密性能操作顺序图

（6）合格指标与判定方法

①外窗窗口墙与外窗本体的结合部位应严密,外窗窗口单位空气渗透量不应大于外窗本体的相应指标。

②当受检外窗窗口单位空气渗透量的检测结果满足上述规定时,应判为合格,否则应判为不合格。

3. 实时采暖耗热量检测

（1）检测方法

实时采暖耗热量检测在待测建筑物处进行实际测量。检测持续时间:非试点建筑和非试点小区不应少于 24 h,试点建筑和试点小区应为整个采暖期。

检测期间,采暖系统应处于正常运行工况,但当检测持续时间为整个采暖期时,采暖系统的运行工况应以实际工况为准。

（2）检测对象确定

建筑物实时采暖耗热量的检验应以单栋建筑物为一个检验批,以受检建筑热力入口为基本单位。当建筑面积小于或等于 2 000 m² 时,应对整栋建筑进行检验;当建筑面积大于 2 000 m² 或热力入口数多于 1 个时,应按总受检建筑面积不小于该单体建筑面积的 50% 为原则进行随机抽样,但不得少于 2 个热力入口。

（3）检测仪器

采暖供热量应采用热计量装置测量,热计量装置中包括温度计和流量计。

（4）检测数据处理

建筑物实时采暖耗热量按下式计算:

$$q_{ha} = \frac{Q_{ha}}{A_0} \cdot \frac{278}{H_r}$$

式中　q_{ha}——建筑物或居住小区单位采暖耗热量,W/m²;

　　　　Q_{ha}——检测持续时间内在建筑物热力入口处或采暖热源出口处测得的累计供热量,MJ;

　　　　A_0——建筑物（含采暖地下室）或居住小区（含小区内配套公共建筑）的总建筑面积（该建筑面积应按各层外墙轴线围成面积的总和计算）,m²;

　　　　H_r——检测持续时间,h。

（5）结果评定

对于单栋建筑，当检测期间室外逐时温度平均值不低于室外采暖设计温度时，若所有受检热力入口检测得到的建筑物实时采暖耗热量不超过建筑物采暖设计热负荷指标，则判定该受检建筑物合格，否则判定为不合格。

4.空调耗冷量的检测

（1）检测方法

建筑物年空调耗冷量的检测方法与建筑物年采暖耗热量的检测方法基本相同。通过对被测建筑物基本参数（如围护结构传热系数、建筑面积、气密性等）的检测，计算出建筑物年空调耗冷量指标，并与参照建筑物的年空调耗冷量指标进行比较，根据比较结果判定被测建筑物该项指标是否合格。

（2）检测对象的确定

与建筑物采暖年耗热量检测时对象的确定方法相同。

（3）检测步骤

与建筑物采暖年耗热量检测时的检测步骤相同。

（4）计算条件

室内计算条件应符合下列规定：

①室内计算温度：26 ℃。

②换气次数：1 次/h。

③室内不考虑照明得热或其他内部得热。

参照建筑物的确定原则与采暖年耗热量指标检测中参照建筑的原则相同。

（5）合格指标与判定方法

①受检建筑物年空调耗冷量指标不应大于参照建筑物的相应值。

②受检建筑物年空调耗冷量指标的验算结果满足上述规定时，应判为合格，否则应判为不合格。

任务二　绿色建筑及其评价

一、绿色建筑的概念

绿色是自然界植物的颜色，是生命之色，象征着生机盎然的自然生态系统。在建筑前面冠以"绿色"，意在表示建筑应像自然界绿色植物一样，具有生态环保的特性。在《绿色建筑评价标准》（GB/T 50378—2019,2024 年版）中，对绿色建筑的定义是"在全寿命期内，节约资源、保护环境、减少污染，为人们提供健康、适用、高效的使用空间，最大限度地实现人与自然和谐共生的高质量建筑"。

二、绿色建筑的特点

与传统建筑相比，绿色建筑具有以下特征：

①一般建筑能耗非常大,并由此产生严重的环境污染;而绿色建筑可将能耗降低70%~80%。

②一般建筑采用的是商品化生产技术,建筑过程的标准化、产业化造成建筑风貌大同小异;而绿色建筑具有地域性特征,强调采用本地的原材料,尊重本地的人文、自然和气候条件。

③一般建筑是封闭的,室内环境往往不利于健康;而绿色建筑有合理的结构布局,适宜的朝向、形体,良好的自然采光和通风系统,宜人的周围环境,其内部采取有效连通,能对气候变化进行自动调节,可提供健康舒适的居住环境。

④一般建筑往往忽略对环境的影响与破坏;而绿色建筑则强调建筑从规划设计、建筑施工、运行维护、废弃拆除,甚至在利用的全生命过程中对环境负责。

三、绿色建筑的发展状况

1. 绿色建筑在国际上的发展状况

20世纪中期,在全球资源环境危机中受绿色运动的影响和推动,绿色建筑的思想和观念开始萌生。

20世纪60年代,美籍意大利建筑师保罗·索勒瑞首次综合生态与建筑两个独立的概念提出"生态建筑"(绿色建筑)的新理念。20世纪70年代,石油危机使太阳能、地热、风能等各种建筑节能技术应运而生,节能建筑成为建筑发展的先导。

1980年,世界自然保护组织首次提出"可持续发展"的口号,同时节能建筑体系逐渐完善,并在德国、英国、法国、加拿大等发达国家广泛应用。

1990年,世界首个绿色建筑标准《英国建筑研究院环境评估方法》在英国发布。

1992年,联合国环境与发展大会的召开,使"可持续发展"这一重要思想在世界范围内得到推广,绿色建筑逐渐成为发展方向。

为广泛顺应绿色建筑的发展,使绿色建筑的概念具备切实的可操作性,发达国家相继探索并推出适应本国特色的绿色建筑评价体系,综合评估建筑物的性能及各项环境指标,为日后绿色建筑的发展提供事实及理论依据,推动绿色建筑更加深入的发展。

1994年,美国绿色建筑委员会起草了名为《能源及环境设计先导计划》的绿色建筑分级评估体系。

1998年,加拿大、瑞典等国联合建立了GBTool绿色建筑评价体系。

1999年,我国台湾的绿色建筑评估EEWH系统启动,是世界上第四个正式上路的绿色建筑综合评估系统。

2000年后,日本的CASBEE、德国的DGNB、澳大利亚的NABERS、法国的ESCALE、韩国的KGBC等相继成立。

到2006年,全球绿色建筑评估体系近20个,其中美国的LEED陆续发展出不同建筑类型,它以需求为导向,以市场为驱动,是现有国际上最完善、最具影响的绿色建筑评估体系之一,已成为世界各国建立绿色建筑及可持续性评估标准的范本。

2. 绿色建筑在我国的发展状况

近年来,我国在推动绿色建筑发展方面的力度逐步加大。2001年9月,建设部科技委员会组织有关专家,制定出版了一套比较客观、科学的绿色生态住宅评价体系——《中国生态住宅技术评估手册》。其指标体系融合我国《国家康居示范工程建设技术要点》等法规的有关内容。这是我国第一部生态住宅评估标准,是我国在此方面研究上正式迈出的第一步。2003年8月,由清华大学联合中国建筑科学研究院等八家单位完成了"科技奥运十大专项之一"《绿色奥运建筑评估体系》的颁布。该评估体系基于绿色建筑的理念,按照可持续发展的理论与原则建立了一套科学的建筑工程环境影响评价指标体系,提出全过程管理、分阶段评估的绿色奥运建筑评估方法与程序,并在奥运建设场馆中得到了应用。2005年10月,《绿色建筑技术导则》颁布,进一步引导、促进和规范了绿色建筑的发展。2006年3月颁布《绿色建筑评价标准》(GB/T 50378—2006),这是我国实施最早的以绿色建筑评价为主题的标准。2010年11月,住房和城乡建设部出台《民用建筑绿色设计规范》(JGJ/T 229—2010),该规范明确"绿色设计应统筹考虑建筑全寿命期内,满足建筑功能和节能、节地、节水、节材、保护环境之间的辩证关系,体现经济效益、社会效益和环境效益的统一,应降低建筑行为对自然环境的影响,遵循健康、简约、高效的设计理念,实现人、建筑与自然和谐共生。"2013年8月和9月相继颁布了《绿色工业建筑评价标准》(GB/T 50878—2013)和《绿色办公建筑评价标准》(GB/T 50908—2013),表明我国对绿色建筑的评价进一步被细化。2015年1月《绿色建筑评价标准》(GB/T 50378—2014)实施,2019年8月《绿色建筑评价标准》(GB/T 50378—2019)实施,2024年又对其条文进行了局部修订,这对我国绿色建筑评价标准体系的进一步完善发展,对绿色建筑的建设和推广起到了重要的推动作用,必将促进我国绿色建筑事业更加迅速和健康发展。

四、绿色建筑设计原则

新疆:发展绿色建筑 营造低碳生态宜居环境

　　绿色建筑并不是一种新的建筑形式,它是与自然和谐共生的建筑。绿色建筑是建立在充分认识自然、尊重并顺应自然的基础上的。绿色建筑不仅需要处理好人与建筑的关系,还要正确处理好建筑与生态环境的关系。这里的生态环境既包括建筑周围的区域小环境,也包括全球大环境。

　　绿色建筑不仅要遵循一般的社会伦理、规范,更应考虑人类必须承担的生态义务与责任。绿色建筑不同于一般建筑,建筑师和建筑的使用者都应深刻地意识到地球上的资源是有限的,而不是取之不尽、用之不竭的;自然环境的生态承载力是有限的,自然生态体系是脆弱的;人不是自然的主宰,而是受自然庇护的生灵。建筑作为人工构造物,应利用并有节制地改造自然,保护自然生态和谐,以寻求人类的可持续发展。

　　绿色建筑设计需要符合以下原则:

1. 建筑全寿命周期

　　建筑全寿命周期主要强调建筑对环境的影响在时间上的意义。建筑全寿命周期通常涵盖从项目选址、规划、设计、施工到运营的全过程。考虑到建筑对环境的影响并不局限于建筑物存在的时间段里,绿色建筑全寿命周期的概念还应在上述基础上向前、向后延伸,往前从建筑材料的开采到运输、生产过程,往后到建筑拆除后垃圾的自然降解或资源的回收再利用。这个周期的拉长意味着在原材料的开采过程中,就要考虑它对环境的影响;考虑到运输能耗,应尽量选用当地材料,这样会减少运输过程中的能耗和物耗;当然在材料生产过程中也涉及能耗的问题,需要改进和淘汰耗能大的生产工艺。另外,在建筑的建造过程中,应考虑当建筑寿命终结时拆除后垃圾的处理问题,应选用可再利用、可再循环的建材,如果这个垃圾可以在短期内自然降解,它对环境的影响就小;如果长时期不可降解,就会对环境产生污染。因此,全寿命周期的概念在建筑的前期建造过程中就应得到充分重视。

如果从全寿命周期角度计算建筑成本,那么"初始投资最低的建筑并不是成本最低的建筑"。为了提高建筑的性能可能要增加初始投资,如果采用全寿命周期模式核算,在有限增加初期成本的情况下,将可能大大节约长期运行费用,进而使全寿命周期总成本下降,并取得明显的环境效益。按现有的经验,增加初期成本 5% ~ 10% 用于新技术、新产品的开发利用,将节约长期运行成本 50% ~ 60% 。这种新模式的出现,将给建筑设计和开发模式带来革命性的变化。

2. 因地制宜

因地制宜是绿色建筑的灵魂,是指根据各地的具体情况,制订适宜的办法。

建筑在很大程度上受制于它所处的环境,通常建筑是采用方便取用的资源,营造出适应当地气候特点的空间,因此绿色建筑具有很强的地域性。绿色建筑强调的是人、自然与环境之间的和谐关系,而每个国家在这些方面都有其特点,不同国家之间存在气候、资源、文化、风俗等方面的差异,因此绿色建筑在全球并没有一个统一的模式。

首先是建筑材料的选择。古代的建造者没有像现代这样先进的机械和运输工具,因此只能就地取材。如我国浙江余姚河姆渡村遗址运用了当地普遍生长的树木,陕西西安半坡村遗址则基本以高原黄土作为主要的建筑材料。在古代欧洲,石材之所以被广泛采用,除了选材方便,石材的可塑性强和耐久性也是重要原因。到了现代,为合理控制建筑造价,建筑材料也多为就地取材,这从我国各地的民居建筑中可清楚地看到,如陕西民居自然的窑洞、北方民居厚厚的砖墙、江浙民居轻巧的木构、福建民居幽深的石廊等。当然,就地取材还可以减少运输过程中人力、物力的耗费,减少材料在运输过程中不可避免的破损和对周围环境的污染。

对建筑产生影响的自然环境,包括地理环境和气候条件等因素,更是绿色建筑应当关注的重点。地形地貌涉及建筑的通风、采光、景观、雨水回用、无障碍设计等绿色建筑的要素。在我国北方地区,建造场地南低北高会给建筑组团的自然通风、采光带来便利,但如果高差过大又会给人们步行和无障碍设计造成困难。以我国西南地区的城市重庆为例,城市选址在长江、嘉陵江等水系交汇处,便于人们的航道运输和日常生活,但水系边缘没有过多的平坦地方,而且从安全角度考虑,人们也希望居住得高一些,远离洪水的威胁。因此,城市的大量房屋建造在临江的山地上,为减少建设成本,同时也为了保护自然的山水环境,建筑的选址只能根据现有的地貌情况来决定,由此形成了山城独特的城市天际线。

在我国,由于气候条件的原因,南方和北方的建筑形式有很大不同,如每个城市的商业建筑就有非常明显的区别。在南方的商业建筑中,一般在主要商业入口处都有一个由柱廊形成的半公共空间,因为上面还有建筑,所以人们形象地称之为骑楼。这个骑楼的功能一是可以变相扩大商业营业面积,二是可以聚拢商业人气,但最主要的功能是遮阳、避雨、挡风,改善室内自然通风的环境,顾客进出时也可有一个慢慢适应的过渡空间。在北方,阳光是人们在寒冷的冬日中所渴求的,南向的出入口一般直接连通室外,北向的出入口则为了抵御寒风和保持室内温度而增加了一个门斗。因此,自然环境的气候条件常会使建筑造型随着必要的功能而发生变化,形成具有明显地方特色的建筑外观。

建筑室外环境中的绿化是绿色建筑的基本内容,在选择绿化植物时更应关注乡土植物,优先选择当地常见的树种,这样做不仅可以节约成本,还能大大提高成活率,减少日常维护费用,保证绿化的实现。另外,气候条件的适应往往成就了植物的独特性,在一定程度上,可以代表一个地方的绿色建筑特色。

3. 节约资源、保护环境和减少污染

绿色建筑强调最大限度地节约资源、保护环境和减少污染。住建部提出了"四节约一环保"的要求,即根据中国的国情着重强调节地、节能、节水、节材和保护环境,其中资源的节约和资源的循环利用是关键。"少费多用"做好了,必然有助于保护环境、减少污染。

在建筑中体现资源节约与综合利用,减轻环境负荷,可以从以下几个方面入手:

①通过优良的设计和管理,采用合适的技术、材料和产品,减少对资源的占有和消耗。

②提高建筑自身资源的使用效率,合理利用和优化资源配置,减少建筑中资源的使用量。

③因地制宜,最大限度地利用本土材料与资源,减少运输过程对资源的消耗,促进本土经济和社会的可持续发展。

④通过资源的循环利用,减少污染物的排放,最大限度地提高资源、能源和原材料的利用效率。

⑤延长建筑物的整体使用寿命,增强其适应性。

4. 健康、适用和高效的使用空间

绿色建筑应满足建筑的功能需求。健康的要求是最基本的,绿色建筑强调适用、适度消费的理念,绝不提倡奢侈与浪费,但节约不能以牺牲人的健康为代价。保证人的健康是对绿色建筑的基本要求。绿色建筑应考虑使用者的需求,努力创造优美、和谐的环境;提高建筑室内的舒适度,改善室内环境质量;保障使用的安全,降低环境污染,满足人们生理和心理的需求,同时为人们提高工作效率创造条件。

高效使用资源需要加大绿色建筑的科技含量,如智能建筑,我们可以通过采用智能的手段使建筑在系统、功能和使用上提高效率。

5. 与自然和谐共生

发展绿色建筑的最终目的是实现人、建筑与自然的协调统一。绿色是自然、生态、生命与活力的象征,代表了人类与自然和谐共处、协调发展的文化,贴切而直观地表达了可持续发展的概念和内涵。

绿色建筑可以从我国古代的自然价值观中获得启发,人们应趋于追求自然美、朴素美,认为自然美才是真正的美,自然界的景观具有使人情感愉悦和精神超越的作用,能满足人们的物质和精神方面的需求。

全球变暖、气候异常的现实已经让人类意识到,个人的抉择和行动以及其所处建筑环境对全球环境有着巨大的影响。人类的决策和行为会影响自然和谐,最终会影响人类的存续。人类必须对建筑行为负责,通过尊重、认识和适应自然,把人类的建筑行为置于自然的生生不息的有机体之中,与自然和谐共生,来谋求人类、建筑与自然的和谐。

绿色建筑是建立在人、建筑与自然相互联系和互相依存的原则基础上的,是一种对人类生存、生活方式的实际响应,也是一种对与土地、与自然及其生态圈、与社会相互联系的观点的强烈精神响应。最原始的建筑就已体现了这种特征:与气候相适应的形式、当地资源的有

效利用、小的独立建筑凝结成组团,以及为方便家族、社团人们交往而规划的室外空间。建筑不再被看作孤立的个体,而是与周围环境相互关联、相互依存。建筑不仅给人们提供所需的空间,还是人类生活模式、理想与灵魂的体现,是一个充满活力的有机体。

五、绿色建筑评价体系

绿色建筑的实现贯穿于建筑的整个生命周期,不仅需要设计师运用可持续发展的设计方法和手段,还需要决策者、施工单位、业主、管理者和使用者都具备绿色环保节能意识,共同参与建造和运营的全过程。这种多层次合作关系的介入,需要在整个程序中确立一个明确的绿色建筑评价结果,形成共识,使其贯彻始终。绿色建筑的概念具有综合性,既衡量建筑对外界环境的影响,又涉及建筑内部环境的质量;既包括建筑的物理性能,如能源消耗、污染排放、建筑外围及材料、室内环境等,也涵盖部分人文及社会的因素。因此,绿色建筑体系迫切需要现代科学评估方法作为实施运作的技术支撑。20 世纪 90 年代以来,世界许多国家都发展了各种不同类型的绿色建筑评估体系,为绿色建筑的实践和推广作出了重大贡献。

1. 国际绿色建筑标准

国际建筑规范委员会(International Chamber of Commerce,ICC)出台了《2012 国际绿色建筑标准》(LgCC),该标准适用于新建及改建建筑,实现建筑高能效、低排放。该标准规定了建筑从设计到施工、营运以及人员认证等要求,设定了建筑物的最低环保要求。该标准可以根据建筑物所在地区的情况进行调整,以符合地域实际。

2. 我国绿色建筑评价标准

2019 年 6 月,国家住房城乡建设部发布公告,批准修订后的《绿色建筑评价标准》为国家标准,编号为 GB/T 50378—2019,自 2019 年 8 月 1 日起实施。原《绿色建筑评价标准》(GB/T 50378—2014)同时废止。本任务主要对《绿色建筑评价标准》(GB/T 50378—2019)进行介绍。

(1)评价阶段

在建筑工程施工图设计完成后可进行预评价,在建筑工程竣工后进行最终评价。

(2)评价体系

绿色建筑评价指标体系应由安全耐久、健康舒适、生活便利、资源节约、环境宜居 5 类指标组成,且每类指标均包括控制项和评分项;评价指标体系还统一设置了提高与创新加分项,具体评价分值见表 14-1。

表 14-1 绿色建筑评价分值表

	控制项基础分值/分	评价指标评分项满分值/分					提高与创新加分项满分值/分
		安全耐久	健康舒适	生活便利	资源节约	环境宜居	
预评价分值	400	100	100	70	200	100	100
评价分值	400	100	100	100	200	100	100

（3）评价等级

绿色建筑评价的总得分按下式计算：

$$Q = \frac{Q_0 + Q_1 + Q_2 + Q_3 + Q_4 + Q_5 + Q_A}{10}$$

式中　Q——总得分；

Q_0——控制项的基础分值，当满足所有控制项的要求时取 400 分；

$Q_1 \sim Q_5$——分别为评价指标体系 5 类指标（安全耐久、健康舒适、生活便利、资源节约、环境宜居）评分项得分；

Q_A——提高创新加分项得分。

绿色建筑分为一星级、二星级、三星级 3 个等级，3 个等级的绿色建筑均应满足标准全部控制项的要求，且每类指标的评分项得分不应小于其评分项满分值的 30%；3 个等级的绿色建筑均应进行全装修，全装修工程质量、选用材料及产品质量应符合国家现行有关标准的规定；当总得分分别达到 60 分、70 分、85 分且满足表 14-2 的要求时，绿色建筑等级分别为一星级、二星级、三星级。

表 14-2　绿色建筑的技术要求

等级	一星级	二星级	三星级
围护结构热工性能的提高比例，或建筑供暖空调负荷降低比例	围护结构提高 5%，或负荷降低 5%	围护结构提高 10%，或负荷降低 10%	围护结构提高 20%，或负荷降低 15%
严寒和寒冷地区住宅建筑外窗传热系数降低比例	5.00%	10.00%	20.00%
节水器具用水效率等级	3 级	2 级	
住宅建筑隔声性能	—	室外与卧室之间、分户墙（楼板）两侧卧室之间的空气隔声性能以及卧室楼板的撞击隔声性能达到低限标准限值和高要求标准限值的平均值	室外与卧室之间、分户墙（楼板）两侧卧室之间的空气隔声性能以及卧室楼板的撞击隔声性能达到高要求标准限值
室内主要空气污染物浓度降低比例	10.00%	20.00%	
外窗气密性能	符合国家现行相关节能设计标准的规定，且外窗洞口与外窗本体的结合部位应严密		

在上述绿色建筑评价标准或体系中，基本围绕这 3 个主题展开：减少对地球资源与环境的负荷和影响；创造健康、舒适的生活环境；与周围自然环境相融合。绿色建筑评价体系的建立，目前正处于一个快速发展和不断更新完善的时期。不可否认的是，绿色建筑评价是一项关系绿色建筑健康发展的重要工作，世界许多国家和地区都开始和继续在这一领域积极研究、探索和实践，各国的实践经验能够对我国的相关工作起到很好的借鉴作用。

案例精选

绿色建筑优秀案例——深圳万科中心

可持续发展是全世界的发展主题,万科中心通过总体规划和建筑单体设计,利用自然技术、本地绿色建筑材料等低成本、低投入方式平衡和保护周边生态系统,节约能源,同时保证办公使用者的身心健康和舒适性,如图14-2所示。

图14-2 深圳万科中心

可持续选址:万科中心(图14-3)位于大梅沙度假村,附近拥有便利的交通系统,并提倡使用节能减排汽车。下沉庭院、水系、绿地、山丘的完美组合形成丰富的立体景观,使空间被最大化开放;抬高建筑设计使地面空间完全释放,留给大地最大的景观空间,并加强风的对流,营造局部良好的微气候环境;丰富的本地植物,使得整个中心长年青翠,清幽怡人;独特的结合太阳能光电系统的屋顶花园设计不仅扩大视野、美化环境,同时降低顶层太阳得热,也减轻了热岛效应,达到了和谐与经济的双重效益。

图14-3 深圳万科中心(可持续选址)

节约水资源：在建筑内部，采用目前先进的节水器具及节水方法进行节水；在室外空间，尽量采用渗水铺装路面以加强雨水渗透，种植本地树种，利用各种与景观相结合的措施，保持当地水土环境的同时又减少灌溉用水；采用全面的雨水回收系统，将屋面和雨水进行收集处理，并蓄积在水景池内，用于绿化和补充景观水池水量的损失（图14-4）。

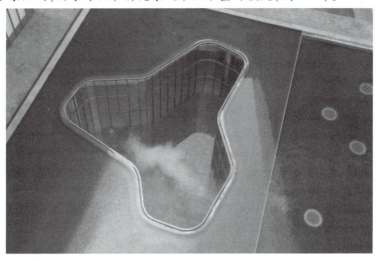

图14-4　深圳万科中心（节约水资源）

能源与大气：采用大面积玻璃以获得充足阳光的同时，为避免产生过多的太阳得热以及冬季里的眩光现象，在采用通常使用的低辐射、高透光玻璃的同时，配以创新式的、能够自动调节的外遮阳系统；在采用新型围护结构系统减少能耗的同时，采用高效节能的系统，如蓄冰空调系统、地板送风系统、新风热回收系统等；该建筑中还应用了太阳能热水系统以及光伏系统；在建筑细节方面注重节能，如广泛采用日光照明、高效率的照明灯具以及感应灯、工作灯等的运用，可为大楼节约大量照明电力（图14-5）。

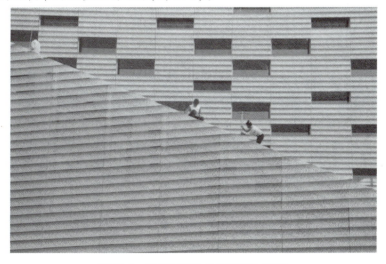

图14-5　深圳万科中心（能源与大气）

材料与资源：尽量使用本地资源，大大减少材料运送过程中的能源消耗；使用回收修复或再用的材料产品和装饰材料，如钢材、飞灰水泥、梁柱、地板、壁板、门和框架、壁柜、家具等，降低对新材料的需求，减少废弃物的产生，同时降低建筑成本、节约能源，并减少新材料生产过程中产生的环境影响（图 14-6）。

图 14-6　深圳万科中心（材料与资源）

室内环境品质：在办公设计时通风量增加 30%，保证室内空气的清新；室内装修严格选用低放射物质；内部的热环境尽量满足人体舒适度的要求，从温度、湿度、自然采光及视野等方面均达到舒适的要求，可调节地板送风系统根据不同需求调整送风的温度和速度，提供优质的个人微环境；大部分常用空间采用日光照明，提高人员工作效率；所有常用空间都设置了开阔的视野，可以在工作的同时享受室外美景（图 14-7）。

图 14-7　深圳万科中心（室内环境品质）

沙场练兵

一、判断题

1. 绿色建筑一定是低碳建筑,智能建筑一定是绿色建筑。 （　　）
2. 绿色建筑通过绿色施工完成,绿色施工成果一定是绿色建筑。 （　　）
3. 《绿色建筑评价标准》为绿色建筑创新奖评奖提供了评定指标体系。 （　　）
4. 常见的建筑节能检测方法只有热源法。 （　　）
5. 建筑节能工程的质量检测,全部应由具备资质的检测机构承担。 （　　）

二、选择题

1. 所谓"绿色建筑",是指其建筑（　　）。
   A. 房屋立体绿化、保持湿度
   B. 房屋外墙呈绿色
   C. 高效利用资源、最大限度影响环境、居住健康舒适安全
   D. 建筑周围有很好的绿化

2. 绿色建筑包括（　　）。
   A. 节能建筑　　　B. 生态建筑　　　C. 节地建筑　　　D. 低碳环保建筑

3. 绿色建筑分为（　　）个等级。
   A. 1　　　　　　B. 2　　　　　　C. 3　　　　　　D. 4

4. 如何实现绿色建筑？（　　）
   A. 采用信息化技术、云技术手段建造绿色建筑
   B. 采用合理的主动式、被动式技术手段建造绿色建筑
   C. 采用传统的技术手段建造绿色建筑
   D. 采用高科技手段建造绿色建筑

5. 绿色建筑的"绿色"应贯穿于建筑物的（　　）过程。
   A. 全寿命周期　　B. 原料的开采　　C. 拆除　　　　D. 建设实施

6. 绿色建筑评价指标中,（　　）为绿色建筑的必备条件。
   A. 优选项　　　　B. 创新项　　　　C. 控制项　　　　D. 基础项

7. 《民用建筑节能条例》规定,民用建筑节能的监督管理部门为（　　）。
   A. 建筑节能办　　B. 能源主管部门　C. 消防主管部门　D. 建设主管部门

8. 根据《民用建筑节能管理规定》,下列建筑工程中不属于民用建筑的是（　　）。
   A. 工业厂房　　　B. 娱乐中心　　　C. 百货商场　　　D. 单身公寓

9. 下列检测项目中,不属于建筑节能(外窗)检测内容的是（　　）。
   A. 气密性　　　　　　　　　　　B. 玻璃的可见光透射比、遮阳系数
   C. 玻璃的厚度　　　　　　　　　D. 中空玻璃露点

建筑节能实训篇

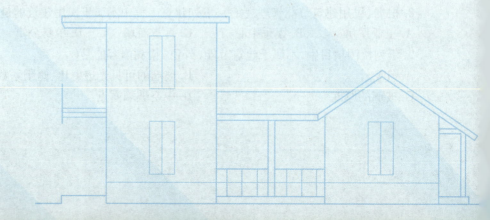

模块三

建筑节能实训

项目十五　保温隔热基本实训

教师版

实训课程工作页

（学生版）

执教班级：

学生姓名：

技能模块：节能门窗安装

编写教师：

执行教师：

执行周期：

实训流程一 工作任务

1.情境描述

北方某寒冷地区住宅楼工程,建筑面积约 6 300 m²,东西总长 60 m,南北总宽 11 m,共 10 层,每层由 3 个单元组成,每单元两户,层高 2.75 m,室内外高差 0.6 m,总高 32 m。

进行门窗安装,根据施工图纸要求,门窗类型选用铝塑门窗,尺寸根据图纸确定,从现在开始,门窗安装施工队开始进场进行门窗安装;在安装前,需对主体门窗洞口尺寸及质量进行验收。验收结果为:尺寸基本符合要求,部分窗口的内部有杂物(多余的混凝土、浮灰等),施工工期 3 周。施工工具基本齐备,门窗材料准备齐备。

2.识读任务图纸

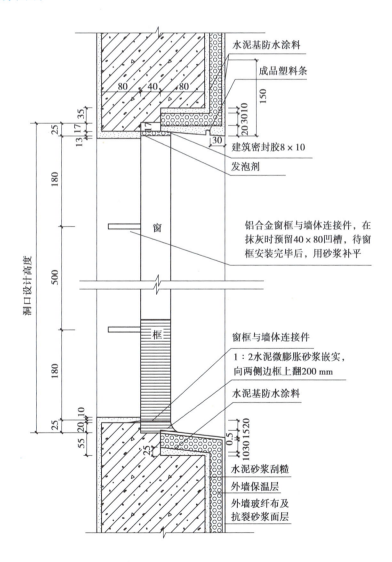

3.实训要求

①安装过程中所用的门窗部件、配件、材料等在运输、保管和施工过程中应采取措施,防止其损坏和变形。

②门窗应放置在清洁、平整的地方,且避免日晒雨淋。门窗均应立放,倾斜角度不小于70°。

③装卸门窗应轻拿轻放,不得撬、摔、砸,不得在框扇内插入抬杠起吊。

④安装前,应按设计图纸的要求检查门窗的数量、品种、规格和开启方向,门窗五金件、密封条、紧固件应齐全,不合格者应予以更换。

⑤外窗应从高层垂吊找出洞口中线,并使窗框中线与之对齐,同时按要求的标高将窗框放到位,窗的上下框四角及中间应用木楔临时固定。然后调整窗框的水平度和垂直度以及在洞口墙体厚度方向的位置。

实训流程二 实训准备工作

1.从任务书中获得的信息

2.分组和小组决策

(1)分组形式	□老师指定	□自由选择
(2)小组中的角色	□决策者	□配合者
(3)施工方案确定	□小组长	□共同商定

3.请仔细思考和彼此沟通,写出小组的工作计划

(★包括小组名单、分工、计划等)

4. 实训工具、材料需用计划

品种名称		数量	单位
材料			
工具	操作工具		
	找平放线量画工具		
	尺寸度量检测工具		

实训流程三　实施安装

1. 请按照规范标准实施任务安装

（★记录安装过程中出现的困难和问题）

2. 在安装过程中必须注意安全操作

（★请写出实训全过程需要注意的安全要点）

3.安装结束后的成果图/关键节点的成果图(请拍照上传)

实训流程四 检查验收

1.依照规范要求,小组/个人自检

（★对材料、工具的规范正确选择使用、检测标准、检测方法、检测结果等进行说明）

2.依照规范要求,交叉互检

（★对材料、工具的规范正确选择使用、检测标准、检测方法、检测结果等进行说明）（检测人填写）

附:质量检测表

节能门窗安装质量检查

年　月　日

项次	项目	允许偏差 /mm	实际偏差					配分/分	得分
			1	2	3	4	5		
1	窗框正面垂直度	±2.0						15	
2	窗框侧面垂直度	±2.0						15	
3	门窗框的水平度	±2.0						10	
4	门窗框两对角线长度差	±3.0						10	
5	窗扇垂直平整度	±2.0						10	
6	文明施工							20	
7	安全操作							20	
8	奖惩							-10 ~ +10	
	合计								

班级 _____　　　　　　　　　　第 _____ 组

姓名	学号	姓名	学号

3.总结与反思

（请分别从"专业能力"和"交流能力"两个方面对自己的工作状态进行总结和反思）

实训流程五　教师检查、验收及评价

实训流程六　实训成绩评定办法

实训学生要明确实训的目的和意义,重视并积极参加实训;实训过程应注意安全、认真细致、刻苦、好学、爱护实训场所财产、遵守学校及现场的规章制度,不得迟到、早退、旷课;服从指导教师的安排,同时每个同学必须服从本组组长的安排和指挥;小组成员应团结一致,互相督促、相互帮助;人人动手,共同完成实训任务。

建筑节能实训成绩由 3 个部分组成:现场实训考核成绩、平时综合表现成绩和实训手册撰写。

实训考评内容	考评人	考评比例	备注
现场实训考核成绩	实训教师	60%(过程 30% +竣工验收 30%)	按小组进行考评
平时综合表现成绩	实训教师	30%	按个人进行考评
实训手册撰写	指导教师	10%	按个人进行考评
合计		100%	

评价方式采用五级记分制(优、良、中、及格、不及格):

60~70 分:及格;70~80 分:中;80~90 分:良;90 分以上:优。现场实训质量由过程考核和检查验收考核组成,根据知识点的掌握情况、实训技能操作情况和团队协作能力、精神表现进行评定。学生实训成绩按下列标准进行评定:

评为"优"的条件:

①对知识点掌握好;

②能较好地完成全部实训项目。

评为"良"的条件:

①对知识点掌握较好;

②能完成全部的实训项目。

评为"中"的条件:

①基本掌握知识点;

②基本完成实训项目。

评为"及格"的条件:

①一般掌握知识点;

②能完成大多数实训项目。

具有下列情况之一者,实训成绩定为"不及格":

①无故不遵从现场实训管理以及未打扫卫生的,实训成绩不合格;

②未按时完成实训任务,又不能说明情况的,实训成绩不合格;

③实训期间因不听从指导或管理造成不良后果的,实训成绩不合格;

④实训任务完成差或实训态度差,直接认定实训不合格;

⑤实训期间未经教师同意擅自离开工位,经教育无效,实训成绩不合格。

实训课程工作页

（学生版）

执教班级：

学生姓名：

技能模块：外墙保温

编写教师：

执行教师：

执行周期：

实训流程一　实训任务

1.情境描述

北方某寒冷地区住宅楼工程,建筑面积约 6 300 m²,东西总长 60 m,南北总宽 11 m,共 10 层,每层由 3 个单元组成,每单元两户,层高 2.75 m,室内外高差 0.6 m,总高 32 m。

其中外墙外保温为:需用 50 mm 厚 EPS 保温板安装外墙外保温系统。请按照《外墙外保温工程技术标准》(JGJ 144—2019)、《建筑节能工程施工质量验收标准》(GB 50411—2019)等相关规范标准的要求,完成铺设保温板、打锚栓及涂固定砂浆、挂网等的算量、安全、技术要求、协作等技能实训任务。

2.识读任务图纸

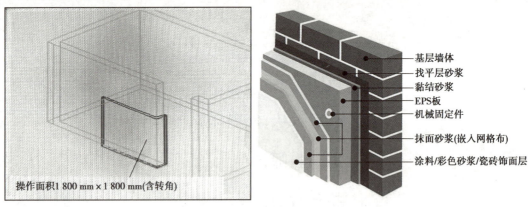

操作面积1 800 mm×1 800 mm(含转角)

基层墙体
找平层砂浆
黏结砂浆
EPS板
机械固定件
抹面砂浆(嵌入网格布)
涂料/彩色砂浆/瓷砖饰面层

3.实训要求

①按要求进行基础处理,并进行施工控制放线。

②合理选择砂浆并进行搅拌,铺设翻包网。

③根据图纸进行保温板的计算及切割。

④根据工程环境选择保温板铺设方法并铺设。

⑤在铺设好的保温板面层上打铆钉,涂抹发泡胶,并完成翻包网。

⑥选择合理的部位黏结包角条、滴水线。

⑦对必要的地方进行局部加强,在保温板面上挂大网。

准备工具材料及注意事项

保温板的测量及砂浆的搅拌

保温板的切割

条粘法铺设方法

点框法铺设方法

实训流程二　实训准备工作

1. 从任务书中获得的信息

2. 分组和小组决策

(1)分组形式	□老师指定	□自由选择
(2)小组中的角色	□决策者	□配合者
(3)施工方案确定	□小组长	□共同商定

3. 请仔细思考和彼此沟通，写出小组的工作计划

（★包括小组名单、分工、计划等）

4. 请仔细思考和彼此沟通，写出实训的工具、材料计划

实训流程三 任务实施

1. 请按照规范标准实施任务

（★记录安装过程中出现的困难和问题）

2. 在安装过程中必须注意安全操作

（★请写出实训全过程需要注意的安全要点）

3. 安装结束后关键节点的成果图(请拍照上传)

实训流程四　质量检查验收

1.依照规范要求,小组/个人自检

（★对材料、工具的规范正确选择使用、检测标准、检测方法、检测结果等进行说明）

2.依照规范要求,按对接组安排交叉互检

（★对材料、工具的规范正确选择使用、检测标准、检测方法、检测结果等进行说明）（检测人填写）

附:质量检测表

聚苯板薄膜抹灰外墙外保温系统

年　月　日

项次	项目	允许偏差/mm	实际偏差					配分/分	得分/分
			1	2	3	4	5		
1	表面平整度	3						15	
2	立面垂直度	3						15	
3	阴阳角垂直度	3						10	
4	阴阳角方正	3						10	
5	接缝平整度	1.5						10	
6	文明施工							20	
7	安全操作							20	
8	奖惩							−10～+10	
	合计								

班级＿＿＿＿＿＿　　　　第＿＿＿＿＿组

姓名	学号	姓名	学号

3. 总结与反思

（★请分别从"专业能力"和"交流能力"两个方面对自己的工作状态进行总结和反思）

实训流程五　教师检查、验收及评价

实训流程六　实训成绩评定办法

实训学生要明确实训的目的和意义,重视并积极参加实训;实训过程应注意安全、认真细致、刻苦、好学、爱护实训场所财产、遵守学校及现场的规章制度,不得迟到、早退、旷课;服从指导教师的安排,同时每个同学必须服从本组组长的安排和指挥;小组成员应团结一致、互相督促、相互帮助;人人动手,共同完成实训任务。

建筑节能实训成绩由3个部分组成:现场实训考核成绩、平时综合表现成绩和实训手册撰写。

实训考评内容	考评人	考评比例	备注
现场实训考核成绩	实训教师	60%(过程30%+竣工验收30%)	按小组进行考评
平时综合表现成绩	实训教师	30%	按个人进行考评
实训手册撰写	指导教师	10%	按个人进行考评
合计		100%	

评价方式采用五级记分制(优、良、中、及格、不及格):

60~70分:及格;70~80分:中;80~90分:良;90分以上:优。现场实训质量由过程考核和检查验收考核组成,根据知识点的掌握情况、实训技能操作情况和团队协作能力、精神表现进行评定。学生实训成绩按下列标准进行评定:

评为"优"的条件:

①对知识点掌握好;

②能较好地完成全部实训项目。

评为"良"的条件:

①对知识点掌握较好;

②能完成全部的实训项目。

评为"中"的条件:

①基本掌握知识点;

②基本完成实训项目。

评为"及格"的条件:

①一般掌握知识点;

②能完成大多数实训项目。

具有下列情况之一者,实训成绩定为"不及格":

①无故不遵从现场实训管理以及未打扫卫生的,实训成绩不合格;

②未按时完成实训任务,又不能说明情况的,实训成绩不合格;

③实训期间因不听从指导或管理造成不良后果的,实训成绩不合格;

④实训任务完成差或实训态度差,直接认定实训不合格;

⑤实训期间未经教师同意擅自离开工位的,经教育无效,实训成绩不合格。

实训课程工作页

（学生版）

执教班级：

学生姓名：

技能模块：地板保温

编写教师：

执行教师：

执行周期：

实训流程一　明确工作任务

1.情境描述

北方某寒冷地区住宅楼工程,建筑面积约 6 300 m²,东西总长 60 m,南北总宽 11 m,共 10 层,每层由 3 个单元组成,每单元两户,层高 2.75 m,室内外高差 0.6 m,总高 32 m。

其中地板保温为:需用 50 mm 厚 EPS 保温板安装地板保温系统,请按照《建筑节能工程施工质量验收标准》(GB 50411—2019)等相关规范标准的要求,完成 2 m² 铺设保温板、打锚栓及涂固定砂浆、挂网等的算量、安全、技术要求、协作等技能实训任务。

2.识读任务图纸

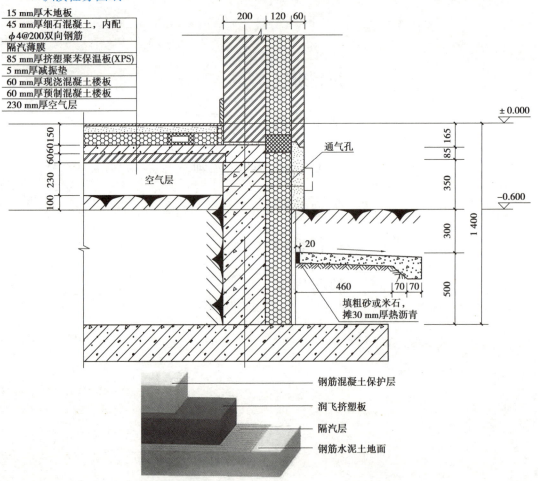

3. 实训要求

①按要求进行找平层处理。

②合理选择沥青和砂浆进行铺设。

③合理选择防水卷材和工艺进行铺设。

④在墙边铺设隔声海绵带。

⑤根据图纸进行保温板的计算及切割。

⑥根据工程环境选择保温板铺设方法并铺设。

⑦将双层塑料布与墙边接边,并用胶布粘牢。

⑧楼地面平铺塑料布,压住垂边,平铺错缝 10 cm。

⑨铺设管道后浇筑面层。

⑩将隔声海绵和塑料布切割到与整体面层齐平。

实训流程二　实训准备工作

1. 从任务书中获得的信息

2. 分组和小组决策

(1)分组形式	□老师指定	□自由选择
(2)小组中角色	□决策者	□配合者
(3)施工方案确定	□小组长	□共同商定

3. 请仔细思考和彼此沟通,写出小组的工作计划

(★包括小组名单、分工、计划)

4.请仔细思考和彼此沟通,写出实训的工具、材料计划

	品种名称	数量	单位
材料			
工具	操作工具		
	找平放线量画工具		
	尺寸度量检测工具		

实训流程三　实施施工任务

1. 请按照规范标准实施任务施工操作

（★记录安装过程中出现的困难和问题）

2. 在施工操作过程中必须注意安全操作

（★请写出实训全过程需要注意的安全要点）

3. 安装结束后的成果图/关键节点的成果图（请拍照上传）

实训流程四　施工质量检查验收

1. 依照规范要求,小组/个人自检

（★对材料、工具的规范正确选择使用、检测标准、检测方法、检测结果等进行说明）

2. 依照规范要求,按对接组安排交叉互检

（★对材料、工具的规范正确选择使用、检测标准、检测方法、检测结果等进行说明）（检测人填写）

附:质量检测表

聚苯板地板保温系统

年 月 日

项次	项目	允许偏差/mm	实际偏差					配分/分	得分/分
			1	2	3	4	5		
1	表面平整度	3						15	
2	表面踩踏	无异响						15	
3	地面与踢脚线间隙	3~5						10	
4	阴阳角方正	3						10	
5	接缝平整度	1.5						10	
6	文明施工							20	
7	安全操作							20	
8	奖惩							-10~+10	
	合计								

班级＿＿＿＿＿＿＿＿　　　　　　　　　　第＿＿＿＿＿＿组

姓名	学号	姓名	学号

3. 总结与反思

（请分别从"专业能力"和"交流能力"两个方面对自己的工作状态进行总结和反思）

实训流程五　教师检查、验收及评价

实训流程六　实训成绩评定办法

实训学生要明确实训的目的和意义,重视并积极参加实训;实训过程应注意安全、认真细致、刻苦、好学、爱护实训场所财产、遵守学校及现场的规章制度,不得迟到、早退、旷课;服从指导教师的安排,同时每个同学必须服从本组组长的安排和指挥;小组成员应团结一致、互相督促、相互帮助;人人动手,共同完成实训任务。

建筑节能实训成绩由 3 个部分组成:现场实训考核成绩、平时综合表现成绩和实训手册撰写。

实训考评内容	考评人	考评比例	备注
现场实训考核成绩	实训教师	60%(过程 30% +竣工验收 30%)	按小组进行考评
平时综合表现成绩	实训教师	30%	按个人进行考评
实训手册撰写	指导教师	10%	按个人进行考评
合计		100%	

评价方式采用五级记分制(优、良、中、及格、不及格):

60 ~ 70 分:及格;70 ~ 80 分:中;80 ~ 90 分:良;90 分以上:优。现场实训质量由过程考核和检查验收考核组成,根据知识点的掌握、实训技能操作情况和团队协作能力、精神表现进行评定。学生实训成绩按下列标准进行评定:

评为"优"的条件:

①对知识点掌握好;

②能较好地完成全部实训项目。

评为"良"的条件:

①对知识点掌握较好;

②能完成全部的实训项目。

评为"中"的条件:

①基本掌握知识点;

②基本完成实训项目。

评为"及格"的条件:

①一般掌握知识点;

②能完成大多数实训项目。

具有下列情况之一者,实训成绩定为"不及格":

①无故不遵从现场实训管理以及未打扫卫生的,实训成绩不合格;

②未按时完成实训任务又不能说明情况的,实训成绩不合格;

③实训期间因不听从指导或管理造成不良后果的,实训成绩不合格;

④实训任务完成差或实训态度差,直接认定实训不合格;

⑤实训期间未经教师同意擅自离开工位的,经教育无效,实训成绩不合格。

实训课程工作页

（学生版）

执教班级：

学生姓名：

技能模块：屋顶保温

编写教师：

执行教师：

执行周期：

实训流程一

1.情境描述

北方某寒冷地区住宅楼工程,建筑面积约 6 300 m²,东西总长 60 m,南北总宽 11 m,共 10 层,每层由 3 个单元组成,每单元两户,层高 2.75 m,室内外高差 0.6 m,总高 32 m。

其中:需用 50 mm 厚 EPS 保温板施工屋顶保温系统,请按照《建筑节能工程施工质量验收标准》(GB 50411—2019)等相关规范标准要求,完成 2 m² 水泥砂浆找平层、挤塑板保温层、防水卷材层、粗砂垫层、块材面层等的算量、安全、技术要求、协作等技能实训任务。

2.识读任务图纸

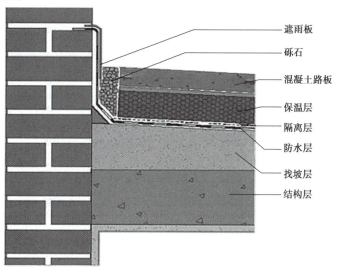

遮雨板
砾石
混凝土路板
保温层
隔离层
防水层
找坡层
结构层

保护层:混凝土板或50 mm厚20~30粒径卵石层
保温层::50 mm厚聚苯乙烯泡沫塑料板
防水层:二毡三油或三毡四油
结合层:冷底子油两道
找平层:20 mm厚1:3水泥砂浆
结构层:钢筋混凝土屋面板

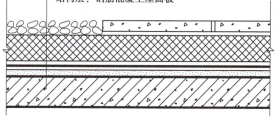

3. 实训要求

①按要求进行基层处理,进行施工控制放线。

②进行合理选材及施工机具准备。

③根据图纸进行保温板的计算及切割。

④明确任务实训操作及验收范围:块材倒置式平屋顶屋面。

⑤敷设保温隔热层的基层质量必须达到合格。

⑥屋面保温隔热工程的施工,应在基层质量验收合格后进行。施工过程中应及时进行质量检查、隐蔽工程验收和检验批验收,施工完成后应进行屋面节能分项工程验收;屋面保温隔热层施工完成后,应及时进行找平层和防水层施工,避免保温隔热层受潮、浸泡或受损。

⑦屋面保温层的铺设应按规定检查保温层施工质量,应保证表面平整、坡向正确、铺设牢固、缝隙严密,对现场配料的还要检查配料记录。

⑧检查内容:根据施工图纸,按照《建筑节能工程施工质量验收标准》(GB 50411—2019)规定进行检查。核查用于屋面节能工程使用的保温隔热材料,其导热系数、密度、抗压强度或压缩强度、燃烧性能应符合设计要求。

检查屋面保温隔热层的敷设方式、厚度、缝隙填充质量及屋面热桥部位的保温隔热做法,必须符合设计要求和有关标准的规定。

检查屋面的通风隔热架空层,其架空高度、安装方式、通风口位置及尺寸应符合设计及相关标准要求。架空层内不得有杂物。架空面层应完整,不得有断裂和露筋等缺陷。

检查屋面隔汽层位置应符合设计要求,隔汽层应完整、严密。

⑨检查方法及数量:核查复验报告,核查质量证明文件,核查隐蔽验收记录,用观察、手扳检查、尺量检查、称重检查、淋水试验等,检查验收点不少于 3 点。

⑩验收程序:小组自检集体协商确认合格,填写"建筑节能工程检验批质量验收自检记录表"报实训老师,实训老师组织安排互检,填写互检表,确认合格与否,完成后报老师进行专检,对检查合格与否提出建议和改正措施,填写专检表。

实训流程二　实训准备工作

1. 从任务书中获得的信息

2. 分组和小组决策

（1）分组形式	□老师指定	□自由选择
（2）小组中的角色	□决策者	□配合者
（3）施工方案确定	□小组长	□共同商定

3. 请仔细思考和彼此沟通，写出小组的工作计划

（★包括小组名单、分工、计划）

4. 请仔细思考和彼此沟通，写出实训的工具、材料计划

品种名称		数量	单位
材料			
工具	操作工具		
	找平放线量画工具		
	尺寸度量检测工具		

实训流程三　实施施工任务

1. 请按照规范标准实施任务施工操作

（★记录安装过程中出现的困难和问题）

2. 在施工操作过程中必须注意安全操作

（★请写出实训全过程需要注意的安全要点）

3.操作结束后关键节点的成果图(请拍照上传)

实训流程四 施工质量检查验收

1. 依照规范要求, 小组/个人自检

（★对材料、工具的规范正确选择使用、检测标准、检测方法、检测结果等进行说明）

2. 依照规范要求, 按对接组安排交叉互检

（★对材料、工具的规范正确选择使用、检测标准、检测方法、检测结果等进行说明）（检测人填写）

附:**质量检测表**

聚苯板平屋顶保温系统

年　月　日

项次	项目	允许偏差/mm	实际偏差					配分/分	得分/分
			1	2	3	4	5		
1	表面平整度	3						15	
2	防水卷材搭接宽度	≥100						15	
3	保温板错缝宽度	≥300						10	
4	阴阳角方正	3						10	
5	接缝平整度	1.5						10	
6	文明施工							20	
7	安全操作							20	
8	奖惩							-10 ~ +10	
	合计								

班级			第　　　　组	
姓名	学号		姓名	学号

3. 总结与反思

（请分别从"专业能力"和"交流能力"两个方面对自己的工作状态进行总结和反思）

实训流程五　教师检查、验收及评价

实训流程六　实训成绩评定办法

实训学生要明确实训的目的和意义,重视并积极参加实训;实训过程应注意安全、认真细致、刻苦、好学、爱护实训场所财产、遵守学校及现场的规章制度,不得迟到、早退、旷课;服从指导教师的安排,同时每个同学必须服从本组组长的安排和指挥;小组成员应团结一致,互相督促、相互帮助;人人动手,共同完成实训任务。

建筑节能实训成绩由3个部分组成:现场实训考核成绩、平时综合表现成绩和实训手册撰写。

实训考评内容	考评人	考评比例	备注
现场实训考核成绩	实训教师	60%(过程30%+竣工验收30%)	按小组进行考评
平时综合表现成绩	实训教师	30%	按个人进行考评
实训手册撰写	指导教师	10%	按个人进行考评
合计		100%	

评价方式采用五级记分制(优、良、中、及格、不及格):

60~70分:及格;70~80分:中;80~90分:良;90分以上:优。现场实训质量由过程考核和检查验收考核组成,根据知识点的掌握情况、实训技能操作情况和团队协作能力、精神表现进行评定。学生实训成绩按下列标准进行评定:

评为"优"的条件:

①对知识点掌握好;

②能较好地完成全部实训项目。

评为"良"的条件:

①对知识点掌握较好;

②能完成全部的实训项目。

评为"中"的条件:

①基本掌握知识点;

②基本完成实训项目。

评为"及格"的条件:

①一般掌握知识点;

②能完成大多数实训项目。

具有下列情况之一者,实训成绩定为"不及格":

①无故不遵从现场实训管理以及未打扫卫生的,实训成绩不合格;

②未按时完成实训任务,又不能说明情况的,实训成绩不合格;

③实训期间因不听从指导或管理造成不良后果的,实训成绩不合格;

④实训任务完成差或实训态度差,直接认定实训不合格;

⑤实训期间未经教师同意擅自离开工位的,经教育无效,实训成绩不合格。

实训课程工作页

（学生版）

执教班级：

学生姓名：

技能模块：干挂幕墙保温

编写教师：

执行教师：

执行周期：

实训流程一 实训工作任务

1. 情境描述

北方某寒冷地区住宅楼工程,建筑面积约 6 300 m²,东西总长 60 m,南北总宽 11 m,共 10 层,每层由 3 个单元组成,每单元两户,层高 2.75 m,室内外高差 0.6 m,总高 32 m。

其中幕墙外保温为:需用龙骨及 EPS 保温板安装幕墙外保温系统,请按照《建筑节能工程施工质量验收标准》(GB 50411—2019)等相关规范标准要求,完成 2 m² 龙骨安装、铺设保温板、打锚栓及面板铺设的施工任务。

2. 识读任务图纸

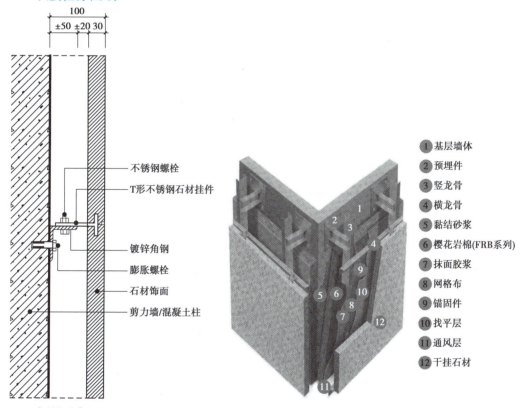

3. 实训要求

①按要求进行基础处理,进行施工控制放线。

②按要求进行龙骨固定点的测量。

③根据要求安装锚固件。

④按要求安装龙骨。

⑤根据要求搅拌砂浆铺设保温板。

⑥根据要求铺设饰面板。

⑦对必要的地方进行连接和封闭处的处理。

实训流程二　实训准备工作

1.从任务书中获得的信息

2.分组和小组决策

(1)分组形式	□老师指定	□自由选择
(2)小组中的角色	□决策者	□配合者
(3)施工方案确定	□小组长	□共同商定

3.请仔细思考和彼此沟通,写出小组的合作工作计划

（★包括小组名单、分工、计划）

4.实训工具、材料需用计划

品种名称		数量	单位
材料			
工具	操作工具		
	找平放线 量画工具		
	尺寸度量 检测工具		
		与找平放线共用	

实训流程三　实施安装

1. 请按照规范标准实施任务安装

（★记录安装过程中出现的困难和问题）

2. 在安装过程中必须注意安全操作

（★请写出实训全过程需要注意的安全要点）

3. 安装结束后关键节点的成果图(请拍照上传)

实训流程四　质量检查验收

1. 依照规范要求,小组/个人自检

（★对材料、工具的规范正确选择使用、检测标准、检测方法、检测结果等进行说明）

2. 依照规范要求,按对接组安排交叉互检

（★请写出实训全过程需要注意的安全要点）

附:质量检测表

外挂幕墙外保温系统

年　月　日

项次	项目	允许偏差/mm	实际偏差					配分/分	得分/分
			1	2	3	4	5		
1	龙骨固定点位置的测量	3						15	
2	锚固件的安装	3						15	
3	龙骨的安装	3						10	
4	保温板的铺设	3						10	
5	饰面板的安装	1.5						10	
6	文明施工							20	
7	安全操作							20	
8	奖惩							−10 ~ +10	
	合计								

班级 ＿＿＿＿＿＿＿　　　　　　　　　　第 ＿＿＿＿＿＿ 组

姓名	学号	姓名	学号

3. 总结与反思

（请分别从"专业能力"和"交流能力"两个方面对自己的工作状态进行总结和反思）

实训流程五　教师检查、验收及评价

实训流程六　实训成绩评定办法

实训学生要明确实训的目的和意义,重视并积极参加实训;实训过程应注意安全、认真细致、刻苦、好学、爱护实训场所财产、遵守学校及现场的规章制度,不得迟到、早退、旷课;服从指导教师的安排,同时每个同学必须服从本组组长的安排和指挥;小组成员应团结一致,互相督促、相互帮助;人人动手,共同完成实训任务。

建筑节能实训成绩由3个部分组成:现场实训考核成绩、平时综合表现成绩和实训手册撰写。

实训考评内容	考评人	考评比例	备注
现场实训考核成绩	实训教师	60%（过程30%+竣工验收30%）	按小组进行考评
平时综合表现成绩	实训教师	30%	按个人进行考评
实训手册撰写	指导教师	10%	按个人进行考评
合计		100%	

评价方式采用五级记分制(优、良、中、及格、不及格):

60～70分:及格;70～80分:中;80～90分:良;90分以上:优。现场实训质量由过程考核和检查验收考核组成,根据知识点的掌握、实训技能操作情况和团队协作能力、精神表现进行评定。学生实训成绩按下列标准进行评定:

评为"优"的条件:

①对知识点掌握好;

②能较好地完成全部实训项目。

评为"良"的条件:

①对知识点掌握较好;

②能完成全部的实训项目。

评为"中"的条件:

①基本掌握知识点;

②基本完成实训项目。

评为"及格"的条件:

①一般掌握知识点;

②能完成大多数实训项目。

具有下列情况之一者,实训成绩定为"不及格":

①无故不遵从现场实训管理以及未打扫卫生的,实训成绩不合格;

②未按时完成实训任务,又不能说明情况的,实训成绩不合格;

③实训期间因不听从指导或管理造成不良后果的,实训成绩不合格;

④实训任务完成差或实训态度差,直接认定实训不合格;

⑤实训期间未经教师同意擅自离开工位的,经教育无效,实训成绩不合格。

参考文献

[1] 陈谦.节能玻璃在建筑节能设计中的应用[J].节能,2014,33(6):48-51.

[2] 李诚诚.浅谈绿色建材在建筑节能中的应用[J].居业,2016,8(3):23-24.

[3] 冯小平,李少洪,龙惟定.既有公共建筑节能改造应用合同能源管理的模式分析[J].建筑经济,2009,30(3):54-57.

[4] 季炜,王晓燕,刘景伟,等.太阳能技术在建筑节能中的应用形式及工程实例分析[J].建筑节能,2007,35(9):50-54.

[5] 庄迎春,王哲.地源热泵技术在建筑节能中的应用[J].建筑技术,2004,35(12):909-910.

[6] 张成文.新型墙体材料在建筑节能中运用[J].价值工程,2020,39(14):135-136.

[7] 俞善庆.关于建筑节能标准化[J].中国标准化,2000(1):15-18.

[8] 陈国义.中国建筑节能标准体系研究概述[J].中国建设信息,2008(6):28-31.

[9] 陈国义.中国建筑节能标准编制与实施[J].砖瓦,2004(11):5-9.

[10] 清华大学建筑节能研究中心.中国建筑节能年度发展研究报告(2018)[M].北京:中国建筑工业出版社,2018.

[11] 孟伟,冯慧娟,罗宏,等.我国节能环保产业发展战略研究[J].中国工程科学,2016,18(4):1-8。

[12] 王娜.建筑节能技术[M].北京:中国建筑工业出版社,2013.

[13] 王洪强.可持续发展与节能建筑[M].北京.人民交通出版社,2015.

[14] 中国城市科学研究会.中国绿色建筑2019[M].北京:中国建筑工业出版社,2019.

[15] 李德英.建筑节能技术[M].北京:机械工业出版社,2006.

[16] 刘靖.建筑节能[M].长沙:中南大学出版社,2015.

[17] 卢传强.浅论现代建筑工程中的供热通风与空调安装技术[J].中国住宅设施,2024(4):130-132.

[18] 万成龙,张素丽,单波,等.建筑门窗保温性能国内外检测方法研究[J].建筑玻璃与工业玻璃,2021,41(9):22-25.

[19] 王立雄,党睿.建筑节能[M].3版.北京:中国建筑工业出版社,2015.

[20] 冷超群,李长城,曲梦露.建筑节能设计[M].北京:航空工业出版社,2016.

[21] 中华人民共和国住房和城乡建设部.民用建筑热工设计规范:GB 50176—2016[S].北京:中国建筑工业出版社,2017.

［22］中华人民共和国住房和城乡建设部.辐射供暖供冷技术规程:JGJ 142—2012［S］.北京:中国建筑工业出版社,2013.

［23］中华人民共和国住房和城乡建设部.绿色建筑评价标准(2024 年版):GB/T 50378—2019［S］.北京:中国建筑工业出版社,2019.

［24］孙力强.建筑节能与环保［M］.北京:高等教育出版社,2009.